Erich Cziesielski
Marc Göbelsmann
Jörg Röder

Einführung in die
Energieeinsparverordnung 2002

WAGNER und PARTNER GbR
Ingenieurbüro für Bauwesen
Tel. 07 21 / 9 57 59 - 0, Fax 9 57 59 - 20
Postfach 11 14 52, 76064 Karlsruhe
Leopoldstraße 1, 76133 Karlsruhe

Erich Cziesielski
Marc Göbelsmann
Jörg Röder

Einführung in die Energieeinsparverordnung 2002

Erläuterungen und kommentierte Beispiele

2., korrigierte Auflage

Univ.-Prof. Dr. Erich Cziesielski
Dipl.-Ing. Marc Göbelsmann
Dipl.-Ing. Jörg Röder

Technische Universität Berlin
Fakultät VI Bauingenieurwesen und
Angewandte Geowissenschaften
Institut für Bauingenieurwesen
Fachgebiet Allgemeiner Ingenieurbau
Gustav-Meyer-Allee 25
D-13355 Berlin

Umschlagbild: Städtisches Krankenhaus, Überlingen/Bodensee
(Foto: Werkfoto Gartner)

Dieses Buch enthält 107 Abbildungen und 98 Tabellen

Die Deutsche Bibliothek – CIP-Einheitsaufnahme
Ein Titeldatensatz für diese Publikation ist bei
Der Deutschen Bibliothek erhältlich

ISBN 3-433-01662-3

© 2002 Ernst & Sohn
Verlag für Architektur und technische Wissenschaften GmbH & Co. KG, Berlin

Alle Rechte, insbesondere die der Übersetzung in andere Sprachen, vorbehalten. Kein Teil dieses Buches darf ohne schriftliche Genehmigung des Verlages in irgendeiner Form – durch Fotokopie, Mikrofilm oder irgendein anderes Verfahren – reproduziert oder in eine von Maschinen, insbesondere von Datenverarbeitungsmaschinen, verwendbare Sprache übertragen oder übersetzt werden.

All rights reserved (including those of translation into other languages). No part of this book may be reproduced in any form – by photoprint, microfilm, or any other means – nor transmitted or translated into a machine language without written permission from the publisher.

Die Wiedergabe von Warenbezeichnungen, Handelsnamen oder sonstigen Kennzeichen in diesem Buch berechtigt nicht zu der Annahme, daß diese von jedermann frei benutzt werden dürfen. Vielmehr kann es sich auch dann um eingetragene Warenzeichen oder sonstige gesetzlich geschützte Kennzeichen handeln, wenn sie als solche nicht eigens markiert sind.

Umschlaggestaltung: blotto design, Berlin
Druck: Strauss Offsetdruck GmbH, Mörlenbach
Bindung: Großbuchbinderei J. Schäffer GmbH & Co. KG, Grünstadt
Printed in Germany

Vorwort zur 1. Auflage

Der Gesetzgeber hat die Energieeinsparverordnung 2002 (EnEV 2002) mit Wirkung zum 01.02.2002 erlassen.

Das Ziel der EnEV 2002 ist es, den Energieverbrauch in der Bundesrepublik Deutschland zu senken. Dieses Ziel soll durch folgende Maßnahmen erreicht werden:

- Erhöhung der Wärmedämmung der Gebäudehüllfläche;
- Beschränkung des Endenergiebedarfs von Gebäuden und dazu Einbeziehung der Haustechnik in die Energiebilanz der zu untersuchenden Gebäude;
- Beschränkung des Primärenergiebedarfs von Gebäuden und dazu Einbeziehung der Prozeßkette, die der Energiebilanz vorgeschaltet ist.

Der Nachweis des baulichen Wärmeschutzes sowie die Erfassung der Anlagentechnik sind in der Regel äußerst aufwendig und umfangreich im Vergleich zu dem bisherigen Nachweis entsprechend der Wärmeschutzverordnung 1995, in der lediglich der Nachweis des baulichen Wärmeschutzes gefordert wurde. Zum Teil ist bei der Wahl der vorgesehenen genaueren Rechenverfahren zur Energieeinsparung der Nachweis nur noch rechnergestützt möglich.

Mit der vorliegenden Veröffentlichung soll die Rechenmethodik nach der Energieeinsparverordnung 2002 praxisgerecht und anwenderfreundlich dargestellt werden. Die Veröffentlichung ist dazu wie folgt gegliedert:

- Erläuterung und Kommentierung der EnEV 2002 zu deren besseren Verständnis;
- Erläuterung und Kommentierung der EnEV 2002 anhand dreier im Detail vorgerechneter Beispiele unter Einbeziehung von Parametervariationen, um die Wirksamkeit einzelner Maßnahmen zur Energieeinsparung erkennen zu können;
- Abdruck der EnEV 2002 im vollen Wortlaut.

Bei der Berechnung wird die Verwendung eines EDV-Programms empfohlen. Zur Überprüfung der in dieser Veröffentlichung enthaltenen Beispielrechnungen wurde unter anderem das Programm Quick-EnEV verwendet.

Mögen Buch und Programm zum besseren Verständnis der komplexen Zusammenhänge und zu einer praxisgerechten Umsetzung der EnEV 2002 beitragen.

Berlin, im Januar 2002 E. Cziesielski, M. Göbelsmann, J. Röder

Vorwort zur 2. Auflage

In dem Berechnungsverfahren nach der EnEV 2002 ist vorgesehen, daß die Wärmedurchgangskoeffizienten U [W/(m² K)] mit *Bemessungswerten* der Wärmeleitfähigkeit λ berechnet werden.[*)] Mit Erscheinen von DIN V 4108-4 (02/2002) in Zusammenhang mit der dort zitierten DIN EN 12524 (07/2000) ist dies nun auch möglich.

Nachdem die erste Auflage des vorliegenden Buches bereits vergriffen ist, sollte möglichst rasch eine zweite Auflage erscheinen. Um ein zügiges Erscheinen der zweiten Auflage zu ermöglichen, wurde daher in der nun vorliegenden vollständig durchgesehenen zweiten Auflage auf die Einarbeitung der eigentlich zu verwendenden Bemessungswerte der Wärmeleitfähigkeit λ verzichtet und weiterhin mit den Rechenwerten der Wärmeleitfähigkeit λ_R gearbeitet. Dies erscheint vertretbar, da hierdurch das Verständnis des Berechnungsablaufes in keiner Weise geschmälert wird. Zudem unterscheiden sich die Bemessungswerte der Wärmeleitfähigkeit nur in Einzelfällen marginal von den ehemaligen Rechenwerten, so daß sich für die vorliegenden Beispiele nur Veränderungen der Ergebnisse in der zweiten Nachkommastelle ergeben würden.

Möge auch die zweite Auflage dieses Buches unter Beachtung der Tatsache, daß für die nach der EnEV 2002 erforderlichen Nachweise die Bemessungswerte der Wärmeleitfähigkeit aus DIN V 4108-4 (02/2002) und DIN EN 12524 (07/2000) zu verwenden sind, zum besseren Verständnis der komplexen Zusammenhänge und zu einer praxisgerechten Umsetzung der EnEV 2002 beitragen.

Berlin, im Juni 2002   E. Cziesielski, M. Göbelsmann, J. Röder

---

[*)] Deutsches Institut für Bautechnik: „DIBt Mitteilungen 3/2002", 33. Jahrgang Nr. 3 (17. Juni 2002), Vertrieb durch Ernst & Sohn Verlag, Berlin.
Aktuelle Mitteilungen können auf der Internetseite www.dibt.de unter dem Punkt [Aktuelles] – [Energieeinsparverordnung] abgerufen werden.

Inhalt

	Vorwort.. V	
1	**Einführung: Zweck und Ziel der Energieeinsparverordnung (EnEV)**............ 1	
2	**Grundlagen zur Berechnung des Energieeinsparungsnachweises**................. 5	
2.1	Definitionen und Begriffe 5	
2.2	Neuerungen der EnEV gegenüber der WSchVO 1995 6	
2.2.1	Ganzheitliche Betrachtung des Gebäudes 7	
2.2.2	Kenngrößen für den Energieeinsparungsnachweis................................... 9	
2.2.3	Berücksichtigung der Luftdichtheit und von Lüftungsanlagen.............. 12	
2.2.4	Berücksichtigung von Wärmebrücken 19	
2.2.5	Nachweis des sommerlichen Wärmeschutzes 23	
2.3	Grundlagen der Berechnung 23	
2.3.1	Erforderliche Planungsunterlagen 24	
2.3.2	Verordnungen, Normen und Regelwerke.. 24	
2.4	Der öffentlich-rechtliche Nachweis 27	
2.5	Orts- und klimaabhängige Berechnung des Heizwärmebedarfs 28	
2.6	Erläuterungen zur Anlagentechnik 30	
3	**Vorgehensweise beim Energieeinsparungsnachweis**.................................... 35	
3.1	Festlegung des Nachweisverfahrens.. 36	
3.2	Berechnung des Jahresheizwärmebedarfs 36	
3.2.1	Festlegung der Systemgrenze 40	
3.2.2	Flächenberechnung 40	
3.2.3	Berechnung des spezifischen Transmissionswärmeverlustes 40	
3.2.4	Berechnung des spezifischen Lüftungswärmeverlustes........................ 40	
3.2.5	Berechnung des Einflusses einer Heizunterbrechung........................... 41	
3.2.6	Berechnung der Wärmeverluste 41	
3.2.7	Berechnung der solaren Wärmegewinne 44	
3.2.8	Berechnung der internen Wärmegewinne 44	
3.2.9	Berechnung des Ausnutzungsgrades der Wärmegewinne 44	
3.2.10	Aufstellen der Energiebilanz 46	
3.3	Berechnung der primärenergetischen Aufwandszahl 49	
3.3.1	Das Diagrammverfahren 49	
3.3.2	Das tabellarische Verfahren 49	
3.3.3	Das detaillierte Verfahren 50	
3.4	Erbringen des Nachweises gemäß der EnEV 52	
3.5	Nachweis des sommerlichen Wärmeschutzes 52	
3.6	Erstellen eines Berichts und des Energiebedarfsausweises 52	

4	**Berechnungsbeispiel 1: Einfamilienhaus**	53
4.1	Beschreibung des Gebäudes und Übersicht der Berechnungsvarianten	55
4.2	Gebäudespezifische Kenngrößen	60
4.3	Monatsbilanzverfahren	82
4.3.1	Randbedingungen zur Berechnung	82
4.3.2	Wärmeverluste des Einfamilienhauses für die Varianten A und B	85
4.3.3	Brutto-Wärmegewinne des Einfamilienhauses für die Varianten A und B	98
4.3.4	Ermittlung des Heizwärmebedarfs für das Gebäude, Varianten A und B	98
4.3.5	Anlagentechnik	104
4.3.6	Nachweise nach EnEV [5]	112
4.3.7	Sommerlicher Wärmeschutz	117
4.4	Heizperiodenbilanzverfahren	117
4.4.1	Randbedingungen zur Berechnung	117
4.4.2	Berechnung des Heizwärmebedarfs	118
4.4.3	Anlagentechnik	122
4.4.4	Nachweise nach EnEV [5]	122
4.5	Berechnungsergebnisse der Varianten A und B nach dem MB- und dem HP-Verfahren	126
4.6	Weitere Berechnungen unter Variation verschiedener Parameter	127
4.6.1	Optionaler Einbau einer Solar- und/oder einer Lüftungsanlage	129
4.6.2	Optimierung der Grundvariante A-G durch Einbau einer Lüftungsanlage und einer Solaranlage	129
4.6.3	Berücksichtigung von Wärmebrücken	134
4.6.4	Detailliertes Verfahren nach DIN V 4701-10 [8]	138
4.6.5	Auswertung der Ergebnisse der Variantenberechnungen	141
4.6.6	Zusammenfassung der Berechnungsergebnisse zum Einfamilienhaus	147
5	**Berechnungsbeispiel 2: Mehrfamilienhaus**	151
5.1	Beschreibung des Gebäudes	151
5.2	Gebäudespezifische Kenngrößen	157
5.3	Monatsbilanzverfahren	165
5.3.1	Randbedingungen zur Berechnung	165
5.3.2	Wärmeverluste des Mehrfamilienhauses	167
5.3.3	Brutto-Wärmegewinne des Mehrfamilienhauses	173
5.3.4	Ermittlung des Heizwärmebedarfs für das Gebäude	173
5.3.5	Anlagentechnik	178
5.3.6	Nachweise nach EnEV [5]	178
5.3.7	Sommerlicher Wärmeschutz	185
5.4	Heizperiodenbilanzverfahren	185
5.4.1	Randbedingungen zur Berechnung	185
5.4.2	Berechnung des Heizwärmebedarfs	186
5.4.3	Anlagentechnik	186
5.4.4	Nachweise nach EnEV [5]	186

5.5	Weitere Berechnungen unter Variation verschiedener Parameter	189
5.5.1	Berücksichtigung des Einflusses einer Nachtabschaltung	189
5.5.2	Berücksichtigung der Strahlungsabsorption opaker Bauteile	189
5.5.3	Berücksichtigung einer transparenten Wärmedämmung	191
5.5.4	Berücksichtigung eines Heizkesselstandortes außerhalb des beheizten Volumens	191
5.5.5	Auswertung der Ergebnisse der Variantenberechnungen	193
6	**Berechnungsbeispiel 3: Bürogebäude**	**197**
6.1	Beschreibung des Gebäudes und Übersicht der Berechnungsvarianten	197
6.2	Gebäudespezifische Kenngrößen	202
6.3	Monatsbilanzverfahren	210
6.3.1	Randbedingungen zur Berechnung	210
6.3.2	Wärmeverluste des Bürogebäudes	212
6.3.3	Brutto-Wärmegewinne des Bürogebäudes	218
6.3.4	Ermittlung des Heizwärmebedarfs für das Gebäude	218
6.3.5	Anlagentechnik	224
6.3.6	Nachweise nach EnEV [5]	224
6.3.7	Sommerlicher Wärmeschutz	230
6.4	Heizperiodenbilanzverfahren	230
6.5	Weitere Berechnungen unter Variation verschiedener Parameter	230
6.5.1	Berücksichtigung des Einflusses einer Nachtabschaltung	230
6.5.2	Berücksichtigung der Strahlungsabsorption opaker Bauteile	232
6.5.3	Berücksichtigung verschiedener Anlagenvarianten	232
6.5.4	Auswertung der Ergebnisse der Variantenberechnungen	237
7	**Zusammenfassung**	**239**
8	**Literaturverzeichnis**	**241**
Anhang	**Energieeinsparverordnung 2002**	

1 Einführung: Zweck und Ziel der Energieeinsparverordnung (EnEV)

Der Gesetzgeber in der Bundesrepublik Deutschland verfolgt mit dem in den letzten Jahrzehnten zunehmenden Bestreben, im Gebäudebereich Energie einzusparen, zwei wesentliche Ziele:

— die Ressourcenschonung und
— den Schutz der Umwelt.

Begründet wird dieses Bestreben mit den immer knapper werdenden fossilen Energieträgern und der Selbstverpflichtung der Bundesrepublik Deutschland, den CO_2-Ausstoß von 1990 bis 2005 um 25% zu reduzieren.

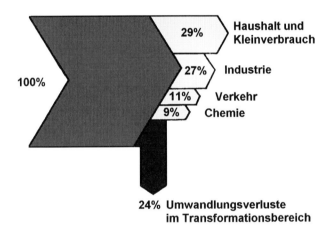

Bild 1 Aufgliederung des Endenergieverbrauchs in Deutschland unter Berücksichtigung der Energieverluste in den vorgelagerten Prozeßketten

Aufgrund der Tatsache, daß etwa ein Drittel der in Deutschland verbrauchten Endenergie zur Erzeugung von Raumwärme und Warmwasser aufgewendet wird (siehe Bild 1 bzw. [1]) und ca. 30% der CO_2-Emissionen auf den Gebäudebereich entfallen [2], können durch bauliche und anlagentechnische Verbesserungen der Gebäude erhebliche Energiemengen eingespart und ein wesentlicher Beitrag zu den oben genannten Zielen geleistet werden.

Bedenkt man zudem, daß das Energieeinsparpotential im Altbaubereich bei etwa 80% und im Neubaubereich bei ca. 50% – bezogen auf die Wärmeschutzverordnung 1995 [3] (WSchVO 1995) – liegt, wie aus Untersuchungen [4] hervorgeht, so werden die großen Energieeinsparpotentiale deutlich, die im Gebäudebereich noch vorhanden sind.

Im Zuge dieser Bestrebungen soll nun mit der Energieeinsparverordnung (EnEV) [5] eine nochmalige Reduktion des Heizenergiebedarfs im Neubaubereich von 30% gegenüber den Anforderungen der WSchVO 1995 [3] erzielt werden. Zudem werden im Rahmen der EnEV [5] erstmals die baulichen sowie heizungs- und anlagentechnischen Anforderungen zusammengefaßt. Somit ersetzt die EnEV [5] die WSchVO 1995 [3] und die Heizungsanlagen-Verordnung 1998 [6]. Ziel der Zusammenfassung in einer Verordnung ist es, den rechnerisch erforderlichen Energiebedarf eines Gebäudes für Erzeugung, Speicherung und Verteilung von Heizwärme und Warmwasser im Rahmen des Energieeinsparungsnachweises zu ermitteln und damit dem Bauherrn einen Anhaltswert für den zu erwartenden Verbrauch zum Beispiel an Erdgas oder Heizöl geben zu können. Der sich tatsächlich einstellende Verbrauch ist jedoch im besonderen Maße vom spezifischen Verhalten der Gebäudenutzer, das durch keine Norm erfaßt werden kann, und von den klimatischen Verhältnissen des Gebäudestandortes, die in der Regel nicht dem im öffentlich-rechtlichen Nachweis zugrundegelegten Normklima entsprechen werden, abhängig. Letzterer Einfluß kann mit Hilfe der detaillierteren Angaben der DIN V 4108-6 (11/2000) [7] zu den einzelnen Klimazonen in Deutschland berücksichtigt werden. Da im öffentlich-rechtlichen Nachweis weder das individuelle Nutzerverhalten noch das standortabhängige Klima berücksichtigt werden, ist der „rechnerisch" ermittelte Energiebedarf eher ein Maß für die Energieeffizienz des Gebäudes im Verhältnis zu den Anforderungen der EnEV [5] und dient als gebäudespezifische Kenngröße, die im Energiebedarfsausweis, der im Rahmen des Energieeinsparungsnachweises zu erstellen ist, festgehalten wird.

In der EnEV [5] werden die Rahmenbedingungen und die Anforderungen für den Energieeinsparungsnachweis festgelegt. Als Berechnungsgrundlage legt sie im wesentlichen zwei DIN-Vornormen fest,

— DIN V 4108-6 (11/2000) [7] (baulicher Wärmeschutz) und
— DIN V 4701-10 (02/2001) [8] (heizungs- und anlagentechnischer Teil),

in denen die Berechnungsalgorithmen für den baulichen sowie den heizungs- und anlagentechnischen Teil des Energieeinsparungsnachweises beschrieben sind.

Diese Vornormen stellen sowohl einfache Handrechnungsverfahren als auch detaillierte Nachweisverfahren, die nur mit Hilfe von Computerprogrammen sinnvoll angewandt werden können, zur Verfügung. Im Zuge der europäischen Harmonisierung konnten diese nationalen Normen aus formellen Gründen nur als Vornormen erstellt werden. Dies schränkt ihre Gültigkeit und Anwendbarkeit für den Energieeinsparungsnachweis aber nicht ein.

Im Rahmen dieses Buches werden zunächst die Berechnungsgrundlagen kurz zusammengestellt und erläutert sowie die verschiedenen Berechnungsalgorithmen anhand von einfach verständlichen Ablaufdiagrammen veranschaulicht, um dem Leser die Anwendung der Normen bei der Nachweisführung zu erleichtern. Im Anschluß daran werden ein Einfamilienhaus, ein Mehrfamilienhaus und ein Bürogebäude jeweils mit mehreren Varianten berechnet. Dabei wird beim Nachweis des energiesparenden Wärmeschutzes auch die rechnerische Erfassung von Sonderfällen, wie zum Beispiel Wintergärten und Nachtabschaltung, aufgezeigt. Der Jahres-Heizwärmebedarf und der Jahres-Primärenergiebedarf werden zum Teil mit den einfachen und den detaillierten Verfahren berechnet und deren Ergebnisse verglichen, um aufzuzeigen, inwieweit sich der Aufwand einer genaueren Berechnung lohnt, das heißt, ob dadurch zum Beispiel die Kosten für den baulichen Wärmeschutz gesenkt werden können.

Dabei beschränkt sich das Buch im wesentlichen auf den im Rahmen des Baugenehmigungsverfahrens erforderlichen öffentlich-rechtlichen Energieeinsparungsnachweis für Gebäude mit normalen Innentemperaturen ($\geq$ 19°C). Die erforderlichen Nachweise für Bestandsgebäude, Gebäude mit niedrigen Innentemperaturen und geringem Volumen, die auf den gleichen Grundlagen beruhen, werden in Kapitel 2.2 kurz aufgezeigt. Ebenfalls nur kurz werden die weiteren Möglichkeiten einer orts- und somit klimaabhängigen genaueren Berechnung des Heizwärme- und Primärenergiebedarfs eines Gebäudes mit Hilfe der DIN V 4108-6 (11/2000) [7] aufgezeigt.

Ziel ist es, dem Praktiker anhand von Erläuterungen der Berechnungsalgorithmen und mit Hilfe von Berechnungsbeispielen die Durchführung der Nachweise zu erleichtern, das Verständnis der Normen zu verbessern sowie Anhaltspunkte hinsichtlich des erforderlichen Wärmedämm- und Anlagenniveaus zu geben.

2 Grundlagen zur Berechnung des Energieeinsparungsnachweises

In diesem Abschnitt werden die wichtigsten Begriffe zusammengefaßt und die Neuerungen der EnEV [5] gegenüber der Wärmeschutzverordnung [3] vorgestellt. Die erforderlichen Berechnungsgrundlagen werden kurz aufgelistet sowie der Unterschied zwischen dem öffentlich-rechtlichen Energieeinsparungsnachweis und genaueren orts- und klimaabhängigen Berechnungen für Gebäude erläutert.

2.1 Definitionen und Begriffe

Verbrauch:
In realen Gebäuden zur Beheizung erfaßte Wärme- oder Energiemenge.

Bedarf:
Rechnerisch ermittelte Größen für Wärme- und Energiemengen unter Zugrundelegung fester Randbedingungen.

Heizwärmebedarf Q_h:
Rechnerisch ermittelte Wärmeeinträge über ein Heizsystem, die zur Aufrechterhaltung einer bestimmten mittleren Raumtemperatur in einem Gebäude oder in einer Zone eines Gebäudes benötigt werden. Dieser Wert wird auch als Netto-Heizenergiebedarf bezeichnet.

Heizenergiebedarf Q_E:
Berechnete Energiemenge, die dem Heizungssystem des Gebäudes zugeführt werden muß, um den Heizwärmebedarf abdecken zu können.

Primärenergiebedarf Q_P:
Energiemenge, die zur Deckung des Jahres-Heizenergiebedarfs und des Warmwasserwärmebedarfs benötigt wird, unter Berücksichtigung der zusätzlichen Energiemenge, die durch vorgelagerte Prozeßketten außerhalb der Systemgrenze „Gebäude" bei der Gewinnung, Umwandlung und Verteilung der jeweils eingesetzten Brennstoffe entstehen.

Ausnutzungsgrad η:
Faktor, der den gesamten monatlichen oder jahreszeitlichen Wärmegewinn (inneren und passiv-solaren Wärmegewinn) reduziert, um den nutzbaren Teil des Wärmegewinns zu erhalten.

Wirksame Wärmespeicherfähigkeit C_{wirk}:
Teilbetrag der Wärmespeicherfähigkeit eines Gebäudes, der einen Einfluß auf den Heizwärmebedarf und auf die sommerliche Raumkonditionierung hat. Sie wird für den Sommer- und Winterfall unterschiedlich ermittelt.

Spezifischer Wärmeverlust H:
Wärmestromkoeffizient einer beheizten Zone zur äußeren Umgebung. Auf die Differenz zwischen Innen- und Außenlufttemperatur bezogener Wärmeverlust eines Gebäudes infolge Transmission und Lüftung.

Systemgrenze:
Gesamte Außenoberfläche des Gebäudes bzw. der beheizten Zone eines Gebäudes, über die der Energiebedarf im Rahmen einer Bilanzierung ermittelt wird. Darin sind einbegriffen alle Räume, die direkt oder indirekt durch Raumverbund beheizt werden.

Bezugsvolumen V_e:
Das anhand der Außenmaße eines Gebäudes ermittelte und von der wärmeübertragenden Hülle (Systemgrenze) umschlossene Volumen, auch Bruttovolumen genannt.

Belüftetes Volumen V:
Luftvolumen (Nettovolumen) einer beheizten Zone, das dem Luftaustausch unterliegt.

Nutzfläche A_N:
Vom Bezugsvolumen abgeleitete Grundfläche eines Gebäudes. Sie dient im öffentlich-rechtlichen Nachweis als Bezugsfläche.

Heizgrenztemperatur (Basistemperatur) θ_{ed}:
Außenlufttemperatur, ab der ein Gebäude bei einer vorgegebenen Raumlufttemperatur nicht mehr beheizt werden muß.

Heizperiode:
Zeit der Beheizung eines Gebäudes während der die mittleren Außenlufttemperaturen kleiner als die Heizgrenztemperatur sind. Die Heizperiode hängt von meteorologischen Größen und von den thermischen Gebäudeeigenschaften ab.

2.2 Neuerungen der EnEV gegenüber der WSchVO 1995

Aus Gründen der Energieeinsparung und des Umweltschutzes soll durch die Anforderungen der EnEV [5] der Heizenergiebedarf von Gebäuden gegenüber der WSchVO 1995 [3] um 30% gesenkt werden, wobei der *Heizenergiebedarf* diejenige Energiemenge bezeichnet, die dem Heizungssystem des Gebäudes zugeführt werden muß, um den Heizwärmebedarf abdecken zu können. Berücksichtigt man zudem auch den gegebenenfalls erforderlichen Energiebedarf zur Warmwassererzeugung, -speicherung und -verteilung sowie alle erforderlichen Hilfsenergien, so erhält man den *Endenergiebedarf* eines Gebäudes.

Um den Endenergiebedarf eines Gebäudes innerhalb eines Nachweisverfahrens bestimmen zu können, werden in der EnEV [5] der bauliche sowie der heizungs- und anlagentechnische Teil zusammengefaßt. Ferner wird die neue Kenngröße „Jahres-Primärenergiebedarf" eingeführt. Im Rahmen der Nachweisverfahren werden zudem die Berücksichtigung des Einflusses der Wärmebrücken, der Luftdichtheit und von Lüftungsanlagen auf den Energiebedarf eines Gebäudes aufgenommen.

2.2.1 Ganzheitliche Betrachtung des Gebäudes

In der EnEV [5] werden die baulichen sowie die heizungs- und anlagentechnischen Anforderungen zusammengefaßt, so daß diese die WSchVO 1995 [3] und die Heizungsanlagen-Verordnung 1998 [6] mit ihrem Inkrafttreten ersetzt. Diese Zusammenfassung war erforderlich, um neben dem baulichen Wärmeschutz auch die Güte der Anlagentechnik in die energetische Bewertung eines Gebäudes mit einzubeziehen und den *Endenergie*bedarf eines Gebäudes berechnen zu können.

Bisher wurde mit dem Heiz*wärme*bedarf gemäß WSchVO 1995 [3] diejenige Energiemenge berechnet, die der Heizköper an den zu beheizenden Raum abgeben muß (siehe Bild 2), um die Soll-Temperatur aufrechtzuerhalten. Die Bilanzierung des Heizwärmebedarfs endete demnach mit dem Heizköper. Die Verluste, die bei der Umwandlung der Energieträger in Heizwärme und der Verteilung der Heizwärme auftreten sowie die zur Verteilung oder Speicherung von Heizwärme und Warmwasser erforderliche Hilfsenergie wurden in der Energiebilanz des Wärmeschutznachweises nicht berücksichtigt.

Fakt ist aber, daß im Durchschnitt 20% der Energieverluste des Gebäudes bei der Umwandlung der Energieträger und der Verteilung der Heizwärme entstehen. Im Falle schlechter Anlagentechnik und ungünstiger Gebäudekonstruktion kann dieser Anteil bei bis zu 30% liegen [9].

Dies macht deutlich, daß eine Berücksichtigung der Energieverluste im Bereich der Heizungs- und Anlagentechnik zur Erstellung einer umfassenden Energiebilanz notwendig ist. Zudem wird dem Nachweisführenden die Möglichkeit eröffnet, auch eine Verbesserung der Heizungs- und Anlagentechnik im Nachweis zu berücksichtigen, während zuvor lediglich eine Beeinflussung im Bereich des baulichen Wärmeschutzes möglich war. Die durchaus sinnvolle Verknüpfung dieser Teilbereiche erfordert jedoch schon in einem frühen Planungsstadium die Zusammenarbeit von Bauphysikern und Gebäudetechnikern, da beide Bereiche stark ineinandergreifen und im Rahmen des Energieeinsparungsnachweises nicht mehr entkoppelt voneinander betrachtet werden können.

Durch das Miteinbeziehen der Anlagentechnik in den Energieeinsparungsnachweis kann nun der *rechnerische* Endenergie*bedarf* für das Gebäude ermittelt werden, der ein Maß für die Energieeffizienz des Gebäudes ist. Die EnEV [5] schreibt weiter vor, daß u. a. der Endenergiebedarf aufgeschlüsselt nach einzelnen Energieträgern in einem Energiebedarfsausweis ausgewiesen werden muß. Der rechnerisch ermittelte Endenergiebedarf zum Beispiel für die Energieträger Erdgas oder Heizöl kann leicht in einen rechnerischen Erdgas- oder Heizölbedarf umgerechnet werden und liefert somit für den Bauherren einen anschaulichen Energiebedarf. Es gelten dabei ungefähr folgende Zusammenhänge:

- Erdgasbedarf [m³/a] = Endenergiebedarf an Erdgas [kWh/a]/10;
- Heizölbedarf [l/a] = Endenergiebedarf an Heizöl [kWh/a]/10.

Denkbar sind dann Bezeichnungen wie „3-Liter-Haus". Ohne Berücksichtigung der erforderlichen Hilfsenergie bedeutet dies, daß ein ausschließlich mit Heizöl beheiztes Gebäude ca. einen Endenergie*bedarf* an Heizöl von 30 kWh/(m² Nutzfläche und Jahr) hat oder daß zur Beheizung und gegebenenfalls zur Warmwasserbereitung des Gebäudes pro m² beheizter Nutzfläche in einem Jahr *rechnerisch* 3 Liter Erdöl aufgewendet werden müssen. Addiert man hierzu noch den Hilfsenergiebedarf, so erhält man den gesamten Endenergiebedarf des Gebäudes.

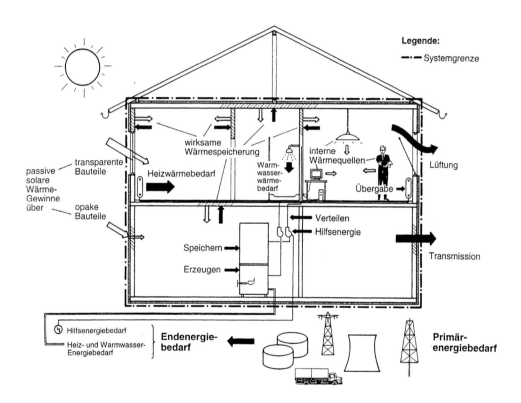

Bild 2   Energiebilanz eines Gebäudes

Wie schon oben erläutert, stellt der rechnerische Endenergie*bedarf* nur einen Anhaltswert für den tatsächlichen Endenergie*verbrauch* dar, da auf den tatsächlich sich einstellenden *Verbrauch* die klimatischen Verhältnisse des Gebäudestandortes und das Nutzerverhalten einen entscheidenden Einfluß haben.

2.2.2 Kenngrößen für den Energieeinsparungsnachweis

In der Energieeinsparverordnung wird zwischen Neubauten, Bestandsgebäuden und Gebäuden mit geringem Volumen (beheiztes Gebäudevolumen < 100 m³) unterschieden. Weiterhin werden Gebäude mit normalen Innentemperaturen (mehr als vier Monate auf $\geq$ 19°C beheizt) und mit niedrigen Innentemperaturen (mehr als vier Monate auf >12°C und <19°C beheizt) unterschieden. Die Anforderungen, die die EnEV [5] an die verschiedenen Gebäudetypen stellt, werden im folgenden erläutert.

Gebäude mit normalen Innentemperaturen

Für Gebäude mit normalen Innentemperaturen werden in der EnEV [5], Anhang 1, Tabelle 1 für den Energieeinsparungsnachweis zwei Grenzwerte – der Jahres-Primärenergiebedarf Q_P und der spezifische, auf die wärmeübertragende Umfassungsfläche bezogene Transmissionswärmeverlust H_T' – festgelegt, die nachfolgend erläutert werden.

Jahres-Primärenergiebedarf Q_P

Je nach Gebäudetyp wird der Jahresprimärenergiebedarf flächen- oder volumenbezogen wie folgt berechnet.

Q_P'' [kWh/(m² a)] = $(Q_h'' + Q_W) \cdot e_P$ Wohngebäude (Nutzflächenbezug)
Q_P' [kWh/(m³ a)] = $(Q_h') \cdot e_P$ sonstige Gebäude (Volumenbezug)

mit:
Q_h'' [kWh/(m² a)] auf die Nutzfläche bezogener Jahres-Heizwärmebedarf;
Q_h' [kWh/(m³ a)] auf das Volumen bezogener Jahres-Heizwärmebedarf;
Q_W [kWh/(m² a)] Jahres-Warmwasserwärmebedarf;
e_P [-] Anlagenaufwandszahl.

Der Jahres-Primärenergiebedarf Q_P [kWh/a] wird für Wohngebäude auf die beheizte Gebäudenutzfläche A_N [m²] und für alle anderen Gebäude auf das beheizte Bruttogebäudevolumen V_e [m³] bezogen. Es ergeben sich daher die Kennwerte Q_P'' [kWh/(m² a)] für Wohngebäude und Q_P' [kWh/(m³ a)] für alle anderen Gebäude.

Der Jahres-Primärenergiebedarf eines Gebäudes setzt sich aus dem Jahres-Heizwärmebedarf Q_h und bei Wohngebäuden zusätzlich dem Warmwasserwärmebedarf Q_W des Gebäudes, multipliziert mit der Anlagenaufwandszahl e_P, zusammen.

Der Jahres-Primärenergiebedarf und der Jahres-Endenergiebedarf eines Gebäudes unterscheiden sich folgendermaßen:

Der Jahres-Primärenergiebedarf eines Gebäudes ergibt sich aus dem schon erläuterten Endenergiebedarf eines Gebäudes durch die – nach Energieträgern aufgeschlüsselte – Multiplikation des jeweiligen Endenergianteiles mit dem zugehörigen Primärenergiefaktor gemäß

DIN V 4701-10 (02/2001) [8] Tabelle C.4-1. Mit dem Primärenergiefaktor soll gemäß DIN V 4108-6 [7] die zusätzliche Energiemenge berücksichtigt werden, die durch vorgelagerte Prozeßketten außerhalb der Systemgrenze "Gebäude" bei der Gewinnung, Umwandlung und Verteilung der jeweils eingesetzten Brennstoffe entsteht. Aus der Summe der nach Energieträgern aufgeschlüsselten Primärenergieanteile ergibt sich dann der gesamte Jahres-Primärenergiebedarf.

Während somit der Endenergiebedarf ein Maß für die Energieeffizienz des Gebäudes ist, wird mit dem Primärenergiebedarf eine Größe berechnet, die ökologischen und volkswirtschaftlichen Aspekten Rechnung trägt. Nicht unumstritten ist dabei die sehr schlechte primärenergetische Bewertung des Stromes mit dem Faktor 3,0 gemäß DIN V 4701-10 (02/2001) [8] Tabelle C.4-1 gegenüber fossilen Brennstoffen mit 1,1 oder 1,2. In den ersten acht Jahren nach Inkrafttreten der EnEV [5] darf als Übergangsregelung die primärenergetische Bewertung des Stromes für Gebäude, die zu mehr als 80% durch elektrische Speicherheizsysteme beheizt werden, mit 2,0 erfolgen. Erneuerbare Energieträger erhalten den primärenergetischen Bewertungsfaktor 0 und tragen somit nicht zur Erhöhung des Primärenergiebedarfs bei.

Als Grenzwert wurde gezielt der Primärenergiebedarf und nicht der gebäudespezifische Endenergiebedarf gewählt. Ziel der Begrenzung des Primärenergiebedarfs ist es, die Verwendung von Energieträgern mit hohem primärenergetischem Aufwand zu vermindern und die Nutzung von erneuerbaren Energiequellen, wie zum Beispiel Solarenergie oder Erdwärme, verstärkt zu fördern.

Spezifischer, auf die wärmeübertragende Umfassungsfläche bezogener Transmissionswärmeverlust H_T'

Der spezifische, auf die wärmeübertragende Umfassungsfläche bezogene Transmissionswärmeverlust eines Gebäudes wird folgendermaßen ermittelt (siehe auch Abschnitt 2.2.4):

$$H_T' [W/(m^2 \cdot K)] = \frac{\sum_i F_i \cdot U_i \cdot A_i + \sum_{i,j} F_i \cdot \Psi_j \cdot l_j}{\sum_i A_i}$$

bzw.

$$H_T' [W/(m^2 \cdot K)] = \frac{\sum_i F_i \cdot U_i \cdot A_i + \sum_i A_i \cdot \Delta U_{WB}}{\sum_i A_i}$$

mit:
F_i Temperaturkorrekturfaktor des i-ten Bauteils [-];
U_i Wärmedurchgangskoeffizient des i-ten Bauteils [W/(m² K)];
A_i Fläche des i-ten Bauteils der wärmeübertragenden Umfassungsfläche [m²];

Ψ_j j-ter längenbezogener Wärmedurchgangskoeffizient des i-ten Bauteiles [W/(m K)], auch Wärmebrückenverlustkoeffizient (WBV) genannt;

l_j Länge der j-ten linienförmigen Wärmebrücke [m];

ΔU_{WB} Zuschlagswert zur Berücksichtigung der zusätzlichen Wärmeverluste im Bereich von Wärmebrücken;

$A = \Sigma A_i$ wärmeübertragende Umfassungsfläche des Gebäudes [m²].

Aus der Definition des spezifischen auf die wärmeübertragende Umfassungsfläche bezogenen Transmissionswärmeverlustes H_T' [W/(m² K)] wird deutlich, daß es sich um eine rein bauliche Kenngröße des Gebäudes handelt, die ausschließlich die Transmissionswärmeverluste erfaßt. Der spezifische Transmissionswärmeverlust ist somit ein Maß für den Wärmedämmstandard der wärmeübertragenden Hüllfläche des Gebäudes. Er wurde als Grenzwert in der EnEV [5] für den Energieeinsparungsnachweis definiert, um zumindest den Wärmedämmstandard der Gebäudehülle, wie er zur Einhaltung der Anforderungen der WSchVO 1995 [3] erforderlich war, sicherzustellen. Ohne diesen Grenzwert wäre es durchaus möglich, durch den Einbau einer sehr guten Anlagentechnik auch mit einem schlechteren Wärmedämmniveau, als es nach der WSchVO 1995 [3] erforderlich war, die Anforderungen an den Primärenergiebedarf der EnEV [5] zu erfüllen. Genau dies, nämlich eine mögliche Verschlechterung des baulichen Wärmeschutzes, soll durch die Beschränkung des spezifischen Transmissionswärmeverlustes verhindert werden.

Mit den beiden Grenzwerten wird somit folgendes erreicht. Mit der Begrenzung des

— *Primärenergiebedarfs* wird eine energetische Verbesserung der Gebäude vorgegeben, ökologisch-volkswirtschaftliche Aspekte hinsichtlich der verwendeten Energieträger fließen ein und die Verwendung von regenerativen Energien wird gefördert;

— *spezifischen Transmissionswärmeverlustes* wird zudem ein Mindestwärmedämmstandard der wärmeübertragenden Hüllfläche festgeschrieben.

Gebäude mit niedrigen Innentemperaturen

Bei Gebäuden mit niedrigen Innentemperaturen wird lediglich der spezifische, auf die wärmeübertragende Umfassungsfläche bezogene Transmissionswärmeverlust H_T' [W/(m² K)] begrenzt. Die Ermittlung von H_T' ist nach EnEV [5], Anhang 2, Absatz 2 durchzuführen. Im vorherigen Abschnitt wurde die Berechnung dieses rein baulichen Kennwertes erläutert. Die einzuhaltenden Grenzwerte sind in der EnEV [5], Anhang 2, Tabelle 1 festgelegt. Mit diesem Grenzwert wird der bauliche Wärmeschutz des Gebäudes sichergestellt.

Gebäude im Bestand

An bestehende Gebäude werden in der EnEV [5] dann Anforderungen gestellt, wenn wesentliche Änderungen an den Außenbauteilen vorgenommen werden. In der EnEV [5], Anhang 3 ist für die einzelnen Bauteile festgelegt, bei welchen Änderungen es sich im Sinne dieser Verordnung um wesentliche Änderungen handelt. Auch bei Gebäuden im Bestand werden unterschiedliche Anforderungen für Gebäude mit normalen und mit niedrigen Innentemperaturen gestellt.

Der Nachweis darf auf zweierlei Arten geführt werden. Zum einen kann für die geänderten Bauteile nachgewiesen werden, daß sie die in der EnEV [5], Anhang 3, Tabelle 1 abhängig von der Innentemperatur gestellten Anforderungen an den Wärmedurchgangskoeffizienten U [W/(m² K)] erfüllen. Zum anderen besteht die Möglichkeit, für das ganze Gebäude den Energieeinsparungsnachweis gemäß EnEV [5] abhängig von der Innentemperatur nach Anhang 1 oder Anhang 2 der Verordnung (siehe vorherige Abschnitte) durchzuführen. Die Anforderungen an die Anlagentechnik gemäß Abschnitt 4 der EnEV [5] müssen ebenfalls erfüllt werden.

Gebäude mit geringem Volumen

Bei Gebäuden mit geringem Volumen (beheiztes Gebäudevolumen < 100 m³) kann der Energieeinsparungsnachweis gemäß EnEV [5] geführt werden, indem die Anforderungen an die Wärmedurchgangskoeffizienten U [W/(m² K)] der wärmedämmenden Bauteile der Hüllfläche gemäß EnEV [5], Anhang 3, Tabelle 1 erfüllt werden. Dabei sind die Anforderungen an die Wärmedurchgangskoeffizienten der Außenbauteile davon abhängig, ob es sich um ein Gebäude mit normalen oder mit niedrigen Innentemperaturen handelt. Zudem müssen die Anforderungen an die Anlagentechnik gemäß Abschnitt 4 der EnEV [5] erfüllt werden.

2.2.3 Berücksichtigung der Luftdichtheit und von Lüftungsanlagen

Aufgrund des gestiegenen Wärmedämmstandards heutiger Gebäude übersteigen die rechnerischen Lüftungswärmeverluste bei einer Berechnung nach der WSchVO 1995 [3] häufig schon die rechnerischen Transmissionswärmeverluste des Gebäudes und machen somit mehr als 50% der Verluste aus.

Ein Teil der auftretenden Lüftungswärmeverluste ist unvermeidlich, da in einem Gebäude ein Mindestluftwechsel erforderlich ist, um hygienische Luftverhältnisse sicherzustellen. Zudem sind die Luftwechselrate und somit die Lüftungswärmeverluste bei einer natürlichen, durch die Bewohner gesteuerten Lüftung in der Regel höher als bei maschineller Lüftung. Doch häufig möchten die Gebäudenutzer die Lüftung selber steuern und die Möglichkeit haben, Fenster nach Ihrem Empfinden zu öffnen und zu schließen.

Eine weitere, weitestgehend vermeidbare Ursache für Lüftungswärmeverluste tritt aber durch den ungewollten Luftaustausch über Leckagen in der wärmedämmenden Gebäudehülle auf. Um diese ungewollten Lüftungswärmeverluste zu reduzieren, wird erstmals in der EnEV [5] (siehe Tabelle 1) der anzusetzende Luftwechsel abhängig von der Luftdurchlässigkeit der Gebäudehülle angegeben und somit ein zusätzlicher Anreiz geschaffen, eine luftdichte Gebäudehülle zu planen und zu erstellen.

2.2 Neuerungen der EnEV gegenüber der WSchVO 1995

Tabelle 1 Abhängigkeit des gemäß DIN V 4108-6 [7] zur Berechnung der Lüftungswärmeverluste anzusetzenden Luftwechsels von der Luftdichtheit des Gebäudes

n_{50} [1/h] nach DIN EN 13829 [10]	n [1/h] gemäß EnEV [5] und DIN V 4108-6 [7]	
> 3,0[1)]	0,7	generell
≤ 3,0	0,6	bei freier Lüftung oder Fensterlüftung
≤ 1,5	≤ 0,6	je nach mechanischer Lüftungsanlage, Anforderungen nach EnEV erfüllt
	0,7	bei mechanischen Lüftungsanlagen, Anforderungen nach EnEV nicht erfüllt

[1)] Bei einer Luftdurchlässigkeit von n_{50} > 3,0 (1/h) oder ohne Nachweis der Luftdichtheit.

Bedingung für eine Abminderung des anzusetzenden Luftwechsels um 14% von $n = 0,7$ (1/h) auf $n = 0,6$ (1/h) bei natürlicher Belüftung ist, daß die Luftdichtheit des Gebäudes mit dem Blower-Door-Verfahren geprüft und eine Luftdurchlässigkeit von $n_{50} \leq 3,0$ (1/h) festgestellt wird.

Bei der Luftdichtheitsprüfung mit dem Blower-Door-Verfahren wird der Luftvolumenstrom gemessen, der durch die Gebäudehülle bei einer Druckdifferenz von 50 Pa zwischen innen und außen innerhalb einer Stunde hindurchströmt (Bild 3). Hierbei wird in der Regel in die Haustür ein Gebläse eingebaut, das den Über- bzw. Unterdruck erzeugt (Bild 4). Aus der Division des ermittelten Luftvolumens durch das Gebäudevolumen erhält man dann die Luftdurchlässigkeit n_{50} [1/h], die als Beurteilungskriterium herangezogen wird. Leckagen in der Gebäudehülle können zum Beispiel mit einem Anemometer geortet werden (Bild 5). Das Ergebnis der Luftdichtheitsmessungen wird in einem Messprotokoll bescheinigt (Bild 6).

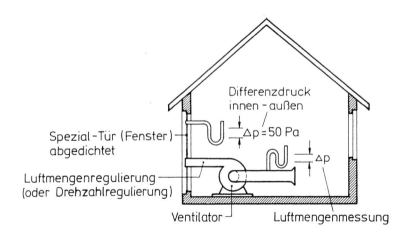

Bild 3 Luftdichtheitsprüfung mit dem Blower-Door-Verfahren

Bild 4   Gebläse zur Erzeugung eines Unter- oder Überdruckes

Bild 5   Leckortung mit einem Anemometer

2.2 Neuerungen der EnEV gegenüber der WSchVO 1995

Zertifikat

über die Qualität der luftdichten Gebäudehülle

Das Gebäude/Objekt:

hat bei der Drucktestmessung am 08.11.2001 folgenden Wert
für die volumenbezogene Luftdurchlässigkeit erzielt:

$$n_{50} = 1{,}1 \; [1/h]$$

Der empfohlene Grenzwert der Luftdurchlässigkeit nach DIN 4108 – 7
beträgt:

$$n_{50} = 3{,}0 \; [1/h]$$

Die Anforderungen der Vorschrift sind erfüllt.

Dieses Zertifikat besteht aus 2 Seiten.
Erstellt am   12.11.2001

Bild 6   Messprotokoll zur Luftdichtheitsprüfung

Wird eine Lüftungsanlage eingebaut, führt das bei einer sehr guten Luftdichtheit des Gebäudes und gut geplantem Luftstrom innerhalb des Gebäudes von der Zuluft- über die Überström- in die Abluftzone zu einer weiteren Reduzierung der Lüftungswärmeverluste, besonders wenn zusätzlich eine Wärmerückgewinnung über einen Wärmetauscher vorgesehen wird. Dies kann und darf in den Berechnungsverfahren von DIN V 4108-6 (11/2001) [7] sowie DIN V 4701-10 (02/2001) [8] berücksichtigt werden, wenn die Gebäudehülle eine Luftdurchlässigkeit von $n_{50} \leq 1,5$ (1/h) aufweist.

Beim Einbau einer Lüftungsanlage wird eine geringere Luftdurchlässigkeit gefordert, da durch den Betrieb von Lüftungsanlagen höhere Druckdifferenzen zwischen innen und außen auftreten. Dies führt bei einer undichten Gebäudehülle zu einem erhöhten ungewollten Luftaustausch. Hierdurch wird der Energieeinspareffekt der kontrollierten Lüftung reduziert. In ungünstigen Fällen können sich dann sogar größere Lüftungswärmeverluste einstellen als bei manueller Lüftung. Bei einer Luftdurchlässigkeit von $n_{50} < 1,5$ (1/h) geht man jedoch davon aus, daß der ungewollte Luftaustausch infolge der aus dem Betrieb der Lüftungsanlage bedingten Druckdifferenzen klein ist. Häufig wird sogar beim Betrieb einer Lüftungsanlage eine Luftdurchlässigkeit von $n_{50} < 1,0$ (1/h) empfohlen.

Die Herstellung einer luftdichten Gebäudehülle dient aber nicht nur dem Ziel der Energieeinsparung, sondern es gibt noch weitere Gründe, eine luftdichte Gebäudehülle vorzusehen, auf die hier nur kurz hingewiesen werden soll:

- Die Luftdichtheitsschicht unterbindet ungewollte Luftströmungen durch die wärmedämmende Gebäudehülle. Somit wird ein konvektiver Wasserdampftransport in und durch die Außenbauteile sowie ein dadurch auftretender Tauwasserausfall verhindert.
- Im Bereich von Leckagen in der Gebäudehülle kommt es häufig zu ungewollten Zugerscheinungen im Winter, die das Behaglichkeitsempfinden der sich im Raum aufhaltenden Personen herabsetzen. Mit einer luftdichten Gebäudehülle werden solche unbehaglichen Zugerscheinungen vermieden.

Ausführlichere Informationen zum Thema Luftdichtheit und Konstruktionshinweise zur Luftdichtheitsschicht sind zum Beispiel in [11] und [12] zu finden. Im Rahmen des rechnerischen Nachweises nach der EnEV [5] sollte grundsätzlich von einer luftdichten Gebäudehülle ausgegangen werden. Wird diese bei Nachmessungen unter Umständen nicht erreicht, so sind die Leckagestellen nachzubessern. Um solche aufwendigen Nachbesserungen im Vorfeld zu vermeiden, sind in den Bildern 7 bis 9 einige Details aufgezeigt, die im Hinblick auf die Luftdichtigkeit besonders zu beachten sind.

Zusammenfassend kann festgestellt werden, daß die Herstellung einer luftdichten Gebäudehülle und der Einbau einer Lüftungsanlage mit oder ohne Wärmerückgewinnung im Energieeinsparungsnachweis positiv berücksichtigt werden können.

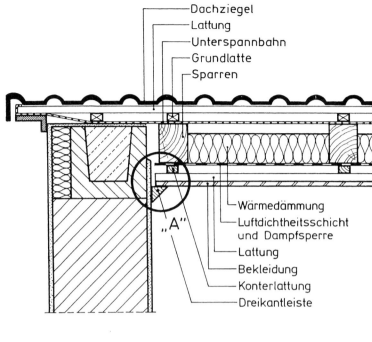

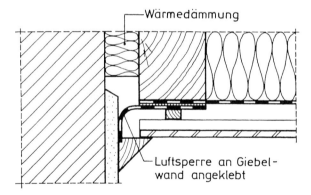

Bild 7 Luftdichte Ausbildungsmöglichkeit eines Ortganges

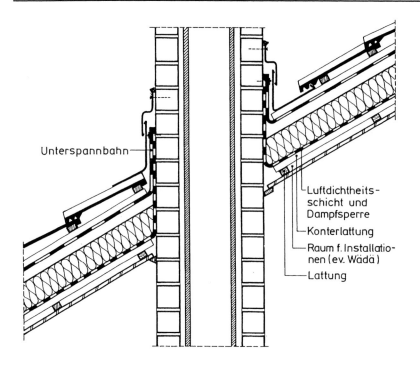

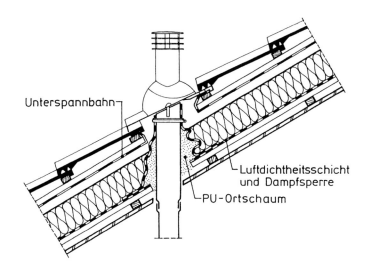

Bild 8 Durchdringungen im Bereich eines geneigten Daches
        a)   Schornstein
        b)   Rohrdurchführung

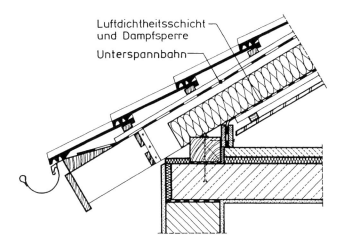

Bild 9 Traufpunktausbildung

2.2.4 Berücksichtigung von Wärmebrücken

Bei der Berechnung des Heizwärmebedarfs gemäß EnEV [5] und DIN V 4108-6 (11/2000) [7] wird die Berücksichtigung der zusätzlichen Transmissionswärmeverluste im Bereich von Wärmebrücken vorgeschrieben. Begründet wird dies mit Untersuchungen, wonach durch die Verschärfung der Anforderungen an den Wärmeschutz mit Einführung der EnEV [5] die zusätzlichen Transmissionswärmeverluste, die durch Wärmebrücken in der wärmedämmenden Gebäudehülle verursacht werden, nicht mehr vernachlässigbar sind. Ganz im Gegenteil können bei ungünstiger Konstruktion die zusätzlichen Wärmeverluste durch Wärmebrücken bis zu 30% des Jahres-Heizenergiebedarfs ausmachen [13].

In Bild 10 wird deutlich, daß der Wärmebrückeneinfluß durch Verwendung der Außenmaße (jeweils rechte Säule im Diagramm) nicht ausreichend erfaßt wird. Eine genauere Erfassung der Wärmebrückenwirkung ist somit erforderlich.

Grundsätzlich besteht die Möglichkeit, die zusätzlichen Transmissionswärmeverluste durch Wärmebrücken genau oder pauschal zu berücksichtigen. Folgende Möglichkeiten gibt es:

- Genaues Verfahren: Die zusätzlichen Transmissionswärmeverluste von typischen Wärmebrücken sind zu berücksichtigen. Dies sind
    – Deckenauflager,
    – Fenster und Türen: Laibungen (umlaufend),
    – Decken- und Wandeinbindungen,
    – wärmetechnisch entkoppelte Balkonplatten und
    – Gebäudekanten.

Der spezifische Transmissionswärmeverlust berechnet sich somit wie folgt:

$$H_T [W/K] = \sum_i F_i \cdot U_i \cdot A_i + \sum_{i,j} F_i \cdot \Psi_j \cdot l_j$$

mit:

F_i Temperaturkorrekturfaktor des i-ten Bauteils [-];
U_i Wärmedurchgangskoeffizient des i-ten Bauteils [W/(m² K)];
A_i Fläche des i-ten Bauteils der wärmeübertragenden Umfassungsfl. [m²];
Ψ_j j-ter längenbezogener Wärmedurchgangskoeffizient des i-ten Bauteiles [W/(m K)], auch Wärmebrückenverlustkoeffizient (WBV) genannt;
l_j Länge der j-ten linienförmigen Wärmebrücke [m].

Dabei werden die längenbezogenen Wärmedurchgangskoeffizienten Ψ_j [W/(m K)] entweder auf der Grundlage von [15] und [16] numerisch berechnet oder Nachschlagewerken entnommen ([17] und [18]).

- Vereinfachtes Verfahren mit ΔU_{WB} = 0,05 W/(m² K):
  Die Konstruktionen im Bereich typischer Wärmebrücken werden *gemäß DIN 4108, Beiblatt 2 [19]* geplant und ausgeführt. Der gesamte spezifische Transmissionswärmeverlust wird dann wie folgt ermittelt:

$$H_T [W/K] = \sum_i F_i \cdot U_i \cdot A_i + \sum_i A_i \cdot \Delta U_{WB}$$

- Vereinfachtes Verfahren mit ΔU_{WB} = 0,10 W/(m² K):
  Die Konstruktionen im Bereich typischer Wärmebrücken werden *nicht gemäß DIN 4108, Beiblatt 2 [19]* geplant und ausgeführt. Der gesamte spezifische Transmissionswärmeverlust wird wie unter 2. ermittelt, als Wärmebrückenzuschlag ist aber ΔU_{WB} = 0,10 W/(m² K) einzusetzen.

Es sei hier darauf hingewiesen, daß beim öffentlich-rechtlichen Nachweis gemäß DIN V 4108-6 (11/2000) [7] nur bei Verwendung des Monatsbilanzverfahrens zwischen den drei oben genannten Verfahren ausgewählt werden kann. Wird das vereinfachte Heizperiodenbilanzverfahren für Wohngebäude verwendet, ist Verfahren zwei anzuwenden. Somit muß dann auch nach DIN 4108, Beiblatt 2 [19] konstruiert werden.

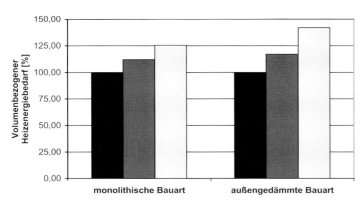

Bild 10 Einfluß der Wärmebrücken auf den Heizwärmebedarf eines Einfamilienhauses in monolithischer und außengedämmter Bauart bei verschiedenen Wärmebrückenwirkungen [14]

Im Hinblick auf die pauschalen Wärmebrückenzuschläge ist jedoch zu bedenken, daß es in Zukunft erforderlich sein wird, besonders für kleinere Gebäude die Außenbauteile mit Wärmedurchgangskoeffizienten von 0,2 – 0,3 W/(m²K) auszuführen, um auf der Grundlage eines guten baulichen Wärmeschutzes den Energieeinsparungsnachweis zu erfüllen. Muß man dann aber noch einen Malus-Wert von $\Delta U_{WB} = 0{,}10$ W/(m² K) ausgleichen, weil das Gebäude nicht wärmebrückenarm konstruiert wurde, so ist die Dämmstoffdicke erheblich zu vergrößern (siehe Bild 11), um die erforderlichen resultierenden U-Werte zu erzielen, denn es gilt:

$U_{Resultierend}$ [W/(m² K)] $= U$ [W/(m² K)] $+ \Delta U_{WB}$ [W/(m² K)] und
$d_{Resultierend}$ [cm] $= d$ [cm] $+ \Delta d_{WB}$ [cm]

Schon bei einem angestrebten U-Wert von 0,25 W/(m² K) ist bei einem Malus-Wert von $\Delta U_{WB} = 0{,}10$ W/(m² K) eine zusätzliche Dämmstoffdicke von fast 11 cm für die in Bild 11 betrachtete Außenwand erforderlich.

Es wird deutlich, daß ein genauerer Nachweis der Wärmebrücken oder zumindest die Berücksichtigung der DIN 4108, Beiblatt 2 [19] schon im Hinblick auf die Baukosten zu empfehlen ist.

a)

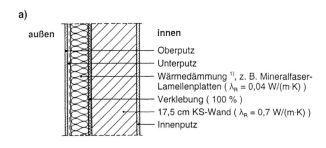

b)

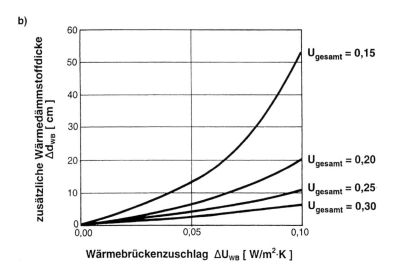

Bild 11 Auswirkungen der ΔU_{WB}-Werte auf die Dämmstoffdicke bei einer Außenwand mit Wärmedämmverbundsystem (WDVS)

a) Querschnitt einer Außenwand mit Wärmedämmverbundsystem (WDVS) und Dämmstoffdicken ohne Berücksichtigung von ΔU_{WB}.

b) zusätzliche Dämmstoffdicken Δd_{WB} [cm] in Abhängigkeit vom angestrebten resultierenden *U*-Wert und von der Größe des pauschalen Wärmebrückenzuschlages ΔU_{WB}; die Putze wurden bei der Berechnung vernachlässigt

Der zweite wesentliche Grund, eine möglichst wärmebrückenarme Gebäudehülle zu konzipieren, besteht darin, daß dann in der Regel der Ausfall von Oberflächentauwasser und das Wachstum von Schimmelpilzen verhindert wird. Denn bei wärmebrückenarmen Konstruktionen liegen die minimalen Oberflächentemperaturen innen in der Regel höher als 12,6°C, wie es in der DIN 4108-2 (03/2001) [20] gefordert wird. Dieser Grenzwert beschränkt bei einem üblichen Innenraumklima von 20°C und 50% relativer Luftfeuchte die relative Luftfeuchte an der Wandoberfläche auf $\phi \leq 80\%$. Liegt die relative Luftfeuchte an der Wandoberfläche überwiegend unter 80%, so tritt nach heutigem Kenntnisstand kein Schimmelpilzwachstum auf.

2.2.5 Nachweis des sommerlichen Wärmeschutzes

Eine Neuerung der EnEV [5] ist auch, daß der Nachweis des sommerlichen Wärmeschutzes gemäß DIN 4108-2 (03/2001) [20] raumweise zu führen ist, wohingegen er in der WSchVO 1995 [3] lediglich fassadenweise zu führen war. Die dort vorgegebenen Anforderungen an den sommerlichen Wärmeschutz waren zudem zu gering, um zum überwiegenden Teil der Aufenthaltszeit behagliche Innenraumtemperaturen sicherzustellen.

Die Anforderungen der DIN 4108-2 (03/2001) [20] an den Mindestwärmeschutz im Sommer sind strenger und sollen sicherstellen, daß sich während eines Großteils der Aufenthaltszeit ohne Einsatz von Kühlung behagliche Raumtemperaturen einstellen. Dazu wird ein maximal zulässiger Sonneneintragskennwert S_{max} festgelegt. Wichtig für die Energieeinsparung ist die Forderung, daß keine Raumluftkühlung erforderlich ist, da eine Kühlung häufig nur mit hohem Energieeinsatz möglich ist. Die durch bauliche und anlagentechnische Maßnahmen eingesparte Energie im Winter würde sonst sehr schnell im Sommer zur Kühlung verbraucht werden. Dies läuft aber dem Ziel der Energieeinsparung im Gebäudebereich entgegen, den Energiebedarf eines Gebäudes im ganzen Jahr und nicht nur im Winter zu reduzieren.

Das Nachweisverfahren zum sommerlichen Mindestwärmeschutz, wie es in der EnEV [5] gefordert wird, ist in der DIN 4108-2 (03/2001) [20] festgelegt. Der Nachweis wird geführt, indem der maximal zulässige Sonneneintragskennwert S_{max} mit dem für den Raum vorhandenen Sonneneintragskennwert S verglichen wird. Dabei muß gelten:

$$S \leq S_{max}$$

Das Verfahren berücksichtigt im wesentlichen folgende – die Innentemperaturen beeinflussenden – Randbedingungen:

- Fensterflächenanteil, Orientierung und Neigung der Fenster;
- Gesamtenergiedurchlaßgrad der Verglasung und des Sonnenschutzes;
- Sonnenschutzvorrichtungen, zum Beispiel Jalousien;
- schwere, leichte oder extrem leichte Bauart;
- Nachtlüftung;
- sommerliche Belastung des Gebäudestandortes.

Das Nachweisverfahren ist in der DIN 4108-2 (03/2001) [20] gut und übersichtlich erläutert. Grundlegende, über den Mindestwärmeschutz hinausgehende Erläuterungen zum sommerlichen Wärmeschutz finden sich zum Beispiel in [21].

2.3 Grundlagen der Berechnung

Bevor der Energieeinsparungsnachweis, wie er in der EnEV [5] gefordert wird, geführt werden kann, müssen zunächst die Berechnungsgrundlagen zur Verfügung stehen. Zu den

Berechnungsgrundlagen zählen einerseits detaillierte Planungsunterlagen des zu errichtenden oder zu sanierenden Gebäudes und andererseits die erforderlichen Verordnungen, Normen und Regelwerke zur Nachweisführung.

2.3.1 Erforderliche Planungsunterlagen

Zur Berechnung des Heizwärmebedarfs müssen folgende Informationen und Planungsunterlagen vorhanden sein:

- vermaßte Grundrisse, Schnitte und Ansichten des Gebäudes;
- die Orientierung des Gebäudes nach den Himmelsrichtungen;
- der Aufbau der Bauteile, die Dicken der Wärmedämmschichten der einzelnen Bauteile können im Rahmen des Nachweises optimiert werden;
- die Gebäudenutzung: Wohn-, Bürogebäude, etc;
- die gewünschte Innentemperatur der Räume (für bewohnte Gebäude $\theta_i = 19\ °C$).

Des weiteren sind jedoch aufgrund der ganzheitlichen Betrachtung des Gebäudes im Rahmen des Energieeinsparungsnachweises auch folgende Angaben zur Heizungs- und Anlagentechnik erforderlich, um den Jahres-End- und den Jahres-Primärenergiebedarf ermitteln zu können:

- Heizung: Übergabe, Verteilung, Speicherung und Erzeugung der Heizwärme;
- Trinkwasser: Verteilung, Speicherung und Erzeugung des Warmwassers;
- Lüftung: Übergabe, Verteilung und Erzeugung der Zuluft.

Für eine Vorplanung im Rahmen des graphischen Verfahrens oder des Tabellenverfahrens nach DIN V 4701-10 (02/2001) [8] genügen prinzipielle Angaben zur Heizungs- und Anlagentechnik. Soll aber das detaillierte Verfahren angewandt werden, das auch die Berücksichtigung einer sehr guten Anlagentechnik ermöglicht, während die beiden anderen Verfahren aufgrund der erforderlichen Vereinfachungen eher eine energetisch schlechte Standardanlagentechnik erfassen, dann muß eine vollständige Planung der Heizungs- und Anlagentechnik vorliegen. Bei derzeitigen Planungs- und Bauabläufen ist dies jedoch erst in einem sehr späten Stadium der Fall. Hier muß also, wenn die im detaillierten Verfahren liegenden Reserven genutzt werden sollen, die Planung der Heizungstechnik bereits sehr früh vorliegen, um auch noch eine Optimierung des baulichen Wärmeschutzes vornehmen zu können. Ob dies gelingt oder ob auf die Verwendung des detaillierten Verfahrens verzichtet werden wird, hängt sicherlich immer auch vom Gebäude ab und wird sich in Zukunft zeigen.

2.3.2 Verordnungen, Normen und Regelwerke

Die EnEV [5] und die beiden wichtigsten Normen für den Energieeinsparungsnachweis wurden bereits erwähnt. An dieser Stelle sollen die wesentlichen Verordnungen, Normen und Regelwerke zum Energieeinsparungsnachweis aufgelistet werden, um eine Übersicht zu geben:

Verordnungen und Regelwerke zum Energieeinsparungsnachweis

Energieeinsparverordnung (EnEV) [5]:
 Verordnung der Bundesregierung vom 01.02.2002 und
 Allgemeine Verwaltungsvorschrift zu § 13 der Energieeinsparverordnung (AVV Energiebedarfsausweis) (Angaben gemäß letztem Bearbeitungsstand – zum Zeitpunkt der Manuskripterstellung lag die endgültige Fassung noch nicht vor);

DIN V 4108-6 (11/2000) [7]:
 Wärmeschutz und Energieeinsparung von Gebäuden – Teil 6: Berechnung des Jahresheizwärme- und des Jahresheizenergiebedarfs und Begrenzung solarer Wärmeeinträge im Sommer;

DIN EN 832 (12/1998) [22]:
 Wärmetechnisches Verhalten von Gebäuden – Berechnung des Heizenergiebedarfs, Wohngebäude. Deutsche Fassung EN 832;

DIN 4108-2 (03/2001) [20]:
 Wärmeschutz und Energieeinsparung in Gebäuden – Teil 2: Mindestanforderungen an den Wärmeschutz (Verfahren zum Nachweis des Mindestwärmeschutzes im Sommer);

DIN V 4701-10 (02/2001) [8]:
 Energetische Bewertung heiz- und raumlufttechnischer Anlagen, Teil 10: Heizung, Trinkwassererwärmung, Lüftung.

Normen und Regelwerke zu wärmeschutztechnischen Kennwerten

DIN V 4108-4 (10/1998) [23]:
 Wärmeschutz und Energieeinsparung in Gebäuden – Teil 4: Wärme- und feuchteschutztechnische Kennwerte;

DIN V 4108-4 (02/2002) [41]:
 Wärmeschutz und Energieeinsparung in Gebäuden – Teil 4: Wärme- und feuchteschutztechnische Bemessungswerte (vgl. hierzu das Vorwort zur 2. Auflage);

DIN EN 12524 (07/2000) [42]:
 Baustoffe und -produkte – Wärme- und feuchteschutztechnische Eigenschaften – Tabellierte Bemessungswerte (vgl. hierzu das Vorwort zur 2. Auflage);

DIN EN ISO 6946 (11/1996) [24]:
 Bauteile – Wärmedurchlaßwiderstand und Wärmedurchgangskoeffizient – Berechnungsverfahren;

DIN EN ISO 13786 (12/1999) [25]:
 Wärmetechnisches Verhalten von Bauteilen – Dynamisch-thermische Kenngrößen – Berechnungsverfahren;

DIN EN ISO 13370 (12/1998) [26]:
 Wärmetechnisches Verhalten von Gebäuden – Wärmeübertragung über das Erdreich – Berechnungsverfahren;

DIN EN ISO 13789 (10/1999) [27]:
 Wärmetechnisches Verhalten von Gebäuden – Spezifischer Transmissionswärmeverlustkoeffizient – Berechnungsverfahren;

DIN EN 410 (12/1998) [28]:
   Glas im Bauwesen – Bestimmung der lichttechnischen und strahlungsphysikalischen Kenngrößen von Verglasungen;
DIN EN 673 (01/2001) [29]:
   Glas im Bauwesen – Bestimmung des Wärmedurchgangskoeffizienten (U-Wert) – Berechnungsverfahren;
DIN EN ISO 10077-1 (11/2000) [30]:
   Wärmetechnisches Verhalten von Fenstern, Türen und Abschlüssen – Berechnung des Wärmedurchgangskoeffizienten – Teil 1: Vereinfachtes Verfahren;
E DIN EN ISO 10077-2 (02/1999) [31]:
   Wärmetechnisches Verhalten von Fenstern, Türen und Abschlüssen – Berechnung des Wärmedurchgangskoeffizienten – Teil 2: Numerisches Verfahren für Rahmen.

Normen und Regelwerke zum Thema Wärmebrücken

DIN 4108, Beiblatt 2 (08/1998) [19]:
   Wärmeschutz und Energie-Einsparung in Gebäuden – Wärmebrücken – Planungs- und Ausführungsbeispiele;
DIN EN ISO 10211-1 (11/1995) [15]:
   Wärmebrücken im Hochbau – Wärmeströme und Oberflächentemperaturen – Teil 1: Allgemeine Berechnungsverfahren;
DIN EN ISO 10211-2 (06/2001) [16]:
   Wärmebrücken im Hochbau – Berechnung der Wärmeströme und Oberflächentemperaturen – Teil 2: Linienförmige Wärmebrücken.

Normen und Regelwerke zum Thema Luftdichtheit

DIN 4108-7 (08/2001) [12]:
   Wärmeschutz und Energie-Einsparung in Gebäuden – Teil 7: Luftdichtheit von Gebäuden, Anforderungen, Planungs- und Ausführungsempfehlungen sowie -beispiele;
DIN EN 13829 (02/2001) [10]:
   Wärmetechnisches Verhalten von Gebäuden – Bestimmung der Luftdurchlässigkeit von Gebäuden – Differenzdruckverfahren;
DIN EN 12207 (06/2000) [32]:
   Fenster und Türen – Luftdurchlässigkeit – Klassifizierung.

Die obenstehende Liste erhebt bei weitem keinen Anspruch auf Vollständigkeit. Sie soll dazu dienen, eine Übersicht über die relevanten Normen im Zusammenhang mit dem Energieeinsparungsnachweis zu geben. Zu den Normen [28] bis [31] ist anzumerken, daß die wärmeschutztechnischen Kennwerte von Verglasungen und Fenstern voraussichtlich im Rahmen von technischen Produktinformationen zur Verfügung gestellt werden.

2.4 Der öffentlich-rechtliche Nachweis

Der öffentlich-rechtliche Nachweis ist nach der Maßgabe der EnEV [5] mit den Berechnungsverfahren der DIN V 4108-6 (11/2000) [7] und den in dieser Norm im Anhang D festgelegten Randbedingungen sowie den Berechnungsverfahren der DIN V 4701-10 (02/2001) [8] zu führen.

Die Bestimmungen der EnEV [5] beschränken sich auf den öffentlich-rechtlichen Energieeinsparungsnachweis, wie er im Rahmen des Baugenehmigungsverfahrens zu führen ist. Darüber hinaus bietet die DIN V 4108-6 (11/2000) [7] die Möglichkeit, die klimatischen Bedingungen am Gebäudestandort genauer zu berücksichtigen, um den Heizwärmebedarf standortbezogen ermitteln zu können (siehe Abschnitt 2.5). Standortbezogene Berechnungen sind jedoch für den öffentlich-rechtlichen Nachweis nicht zulässig.

Der öffentlich-rechtliche Energieeinsparungsnachweis ist im wesentlichen durch folgende Vorgaben in der EnEV [5] und DIN V 4108-6 [7], Anhang D gekennzeichnet:

— unabhängig vom regionalen Standort des Gebäudes innerhalb Deutschlands wird ein einheitliches Klima – das sogenannte „Normklima" – vorgegeben;
— Anwendungsgrenzen und zulässige Vereinfachungen für das Heizperioden- und das Monatsbilanzverfahren werden festgelegt.

Für den öffentlich-rechtlichen Nachweis wird ein Normklima vorgegeben, das ungefähr dem durchschnittlichen Klima in der Bundesrepublik Deutschland entspricht. Damit wird sichergestellt, daß an Gebäude, unabhängig von den unterschiedlichen Klimaten in Deutschland, von staatlicher Seite gleiche bauliche und anlagentechnische Anforderungen bezüglich der Energieeinsparung gestellt werden. Bei identischen Gebäuden sind demnach die erforderlichen Aufwendungen für Energieeinsparmaßnahmen gleich – nicht aber der Energieverbrauch.

Daraus wird aber auch deutlich, daß der nach der EnEV [5] ermittelte Endenergie*bedarf* in der Regel nicht mit dem zu erwartenden Endenergie*verbrauch* übereinstimmen kann, da bei gleichen Gebäuden der Energieverbrauch zum Beispiel im „warmen" Freiburg sicher wesentlich geringer sein wird als beispielsweise in den Alpen. Einen weiteren und in diesem Fall auch kaum zu kalkulierenden Unsicherheitsfaktor hinsichtlich des Energie*verbrauchs* stellen die Lüftungswärmeverluste dar, die sehr stark vom Nutzerverhalten abhängen. Das Nutzerverhalten können die Berechnungsverfahren, die unter anderem Pauschalwerte für den Luftwechsel ansetzen, nicht erfassen. Der für ein Gebäude errechnete Endenergie*bedarf* ist somit ein energetischer Kennwert für das Gebäude und gibt nur einen groben Anhaltswert für den zu erwartenden Energie*verbrauch* an.

Zur Berechnung des Heizwärmebedarfs stellt die DIN V 4108-6 (11/2000) [7] zwei Verfahren zur Verfügung:

- Das Heizperiodenbilanzverfahren und das
- Monatsbilanzverfahren.

Wann welches Verfahren anwendbar ist, wird in der DIN V 4108-6 (11/2000) [7] und in der EnEV [5] festgelegt. Die Anwendung des Heizperiodenbilanzverfahrens wird auf Wohngebäude mit einem maximalen Fensterflächenanteil von 30% beschränkt. Zudem können bei Anwendung des Heizperiodenbilanzverfahrens für den öffentlich-rechtlichen Nachweis die positiven Effekte von Wintergärten, transparenter Wärmedämmung und Lüftungsanlagen mit oder ohne Wärmerückgewinnung nicht berücksichtigt werden. Ferner dürfen Wärmebrücken nicht genau nachgewiesen werden, sondern es ist ein pauschaler Zuschlag $\Delta U_{WB} = 0,05$ W/(m² K) anzusetzen und DIN 4108, Beiblatt 2 [19] ist zu beachten. Mit dem Heizperiodenbilanzverfahren steht damit ein grobes, aber auch einfaches Berechnungsverfahren zur Verfügung, das insbesondere für Vorbemessungen geeignet ist.

Im Gegensatz dazu kann das Monatsbilanzverfahren für alle Gebäude angewandt werden. Auf der Grundlage der DIN V 4108-6 (11/2000) [7] können die baulichen Besonderheiten eines Gebäudes detailliert berücksichtigt werden, so daß mit diesem Verfahren in der Regel günstigere Bedarfswerte ermittelt werden. Für die endgültige genaue Planung sollte dieses Verfahren angewendet werden, insofern der Nachweis rechnergestützt durchgeführt wird.

2.5 Orts- und klimaabhängige Berechnung des Heizwärmebedarfs

Wie schon erwähnt, bietet die DIN V 4108-6 (11/2000) [7] die Möglichkeit, den Heizwärmebedarf eines Gebäudes standortbezogen zu berechnen.

Dazu wird im Anhang A der oben genannten Norm eine Einteilung der Bundesrepublik Deutschland in 15 Regionen vorgenommen (siehe Bild 12). Für diese 15 Regionen werden die durchschnittlichen monatlichen Strahlungsintensitäten in Abhängigkeit von der Orientierung und der Neigung der Flächen angegeben.

Zudem werden im Anhang A für die Berechnung mit dem Monatsbilanzverfahren die mittleren monatlichen Außentemperaturen für zwei oder drei Referenzorte je Region angegeben, mit Hilfe derer der Heizwärmebedarf für die einzelnen Monate in Abhängigkeit von der Heizgrenztemperatur ermittelt werden kann. Dabei versteht man unter der Heizgrenztemperatur diejenige Außentemperatur, ab deren Überschreiten ein Gebäude bei einer vorgegebnen Raumlufttemperatur nicht mehr beheizt werden muß.

Für das Heizperiodenbilanzverfahren werden für zwei oder drei Referenzorte je Region die Dauer der Heizperiode und die Heizgradtagzahlen in Abhängigkeit von verschiedenen Heizgrenztemperaturen angegeben. Mit diesen Werte kann dann auch mit dem Heizperiodenbilanzverfahren der standortbezogene Heizwärmebedarf ermittelt werden.

Damit ermöglicht die DIN V 4108-6 (11/2000) [7] unter Verwendung von Anhang A die Berücksichtigung der klimatischen Unterschiede der einzelnen Regionen bei der Berechnung des Heizwärmebedarfs.

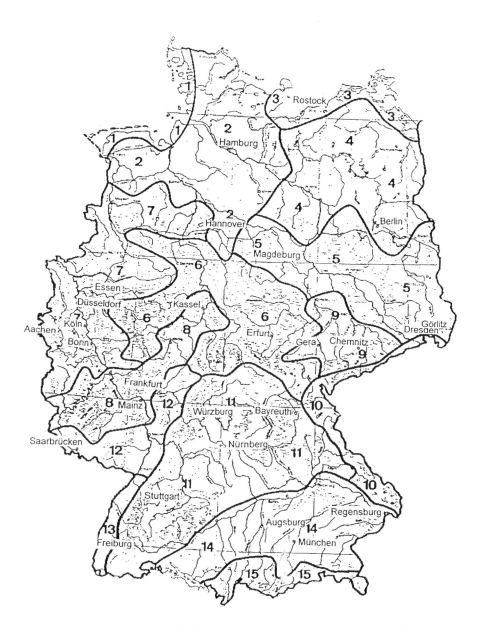

Bild 12 Darstellung der 15 Referenzregionen in der Bundesrepublik Deutschland in Anlehnung an [7]

2.6 Erläuterungen zur Anlagentechnik

Im Rahmen des Energieeinsparnachweises ist nunmehr die Anlagentechnik in den Nachweis mit einzubeziehen. Daher werden nachfolgend einige grundlegende Erläuterungen zur Heizungstechnik gegeben; für weitergehende Informationen wird auf die Literatur [38], [39], [40] verwiesen.

Heizsysteme erfüllen in Wohngebäuden die Aufgabe der Gebäudebeheizung sowie der Trinkwassererwärmung. Das Prinzip der Wärmeerzeugung ist folgendes:

Zunächst wird das Wasser des Heizkreislaufes, welches als Wärmeträger fungiert, im Heizkessel erwärmt. Die Verteilung des erwärmten Wassers erfolgt mittels Umwälzpumpen über vertikale und horizontale Leitungen bis zu den Raumheizeinrichtungen. Ein Teil der Wärmeenergie wird hier über Radiatoren oder Flächenheizungen an die Raumluft übergeben; dabei kühlt das Wasser ab. Das abgekühlte Wasser wird wieder dem Heizkessel zugeführt und dort erneut erwärmt. Der Kreislauf beginnt von vorne. Die Differenz zwischen der Vorlauftemperatur und der Rücklauftemperatur wird Spreizung genannt. Die üblicherweise angegebenen Systemtemperaturen des Heizungssystems bezeichnen jene Vorlauf- bzw. Rücklauftemperatur, die im Auslegungsfall maximal erreicht werden. Übliche Spreizungen liegen zwischen 5 K (bei Flächenheizungen) und bis zu 20 K (bei Radiatoren).

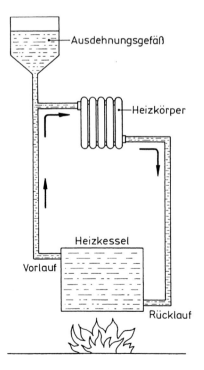

Bild 13 Prinzip einer Zentralheizung

2.6 Erläuterungen zur Anlagentechnik

In der DIN V 4701-10 [8] wird zwischen Konstanttemperatur-, Niedertemperatur- und Brennwertkesseln unterschieden. Früher dienten die Kesseltemperaturen als Abgrenzungskriterium zwischen der Konstanttemperatur- und der Niedertemperaturtechnik; mittlerweile erfolgt die Unterscheidung anhand der Kesselkonstruktion (Feuerungswirkungsgrad) und nicht mehr in Abhängigkeit der Kesselwassertemperaturen. Die Niedertemperaturkessel gehören in Deutschland zum Stand der Technik.

Die Abgase von Niedertemperaturkesseln werden durch natürlichen Auftrieb in einem Schornstein abgeführt. Aufgrund der niedrigeren Abgastemperaturen sollen für Niedertemperaturkessel hauptsächlich feuchtigkeitsunempfindliche Schornsteine verwendet werden. Die Schornsteine werden daher aus feuchtigkeitsbeständigen Materialien wie Edelstahl, Glas oder keramisch glasierten Schamotterohren hergestellt (Bild 14). Letztere sind häufig noch mit einer Hinterlüftung ausgestattet.

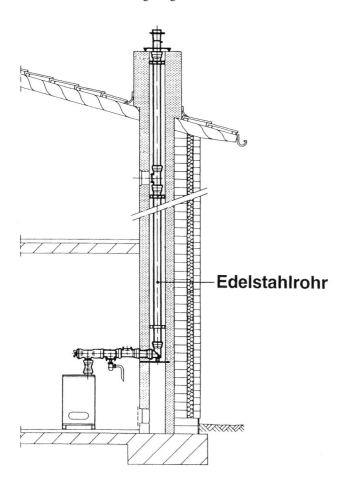

Bild 14 Schornsteinausführung mit Edelstahlwandung (Werkbild: LORO) [39]

Neben den Niedertemperaturkesseln haben sich insbesondere bei Verwendung des Energieträgers Erdgas Brennwertkessel durchgesetzt. Der theoretische Wirkungsgrad von Brennwertkesseln ist bis zu 10% höher als bei Niedertemperaturkesseln (Bild 15). Die unterschiedlichen Nutzungsgrade von Niedertemperatur- und Brennwertkesseln erklären sich wie folgt:

Die Abgase von Gas- oder Ölheizungen enthalten Wasserdampf. Bei der Brennwerttechnik wird die im Wasserdampf enthaltene latente Wärme durch Kondensation des Wasserdampfes genutzt (Bild 16). Je niedriger die Auslegungstemperatur der Heizung ist, desto größer ist der Anteil am Wasserdampf, der zur Kondensation gebracht wird und desto höher ist demnach die Ausnutzung der Kondensationswärme. Daher ist die Auslegungstemperatur der Heizung bei Brennwertkesseln möglichst gering zu wählen. Bei einer Ölbefeuerung ist die Brennwerttechnik aufgrund des gegenüber einer Gasbefeuerung geringeren Wasserdampfgehaltes der Abluft des Kessels weniger effektiv.

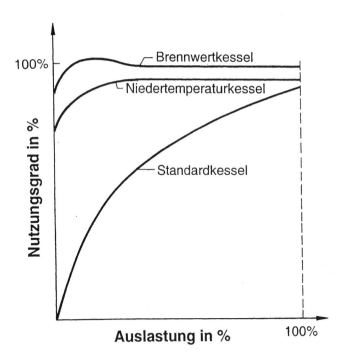

Bild 15 Wirkungsgrade unterschiedlicher Kesselarten abhängig von der Auslastung [37]

Ein theoretischer Kesselwirkungsgrad größer 100% ist bei Brennwertkesseln durchaus möglich, da sich der Kesselwirkungsgrad auf den unteren Heizwert der Brennstoffe bezieht. Der untere Heizwert H_U ist diejenige Wärmemenge, die bei vollständiger Verbrennung eines Brennstoffes frei wird. Dabei wird die Verdampfungswärme des Wassers in den Verbrennungsgasen nicht berücksichtigt. Berücksichtigt man nun bei Brennwertkesseln die bei der Kondensation des in den Abgasen enthaltenen Wasserdampfes frei werdende Wärmemenge

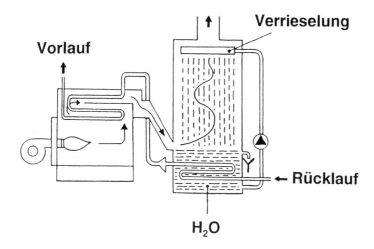

Bild 16   Gas-Brennwertkessel [39]

zusätzlich und bezieht die gesamte bei der Verbrennung frei gewordene Wärmemenge auf den unteren Brennwert, dann können durchaus theoretische Kesselwirkungsgrade größer 100% erreicht werden.

Der wesentliche Vorteil der Brennwert- bzw. der Niedertemperaturtechnik ist, daß auch bei geringen Auslastungsgraden des Kessels der Nutzungsgrad bereits sehr groß ist (vergleiche Bild 15). Bei Verwendung eines Konstanttemperaturkessels erreicht man erst bei einer hohen Auslastung einen ähnlich guten Wirkungsgrad.

3 Vorgehensweise beim Energieeinsparungsnachweis

Im nachfolgenden Abschnitt wird kurz die prinzipielle Vorgehensweise bei der Erstellung eines Nachweises nach der Energieeinsparverordnung [5] erläutert. Dabei werden die einzelnen Berechnungsschritte sowie die anzuwendenden Gleichungen teilweise mittels Flussdiagrammen verdeutlicht. Diese Diagramme sollen dem Anwender einen einfachen Einstieg in die Nachweisführung bieten; sie ersetzen jedoch nicht das erforderliche Studium der Verordnung sowie der Normen, sondern bieten lediglich insbesondere hinsichtlich der DIN V 4108-6 (11/2000) [7] eine ergänzende Hilfestellung. Sämtliche Erläuterungen sowie die dargestellten Flussdiagramme beziehen sich auf den öffentlich-rechtlichen Nachweis neu zu errichtender Gebäude nach der EnEV [5]. Die in den Diagrammen verwendeten Symbole sind in Bild 17 erläutert.

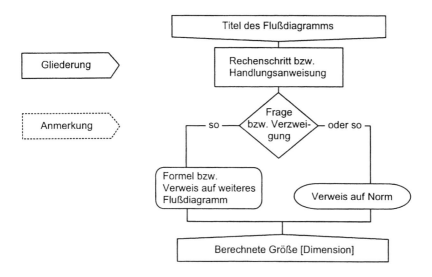

Bild 17 Symbole der Flußdiagramme

Der Rechengang lässt sich für normal beheizte Gebäude mit einem beheizten Bruttovolumen $V_e > 100$ m³ (also der Regelfall) im allgemeinen grob in fünf bzw. sechs Schritte unterteilen:

– Festlegung des Nachweisverfahrens und der einzuhaltenden Anforderungen. Zusammenfassende Darstellung sämtlicher für die Berechnung benötigten Randbedingungen. Diese umfassen die relevanten Gebäudedaten (Abmessungen, Bauteilaufbauten, etc.) sowie die anlagenspezifischen Kenngrößen.

- Berechnung des Jahresheizwärmebedarfs Q_h. Hier finden die baulich vorgegebenen Randbedingungen Eingang.

- Berechnung der primärenergetischen Aufwandszahl e_p. In dieser werden insbesondere die anlagenspezifischen Randbedingungen subsummiert.

- Berechnung des flächen- oder volumenbezogenen Jahres-Primärenergiebedarfs sowie des spezifischen, auf die wärmeübertragende Umfassungsfläche bezogenen Transmissionswärmeverlustes. Anhand dieser Kenngrößen erfolgt der Nachweis durch Vergleich mit den maximal zulässigen Werten.

- Für Gebäude mit großem Fensterflächenanteil ist darüber hinaus der raumweise zu führende Nachweis eines energiesparenden sommerlichen Wärmeschutzes erforderlich.

- In einem Bericht und dem Energiebedarfsausweis sind die den Berechnungen zugrundeliegenden Randbedingungen zu nennen.

Die aufgeführten Schritte werden nachfolgend näher erläutert.

3.1 Festlegung des Nachweisverfahrens

Im Abschnitt 2 der EnEV [5] werden die Anforderungen an zu errichtende Gebäude festgelegt. Es wird hier eine Unterscheidung hinsichtlich der angestrebten Innentemperatur, der Nutzung, des Bruttovolumens sowie des Fensterflächenanteils des Gebäudes vorgenommen. In Bild 18 sind die Anforderungen dieses Abschnitts der EnEV [5] in Diagrammform aufbereitet. Zusätzlich wird bereits auf weitere gegebenenfalls durchzuführende Rechenschritte verwiesen.

3.2 Berechnung des Jahresheizwärmebedarfs

Der Jahresheizwärmebedarf darf für Wohngebäude mit normalen Innentemperaturen und einem Fensterflächenanteil von weniger als 30% nach dem vereinfachten Heizperiodenbilanzverfahren (HP-Verfahren) ermittelt werden. In allen übrigen Fällen ist eine Berechnung mittels des Monatsbilanzverfahrens (MB-Verfahren) erforderlich. Die bei beiden Verfahren jeweils erforderlichen Rechenschritte sind in Diagrammform in den Bildern 19 und 20 dargestellt. Die wichtigsten Punkte werden nachfolgend kurz erläutert.

3.2 Berechnung des Jahresheizwärmebedarfs

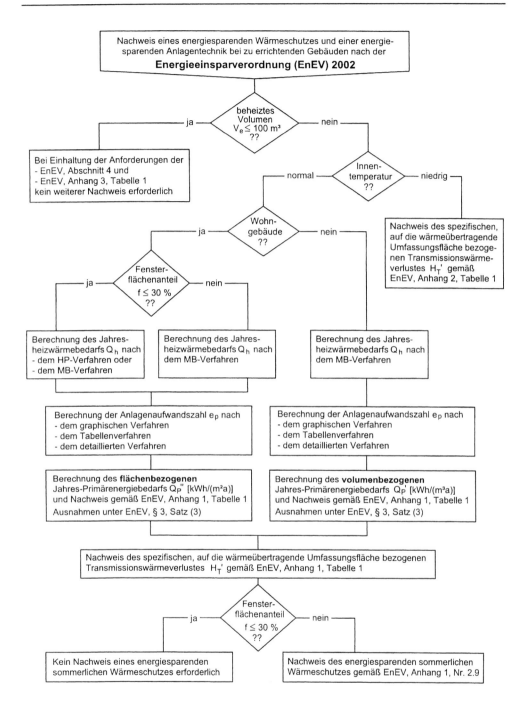

Bild 18 Anforderungen der EnEV an zu errichtende Gebäude mit Darstellung der zu erbringenden Nachweise

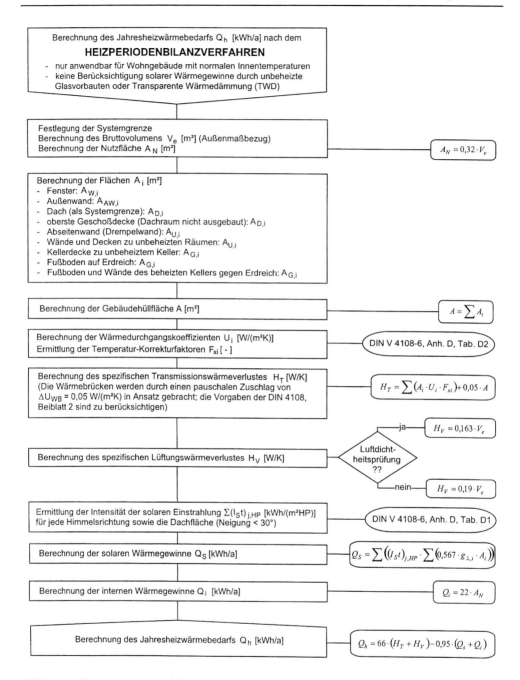

Bild 19 Berechnung des Jahresheizwärmebedarfs nach dem Heizperiodenbilanzverfahren

3.2 Berechnung des Jahresheizwärmebedarfs

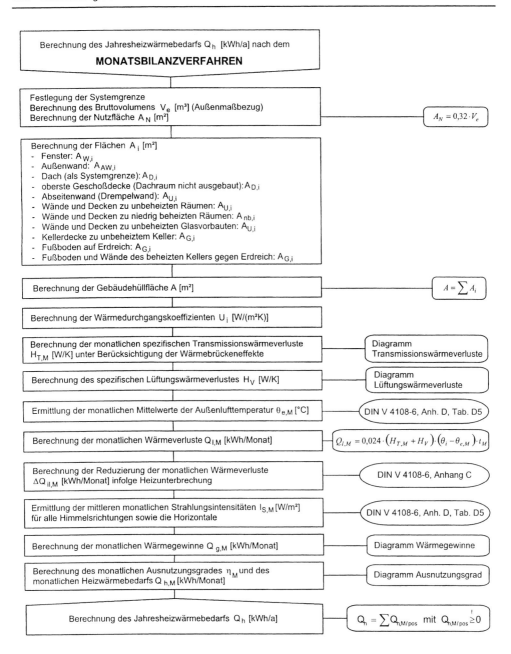

Bild 20 Berechnung des Jahresheizwärmebedarfs nach dem Monatsbilanzverfahren

3.2.1 Festlegung der Systemgrenze

Mit der Systemgrenze wird das in der Bilanz betrachtete Gebäudevolumen abgegrenzt. Hier ist beispielsweise die Entscheidung zu treffen, inwieweit Treppenhäuser normal, niedrig oder nicht beheizt werden sollen. Diese Entscheidung kann sich positiv oder negativ auf den Nachweis auswirken, da sich hierdurch unter anderem Änderungen des A/V_e-Verhältnisses, der Nutzfläche sowie des Transmissionswärmeverlustes ergeben.

3.2.2 Flächenberechnung

Die Ermittlung der Flächen, die das beheizte Gebäudevolumen umschließen und somit die Systemgrenze bilden, erfolgt idealerweise tabellarisch. Hierbei ist darauf zu achten, daß Flächen mit unterschiedlichen Temperaturrandbedingungen auf der äußeren Systemgrenze (Außenluft, niedrig beheizter oder unbeheizter Raum, etc.) auch getrennt aufgeführt werden.

Unter Umständen ist es beim MB-Verfahren sinnvoll, in diesem Zusammenhang auch die wirksame Speicherfähigkeit der Bauteile zu ermitteln, sofern diese nicht pauschal angesetzt werden soll.

3.2.3 Berechnung des spezifischen Transmissionswärmeverlustes

Beim HP-Verfahren erfolgt die Ermittlung des spezifischen Transmissionswärmeverlustes vereinfacht mittels Temperatur-Korrekturfaktoren für bestimmte Bauteilflächen. Die Wärmebrücken werden hier durch einen pauschalen Zuschlag von $\Delta U_{WB} = 0,05$ W/(m² K) in Ansatz gebracht; die Vorgaben der DIN 4108, Beiblatt 2 sind hierbei bindend. Der spezifische Transmissionswärmeverlust ergibt sich somit vereinfacht wie folgt:

$$H_T = \sum \left(A_i \cdot U_i \cdot F_{xi}\right) + 0,05 \cdot A$$

Beim MB-Verfahren ist eine sehr detaillierte Ermittlung des spezifischen Transmissionswärmeverlustes möglich. Hierbei kann eine genaue Erfassung der Wärmebrückenverluste erfolgen; ebenso ist es beispielsweise möglich, die Wärmeverluste zum Erdreich unter Berücksichtigung dessen thermischer Trägheit zu berechnen. In Bild 21 sind die möglichen Rechenschritte zur Bestimmung des spezifischen Transmissionswärmeverlustes in Diagrammform dargestellt.

3.2.4 Berechnung des spezifischen Lüftungswärmeverlustes

Im Rahmen des HP-Verfahrens erfolgt lediglich eine Unterscheidung in Gebäude, die die Anforderungen der Luftdichtheitsprüfung erfüllen und Gebäude, bei denen diese Anforderungen nicht erfüllt werden. Bei Ansatz eines Nettovolumens des Gebäudes von $V = 0,80\ V_e$ ergibt sich für die Luftwechselzahlen $n = 0,6$ h^{-1} und $n = 0,7$ h^{-1} somit vereinfacht folgender Lüftungswärmeverlust:

$$H_V = \rho_L \cdot c_{pL} \cdot n \cdot 0{,}80 \cdot V_e \quad mit \quad \rho_L \cdot c_{pL} = 0{,}34 \frac{Wh}{m^3 K}$$

$H_V = 0{,}163 \cdot V_e \quad für \quad n = 0{,}6$
$H_V = 0{,}190 \cdot V_e \quad für \quad n = 0{,}7.$

Beim MB-Verfahren ist eine etwas detailliertere Berechnung des Lüftungswärmeverlustes möglich. Insbesondere können hier die Auswirkungen einer maschinellen Lüftungsanlage berücksichtigt werden. Sofern die Lüftungsanlage mit einem Wärmerückgewinnungssystem ausgestattet ist, trägt dies zu einer Verringerung des Heizwärmebedarfs bei. Es wird in diesem Fall empfohlen, den Wärmerückgewinn als Beitrag der Anlagentechnik zu einem späteren Zeitpunkt im Nachweis zu berücksichtigen und bei der Berechnung des Jahresheizwärmebedarfs den Nutzungsfaktor des Wärmerückgewinnungssystems η_V gleich null zu setzen. Der Rechengang zur Ermittlung des spezifischen Lüftungswärmeverlustes ist in Bild 22 in Diagrammform dargestellt.

3.2.5 Berechnung des Einflusses einer Heizunterbrechung

Der positive Einfluß einer Heizunterbrechung (zum Beispiel Nacht- oder Wochenendabsenkung) auf den Heizwärmebedarf kann im MB-Verfahren exakt berücksichtigt werden. Im Anhang C der DIN V 4108-6 (11/2000) [7] werden die erforderlichen Rechenschritte detailliert beschrieben. Beim HP-Verfahren hingegen wird die Nachtabschaltung der Heizanlage mit einem pauschalen Reduktionsfaktor $f_{NA} = 0{,}95$ berücksichtigt.

3.2.6 Berechnung der Wärmeverluste

Die absoluten Wärmeverluste infolge Transmission und Lüftung ergeben sich für einen vorgegebenen Berechnungszeitraum wie folgt:

$$Q_l = 0{,}024 \cdot (H_T + H_V) \cdot (\theta_i - \theta_e) \cdot t$$

mit:
H_T spezifischer Transmissionswärmeverlust [W/K];
H_V spezifischer Lüftungswärmeverlust [W/K];
θ_i Innenlufttemperatur [°C];
θ_e Außenlufttemperatur [°C];
t Berechnungszeitraum [d].

Beim MB-Verfahren kann auf der Grundlage der monatlichen Klimarandbedingungen im Anhang D der DIN V 4108-6 [7] somit eine monatliche Berechnung der Wärmeverluste vorgenommen werden. Für die Heizperiodenbilanzierung beim HP-Verfahren wird der Term $(\theta_i - \theta_e) \cdot t$ in Form des Gradtagzahlfaktors Gt zusammengefaßt und fest vorgegeben.

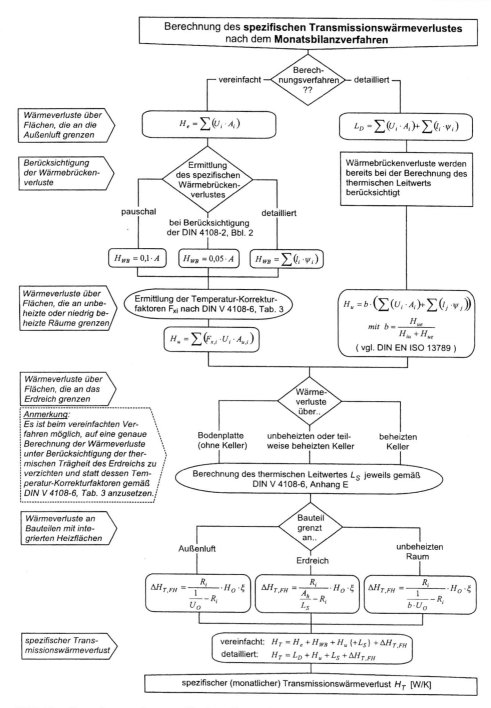

Bild 21 Berechnung des spezifischen Transmissionswärmeverlustes nach dem MB-Verfahren

3.2 Berechnung des Jahresheizwärmebedarfs

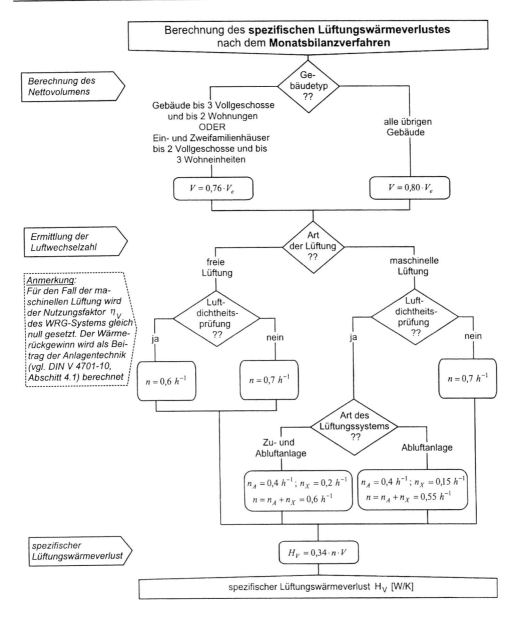

Bild 22 Berechnung des spezifischen Lüftungswärmeverlustes nach dem MB-Verfahren

3.2.7 Berechnung der solaren Wärmegewinne

Die solaren Wärmegewinne über Fenster werden sowohl im HP-Verfahren, als auch im MB-Verfahren für jede Himmelsrichtung bzw. die Horizontale getrennt ermittelt. Im Anhang A bzw. Anhang D der DIN V 4108-6 (11/2000) [7] sind dazu mittlere monatliche Strahlungsintensitäten bzw. die solare Einstrahlung für die gesamte Heizperiode aufgeschlüsselt für die verschiedenen Orientierungen angegeben. Zur Ermittlung der solaren Wärmegewinne ist die Strahlung mittels folgender Faktoren abzumindern:

- Faktor F_S für eine Verschattung des Fensters ($F_S = 0{,}9$)
- Faktor F_C für Sonnenschutzvorrichtungen ($F_C = 1{,}0$)
- Faktor F_F für den Rahmenanteil ($F_F = 0{,}7$ sofern keine genaueren Werte vorliegen)
- Faktor F_W zur Berücksichtigung des nicht senkrechten Strahlungseinfalls ($F_W = 0{,}9$).

Das Produkt dieser Faktoren ergibt den Wert 0,567 und geht in die vereinfachte Formel zur Berechnung der Strahlungswärmegewinne ein:

$$Q_S = \sum \left((I_s t)_{j,HP} \cdot \sum \left(0{,}567 \cdot g_{\perp,i} \cdot A_i \right) \right)$$

mit:

$\Sigma(I_s t)_{j,HP}$ solare Einstrahlung der Orientierung j in der Heizperiode [kWh/(m² HP)];
$g_{\perp,i}$ Energiedurchlaßgrad der Verglasung für senkrechte Einstrahlung [-];
A_i Fensterfläche je Orientierung [m²].

Eine Berücksichtigung solarer Wärmegewinne über unbeheizte Glasvorbauten (Wintergärten) oder transparente Wärmedämmung (TWD) ist wiederum nur mittels des MB-Verfahrens möglich. Weiterhin dürfen bei diesem Verfahren solare Strahlungswärmegewinne über opake Bauteile auch ohne transparente Wärmedämmung angesetzt werden. Sie reduzieren die Wärmeverluste und gehen mit einem Ausnutzungsgrad von $\eta = 1$ als negative Wärmeverluste in die Bilanz ein. In Bild 23 ist der Rechengang zur Ermittlung der solaren Wärmegewinne nach dem MB-Verfahren in Form eines Flussdiagramms dargestellt.

3.2.8 Berechnung der internen Wärmegewinne

Die internen Wärmegewinne werden in Abhängigkeit von der Gebäudenutzung ermittelt. Sie betragen bei Büro- und Verwaltungsgebäuden 6,0 W/m² und bei allen übrigen Gebäuden 5,0 W/m². In Bild 23 sind die erforderlichen Rechenschritte mit aufgeführt.

3.2.9 Berechnung des Ausnutzungsgrades der Wärmegewinne

Die solaren und internen Wärmegewinne können nicht voll ausgenutzt werden, da einerseits die größten Strahlungsintensitäten im Sommer auftreten und andererseits die Speicherfähigkeit des Gebäudes begrenzt ist (Bild 24).

3.2 Berechnung des Jahresheizwärmebedarfs

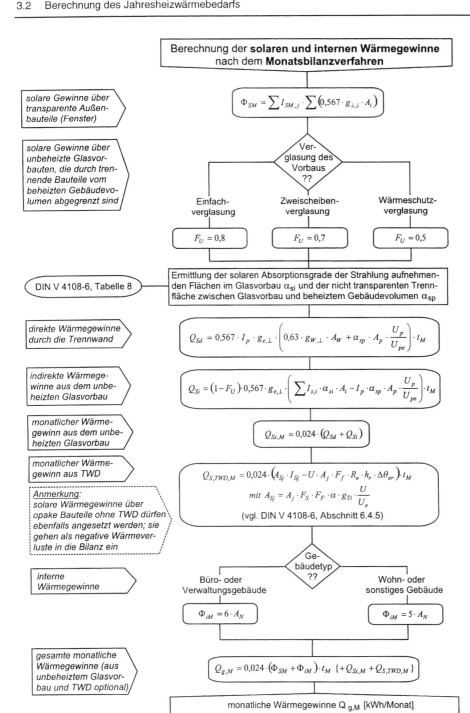

Bild 23   Berechnung der solaren und internen Wärmegewinne nach dem MB-Verfahren

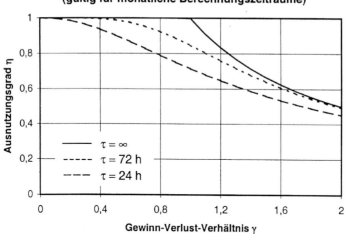

Bild 24 Ausnutzungsgrad der Bruttowärmegewinne in Abhängigkeit des Gewinn-Verlust-Verhältnisses (in Anlehnung an [22])

Daher ist es erforderlich, den nutzbaren Anteil der Wärmegewinne zu ermitteln. Dies geschieht mittels des Ausnutzungsgrades η. Über die Zeitkonstante τ wird dabei die thermische Trägheit der Gebäudekonstruktion – also ein instationäres Verhalten – in der eigentlich stationären Energiebilanz berücksichtigt. Die Ermittlung des Ausnutzungsgrades der Bruttowärmegewinne ist in Diagrammform in Bild 25 dargestellt.

3.2.10 Aufstellen der Energiebilanz

Wenn die Wärmeverluste sowie die nutzbaren Wärmegewinne bekannt sind, kann die Energiebilanz aufgestellt werden. Hier stehen auf der „Haben-Seite":

– die nutzbaren internen Wärmegewinne und
– die nutzbaren solaren Wärmegewinne durch Fenster, unbeheizte Glasvorbauten und transparente Wärmedämmung.

Auf der „Soll-Seite" stehen:

– die Transmissionswärmeverluste;
– die Lüftungswärmeverluste;
– und optional mit einem negativen Vorzeichen die Energieeinsparung infolge Heizunterbrechung sowie die „Strahlungswärmegewinne" über opake Bauteile (diese Werte sind keine eigentlichen Wärmegewinne, sondern stellen lediglich eine Verminderung der Wärmeverluste dar, insofern werden sie auch auf der Verlustseite mit einem negativen Vorzeichen bilanziert).

3.2 Berechnung des Jahresheizwärmebedarfs

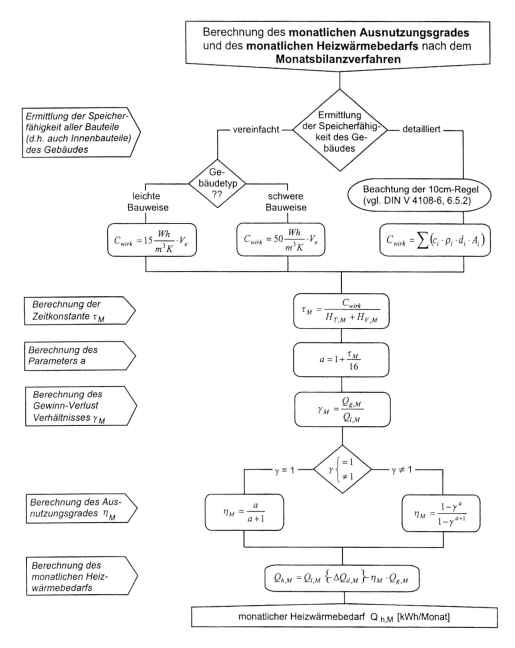

Bild 25 Berechnung des Ausnutzungsgrades und des monatlichen Heizwärmebedarfs nach dem MB-Verfahren

Der Heizwärmebedarf [kWh/M] ergibt sich beim MB-Verfahren dann in der allgemeinen Energiebilanz aus der Differenz der „Haben-Seite" und der „Soll-Seite":

$$Q_h = \overbrace{Q_l - \Delta Q_{il} - Q_{S,opak}}^{"Soll-Seite"} - \overbrace{\eta \cdot Q_g}^{"Haben-Seite"}$$

mit:
Q_h Heizwärmebedarf [kWh/M];
Q_l Wärmeverluste infolge Transmission und Lüftung [kWh/M];
ΔQ_{il} Reduzierung der Wärmeverluste infolge Heizunterbrechung [kWh/M];
$Q_{S,opak}$ Reduzierung der Wärmeverluste infolge Strahlungsabsorption opaker Bauteile [kWh/M];
η Ausnutzungsgrad [-];
Q_g Wärmegewinne (intern und solar) [kWh/M].

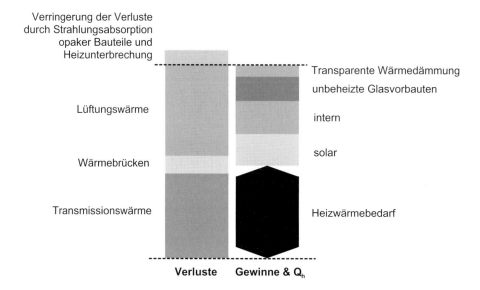

Bild 26   Energiebilanz

Im vereinfachten HP-Verfahren werden folgende Randbedingungen zugrunde gelegt:

— Ausnutzungsgrad $\eta = 0{,}95$;
— Dauer der Heizperiode $t = 185$ d;
— Gradtagzahlfaktor $Gt = 2900$ Kd;
— Faktor für Heizunterbrechung $f_{NA} = 0{,}95$.

Somit ergibt sich hier unter Berücksichtigung der Nachtabschaltung folgende vereinfachte Bilanzgleichung (der Faktor 0,024 resultiert aus der Umrechung von [Wd] in [kWh]):

$$Q_h = 0{,}024 \cdot 2900 \cdot 0{,}95 \cdot (H_T + H_V) - 0{,}95 \cdot (Q_s + Q_i)$$

$$Q_h \cong 66 \cdot (H_T + H_V) - 0{,}95 \cdot (Q_s + Q_i)$$

Beim MB-Verfahren wird die Bilanz zunächst für jeden Monat aufgestellt. Der Jahresheizwärmebedarf errechnet sich dann aus der Summe der positiven, monatlichen Heizwärmebedarfe.

3.3 Berechnung der primärenergetischen Aufwandszahl

Mit der primärenergetischen Aufwandszahl wird einerseits die Anlagentechnik des Gebäudes berücksichtigt und andererseits die Effizienz der vorgelagerten Prozesskette bei der Gewinnung, Umwandlung und Verteilung der Energie bis zur Systemgrenze bewertet. Zur Ermittlung der Aufwandszahl bzw. des Primärenergiebedarfs stehen drei unterschiedliche Verfahren zur Verfügung, die jeweils einen unterschiedlich hohen Kenntnisstand der Kenngrößen einer zu bewertenden Anlage voraussetzen.

3.3.1 Das Diagrammverfahren

Das Diagrammverfahren ist geeignet, um in der Vorplanungsphase eine überschlägige Ermittlung der Aufwandszahl durchzuführen. Es stehen hierzu im Anhang C5 der DIN V 4701-10 (02/2001) [8] für sechs übliche Anlagensysteme Diagramme zur Verfügung, anhand derer die Aufwandszahl e_P bzw. der Primärenergiebedarf Q_P sowie der Endenergiebedarf Q_E ermittelt werden können. In Bild 27 ist beispielhaft ein solches Diagramm zur Ermittlung der Aufwandszahl dargestellt.

An dieser Stelle sei darauf hingewiesen, daß im Februar 2002 ein Beiblatt zur DIN V 4701-10 [8] herausgegeben werden soll, das für 71 typische Anlagensysteme Diagramme enthalten wird.

3.3.2 Das tabellarische Verfahren

Mittels des tabellarischen Verfahrens ist eine rechnerische Ermittlung des Primärenergiebedarfs und der Aufwandszahl möglich, wenn für die geplante Anlage kein Aufwandszahl-Diagramm vorliegt. Die benötigten Kennwerte können den Anhängen C1 bis C4 der DIN V 4701-10 (02/2001) [8] entnommen werden. Es ist allerdings anzumerken, daß es sich bei den angeführten Kennwerten um Standardwerte handelt, die sich am unteren energetischen Durchschnitt des Marktniveaus orientieren. Insofern bestehen bei Verwendung des tabellarischen Verfahrens sowie des Diagrammverfahrens auch noch Reserven hinsichtlich der Aufwandszahlen. Zur einfacheren Handhabung des tabellarischen Verfahrens werden im Anhang A der DIN V 4701-10 (02/2001) [8] Berechnungsblätter zur Verfügung gestellt. Ein solches Berechnungsblatt ist exemplarisch in Bild 28 dargestellt.

3.3.3 Das detaillierte Verfahren

Beim detaillierten Verfahren ist eine exakte Berücksichtigung der Kennwerte der geplanten Anlage möglich – soweit diese zur Verfügung stehen. Hierzu ist allerdings prinzipiell die Kenntnis sämtlicher Anlagendetails erforderlich. Die berechnete Aufwandszahl orientiert sich dann aber am tatsächlichen energetischen Niveau der Anlage; insofern können bei entsprechender Anlagentechnik mit dem detaillierten Verfahren auch die günstigsten Aufwandszahlen berechnet werden. Wenn einzelne Werte nicht zur Verfügung stehen, ist eine stufenweise Kombination mit dem tabellarischen Verfahren möglich.

Anlage 1: Aufwandszahl e_P
Niedertemperatur-Kessel mit gebäudezentraler Trinkwassererwärmung

Heizung:	Übergabe:	Radiatoren mit Thermostatventil 1K
	Speicherung:	
	Verteilung:	max. Vorlauf-/Rücklauftemp. 70°C/55°C, horiz. Verteilung ausserhalb der thermischen Hülle, vertikale Stränge innenliegend, geregelte Pumpe
	Erzeugung:	Niedertemperaturkessel ausserhalb der thermischen Hülle
TWW:	Speicherung:	indirekt beheizter Speicher ausserhalb der thermischen Hülle
	Verteilung:	horizontale Verteilung ausserhalb der thermischen Hülle, mit Zirkulation
	Erzeugung:	zentral, Niedertemperaturkessel
Lüftung:	Übergabe:	
	Verteilung:	
	Erzeugung:	

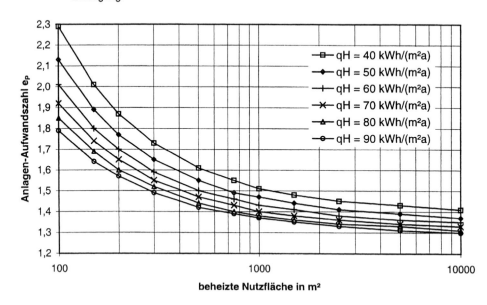

Bild 27 Diagramm zur Ermittlung der primärenergetischen Aufwandszahl e_P (nach [8], Anhang C5)

3.3 Berechnung der primärenergetischen Aufwandszahl

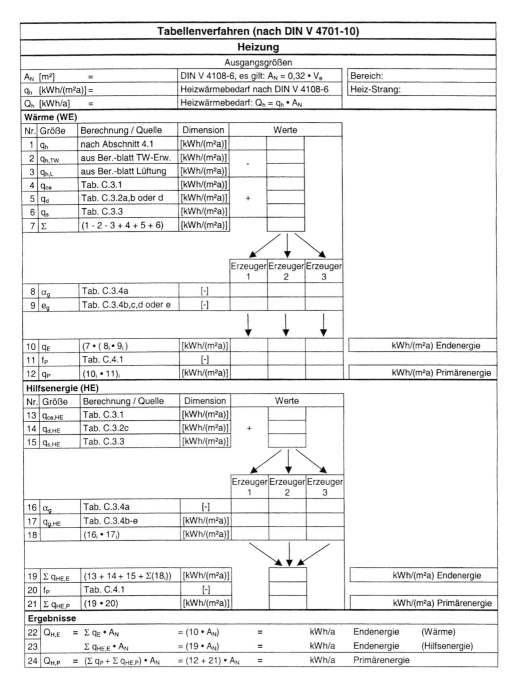

Bild 28   Berechnungsblatt zur Ermittlung des End- und Primärenergiebedarfs für das Teilsystem Heizung

3.4 Erbringen des Nachweises gemäß der EnEV

Im Rahmen der EnEV [5] sind im Regelfall folgende Größen nachzuweisen:

– Der Jahres-Primärenergiebedarf darf den zulässigen Wert nicht überschreiten.
– Der auf die wärmeübertragende Umfassungsfläche bezogene spezifische Transmissionswärmeverlust darf den zulässigen Wert nicht überschreiten.

Nähere Erläuterungen wurden hierzu bereits im Abschnitt 2.2.2 gegeben.

3.5 Nachweis des sommerlichen Wärmeschutzes

Sofern der Fensterflächenanteil des Gebäudes 30% übersteigt, ist ein Nachweis des sommerlichen Wärmeschutzes erforderlich. Der Fensterflächenanteil berechnet sich dabei wie folgt:

$$f = \frac{A_W}{A_W + A_{AW}}$$

mit:
A_W Fläche der Fenster [m²];
A_{AW} Fläche der Außenwände [m²].

Wird ein Dachgeschoß beheizt, so sind bei der Ermittlung des Fensterflächenanteils die Flächen aller Fenster des beheizten Dachgeschosses in die Fläche A_W und die Flächen der zur wärmeübertragenden Hüllfläche gehörenden Dachschrägen in die Fläche A_{AW} einzubeziehen.

Der Nachweis wird gemäß dem in DIN 4108-2 (03/2001) [20] beschriebenen Verfahren raumweise geführt. Hierbei sind die in [20] festgelegten maximalen Sonneneintragswerte einzuhalten. Das Nachweisverfahren wird unter anderem in [21] detailliert beschrieben.

3.6 Erstellen eines Berichts und des Energiebedarfsausweises

Zu den durchgeführten Berechnungen sollte ein Bericht angefertigt werden, der die zugrundegelegten Randbedingungen zusammenfasst und die Berechnung somit nachvollziehbar und prüfbar macht. Für die Berechnung des Jahresheizwärmebedarfs ist ein solcher Bericht obligatorisch. Der Mindestumfang ist im Abschnitt 6.5.5 der DIN V 4108-6 (11/2000) [7] festgelegt. In Form des Energiebedarfsausweises werden die wesentlichen energetischen Kenngrößen zusammengefasst.

4 Berechnungsbeispiel 1: Einfamilienhaus

Als einführendes Berechnungsbeispiel zur Energieeinsparverordnung wird im folgenden ein einfaches Einfamilienhaus berechnet. Dabei wird bei dieser ersten Beispielberechnung bewußt auf Sondereffekte durch Wintergärten oder transparente Wärmedämmung verzichtet, um zunächst einen Überblick über die möglichen Berechnungsverfahren und den Berechnungsablauf zu geben.

Der Heizwärmebedarf des Einfamilienhauses wird sowohl nach dem Heizperiodenbilanzverfahren wie auch nach dem Monatsbilanzverfahren berechnet. Das Heizperiodenbilanzverfahren gemäß EnEV [5] entspricht vom prinzipiellen Berechnungsablauf dem bisherigen Berechnungsverfahren der WSchVO 1995 [3]. Lediglich folgende Änderungen wurden vorgenommen:

– die Heizperiode wurde aufgrund des in der Regel besseren Wärmedämmstandards von Gebäuden, die die EnEV [5] erfüllen, verkürzt,
– die zusätzlichen Transmissionswärmeverluste durch Wärmebrücken sind mit einem pauschalen Wärmebrückenzuschlag ΔU_{WB} von 0,05 W/(m² K) zu berücksichtigen und
– der anzusetzende Luftwechsel ist abhängig von der Luftdichtheit des Gebäudes.

Das Monatsbilanzverfahren wird gegenüber dem Heizperiodenverfahren in der EnEV [5] grundsätzlich privilegiert, denn im Gegensatz zum Heizperiodenbilanzverfahren, das nur bei Wohngebäuden mit einem Fensterflächenanteil bis zu 30% angewendet werden darf, ist das Monatsbilanzverfahren bei allen Gebäuden einsetzbar. Nur beim Monatsbilanzverfahren ist die Berücksichtigung von Strahlungswärmegewinnen über opake Bauteile, unbeheizte Wintergärten, transparente Wärmedämmung und Lüftungsanlagen mit Wärmerückgewinnung, die den Heizwärmebedarf des Gebäudes zum Teil erheblich reduzieren, möglich und zulässig.

Das Monatsbilanzverfahren macht aufgrund des hohen Berechnungsaufwandes jedoch die Verwendung eines Computerprogrammes erforderlich. Die Anwendung von Softwareprogrammen auch zur Durchführung des Wärmeschutznachweises ist aber in den letzten Jahren üblich geworden. Da der Aufwand zur Dateneingabe in die Software bei beiden Verfahren in etwa gleich ist, wird in Zukunft der Energieeinsparungsnachweis wohl mit dem Monatsbilanzverfahren durchgeführt werden, denn es ist, wie oben erläutert, allgemein anwendbar. Zudem ist gemäß EnEV [5] und DIN V 4108-6 [7] nur beim Monatsbilanzverfahren die Berücksichtigung der oben genannten energieeinsparenden Maßnahmen zulässig.

Da das Heizperiodenbilanzverfahren durch die WSchVO 1995 prinzipiell bekannt ist, wird im folgenden das Monatsbilanzverfahren erläutert, das bisher beim öffentlich-rechtlichen Nachweis nicht angewandt werden konnte. Mit Hilfe der ausführlich dokumentierten Berechnungstabellen und kurzen, ergänzenden Kommentare soll die Berechnung des Energieeinsparungsnachweises anhand des Beispiels erläutert werden. Die Tabellen enthalten eine Auflistung der verwendeten Berechnungsgrößen und meist auch die Berechnungsalgorithmen der dort angegebenen Kennwerte, so daß die Berechnung weitestgehend ohne Verwendung der Berechnungsnormen nachvollzogen werden kann. Dabei kann die Dokumentation der Tabellen natürlich nicht den Normentext ersetzen, da sie sich immer auch auf das berechnete Beispiel beziehen, sondern sie soll das Verständnis der Berechnungen fördern und auf Regelungen in den entsprechenden Normen hinweisen.

Die Berechnungen werden für zwei Wärmedämmstandards (Variante A und B) durchgeführt. Der Wärmedämmstandard der Variante A ist gegenüber den Anforderungen der WSchVO [3] wesentlich verbessert, während Variante B einen Wärmedämmstandard entsprechend der WSchVO 1995 [3] aufweist und somit gerade noch die Anforderung an den spezifischen, auf die Umfassungsfläche bezogenen Transmissionswärmeverlust H_T' [W/(m² K)] erfüllt.

Nach der Ermittlung des Heizwärmebedarfs wird die Anlagenaufwandszahl e_P berechnet. Die Bewertung der Anlagentechnik, mit der ein Gebäude ausgestattet ist oder wird, erfolgt grundsätzlich nach DIN V 4701-10 [8]. Diese Norm stellt drei Verfahren zur Anlagenbewertung zur Verfügung: ein genaues, ein tabellarisches und ein graphisches Verfahren. Dabei beruhen die Ergebnisse des tabellarischen und des graphischen Verfahrens auf den gleichen Berechnungsalgorithmen, die für das genaue Verfahren verwendet werden. Der einzige Unterschied besteht darin, daß bei den vereinfachten Verfahren Standardwerte für die einzelnen Verlustgrößen vorgegeben werden, die sich am unteren Ende des derzeitigen Marktniveaus orientieren und insofern sehr auf der ungünstigen Seite liegen. Daher empfiehlt es sich, das genaue Verfahren anzuwenden, wenn alle erforderlichen Kenngrößen der Anlage vorliegen. Liegt nur ein Teil der Kenngrößen explizit vor, ist es möglich und sinnvoll, das genaue und das tabellarische Verfahren zu kombinieren, da ja beide Verfahren auf den gleichen theoretischen Grundlagen beruhen. Der Nachweis mit Hilfe des genauen Verfahrens kann jedoch aufgrund des großen Berechnungsaufwandes nur mit Hilfe eines Rechnerprogramms durchgeführt werden.

Im Rahmen einer Baugenehmigungsplanung wird es aber selten der Fall sein, daß die Planung der Anlagentechnik schon detailliert vorliegt. Dann können das Tabellenverfahren oder das graphische Verfahren verwendet werden, wenn für die angestrebte Anlage eine graphische Auswertung vorliegt. Zur Zeit sind jedoch nur wenige Anlagenvarianten graphisch ausgewertet. Aus diesem Grund wird für das vorliegende Einfamilienhaus überwiegend das Tabellenverfahren angewandt. Zum Vergleich werden im Rahmen der Parametervariation in Abschnitt 4.6 auch die beiden anderen Verfahren angewendet, um die Differenzen aufzuzeigen. An dieser Stelle sei nochmals darauf hingewiesen, daß im Februar 2002 ein Beiblatt zur DIN V 4701-10 [8] herausgegeben werden soll, das für 71 typische Anlagensysteme Diagramme enthalten wird.

Die Anlagenaufwandszahl e_P wird für die beiden Varianten so berechnet, daß der Nachweis gerade noch erfüllt wird. Hierbei soll aufgezeigt werden, wieviel Spielraum durch die Güte der Anlagentechnik beim Nachweis des Primärenergiebedarfs nach der EnEV [5] besteht.

Im Anschluß daran wird der Heizwärmebedarf für beide Varianten auch mit dem vereinfachten, noch von Hand durchführbaren Heizperiodenbilanzverfahren berechnet, um die Ursachen für die leicht abweichenden Ergebnisse von H_T' und Q_h'' aufzuzeigen. Mit dem dabei berechneten Heizwärmebedarf wird dann noch der Jahres-Primärenergiebedarf des Einfamilienhauses bestimmt. Dabei wird die Anlagentechnik so verbessert, daß der vorhandene Bedarf ungefähr dem zulässigen Wert entspricht.

Daran anschließend wird eine Parametervariation für die beiden nach dem Monatsbilanzverfahren berechneten Grundvarianten A und B des Einfamilienhauses durchgeführt, um den Einfluß verschiedener Parameter auf den rechnerischen Jahres-Primärenergiebedarf zu bestimmen.

Unter anderem werden für das Gebäude die zusätzlichen Transmissionswärmeverluste infolge der vorhandenen Wärmebrücken genau ermittelt und nicht nur pauschal berücksichtigt. Die Anlagenaufwandszahl wird für weitere Anlagenvarianten nach dem Tabellenverfahren berechnet. Ferner wird zum Vergleich für die Anlage der Grundvariante A die Anlagenaufwandszahl e_P zum Teil mit Hilfe des detaillierten Verfahrens berechnet. Dabei werden Anlagenkennwerte eines Heizkesselherstellers für die in der Grundvariante vorgesehene Anlagentechnik verwendet. Die tatsächlichen Anlagenkennwerte gemäß Herstellerangaben sind zum Teil erheblich günstiger als die Standardwerte aus dem Tabellenverfahren. Die so ermittelte Anlagenaufwandszahl wird jener nach dem Tabellenverfahren berechneten gegenübergestellt, um die im Tabellenverfahren enthaltenen Reserven für dieses Beispiel aufzuzeigen. Dabei liegen die Reserven im Tabellenverfahren gegenüber dem detaillierten Verfahren im wesentlichen bei den auf der sicheren Seite liegenden Kennwert-Annahmen der Heizungsanlage, denn die dort verwendeten Annahmen orientieren sich am unteren Niveau der derzeit gängigen Heizungsanlagentechnik.

4.1 Beschreibung des Gebäudes und Übersicht der Berechnungsvarianten

Die Geometrie des im folgenden berechneten Einfamilienhauses ist mit Hilfe der Ansichten, Grundrisse und Schnitte in den Bildern 29 bis 36 dargestellt. Der Heizwärmebedarf des Gebäudes wird mit zwei verschiedenen Wärmedämmstandards, den Varianten A und B, berechnet. Die in den Bildern 29 bis 36 angegebenen Maße entsprechen der Variante A, für die Variante B wird das Gebäude nicht gesondert dargestellt. Das Kellergeschoß bindet nur gering ins Erdreich ein und ist genau wie das Erdgeschoß und das Dachgeschoß voll beheizt. Die Gasheizung ist im Dachgeschoß östlich der Treppe angeordnet.

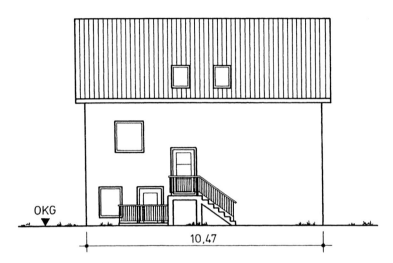

Bild 29   Nordansicht des Einfamilienhauses

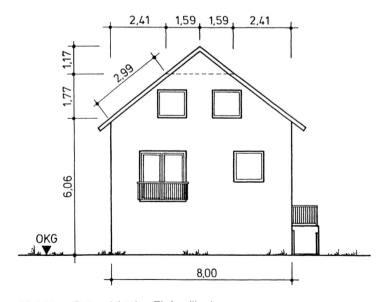

Bild 30   Ostansicht des Einfamilienhauses

4.1 Beschreibung des Gebäudes und Übersicht der Berechnungsvarianten

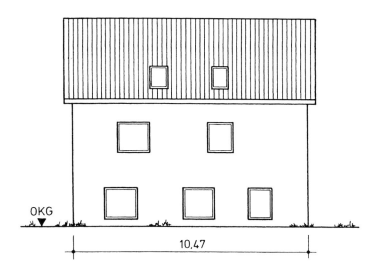

Bild 31 Südansicht des Einfamilienhauses

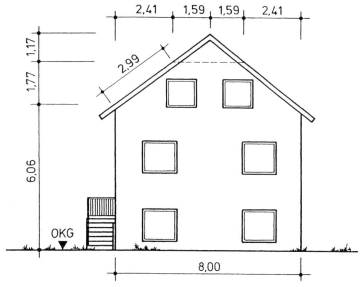

Bild 32 Westansicht des Einfamilienhauses

4 Berechnungsbeispiel 1: Einfamilienhaus

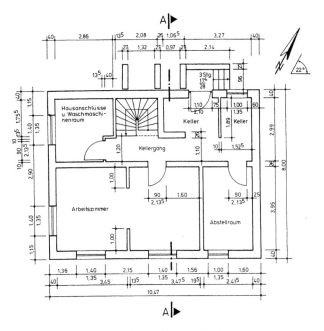

Bild 33 Grundriß KG des Einfamilienhauses

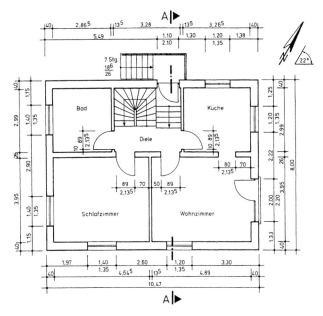

Bild 34 Grundriß EG des Einfamilienhauses

4.1 Beschreibung des Gebäudes und Übersicht der Berechnungsvarianten

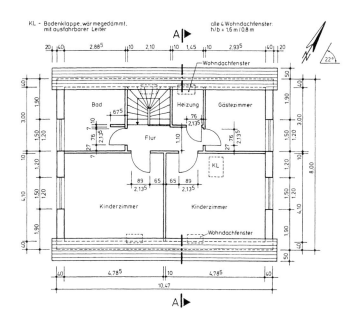

Bild 35 Grundriß DG des Einfamilienhauses

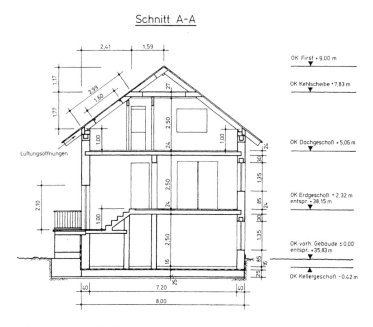

Bild 36 Schnitt A-A durch das Einfamilienhaus

Auf folgende Besonderheiten sei an dieser Stelle hingewiesen:

- Die in den Zeichnungen angegebenen Maße der Außenbauteile (Bilder 29 bis 36) stimmen mit den Bauteilaufbauten der Variante A überein, bei der Variante B bleiben die Außenabmessungen erhalten, die Bauteildicken der Außenbauteile stimmen jedoch nicht mit den in den Grundrissen und dem Schnitt angegebenen Maßen in den Bildern 33 bis 36 überein.
- Das Gebäude weicht mit 22° weniger als 22,5° von den Haupthimmelsrichtungen ab; die Fassaden werden daher den Haupthimmelsrichtungen Nord, Ost, West und Süd zugeordnet.
- Die Dachneigung beträgt 36°, die monatlichen Strahlungsintensitäten für das Monatsbilanzverfahren werden aus den Angaben von DIN V 4108-6 [7], Tabelle D.5 durch lineare Interpolation ermittelt.
- In den Zeichnungen sind bis auf die Fensteröffnungen die Ausbaumaße angegeben, das heißt die Wanddicken der Innen- und Außenwände werden inklusive Putz angeben. Die Hüllfläche und das Volumen werden somit anhand der Außenmaße inklusive Putz ermittelt.
- Zur Ermittlung der wirksamen Speicherfähigkeit des Gebäudes wird bei den Bauteilen der Hüllfläche und den Geschoßdecken vereinfacht mit den Bruttoabmessungen gerechnet, anstatt die genaue Größe der innenluftberührten Oberfläche dieser Bauteile zu bestimmen. Eine Vergleichsberechnung zeigt, daß der Einfluß dieser Ungenauigkeit beim vorliegenden Gebäude verschwindend gering ist. Für die genaue Bestimmung der wirksamen Speicherfähigkeit des Gebäudes müssen Angaben zum Ausbau vorliegen.
- Die Wärmeverluste über erdberührte Bauteile werden unter Verwendung der gemäß Tabelle 3, DIN V 4108-6 [7] ermittelten Temperaturkorrekturfaktoren berechnet.

Weitere Erläuterungen zu den Berechnungen werden in den jeweiligen Tabellen gegeben.

4.2 Gebäudespezifische Kenngrößen

In diesem Abschnitt werden zunächst alle wesentlichen Kenngrößen des Gebäudes, die zur Berechnung des Heizwärmebedarfs nach dem Monatsbilanz- bzw. dem Heizperiodenbilanzverfahren erforderlich sind, berechnet. Die Flächen-, Volumen- und U-Wertberechnungen finden sich in den Tabellen 2 bis 4. Die einzelnen Hüllflächenbauteile sind in den Bildern 38 bis 42 dargestellt. Daraus geht deren Aufbau für die Varianten A und B hervor, die sich im wesentlichen nur durch ein unterschiedliches Wärmedämmniveau unterscheiden.

Die Bilder 43 a) und b) dienen zur Erläuterung der U-Wert-Berechung nach DIN EN ISO 6946 [24] für die inhomogen aufgebauten Bauteile Schrägdach und Kehlebene. In diesen Bildern sind die einzelnen Flächenanteile dargestellt, die sich aus dem inhomogenen Bauteilaufbau ergeben und in der Berechnung verwendet werden.

4.2 Gebäudespezifische Kenngrößen

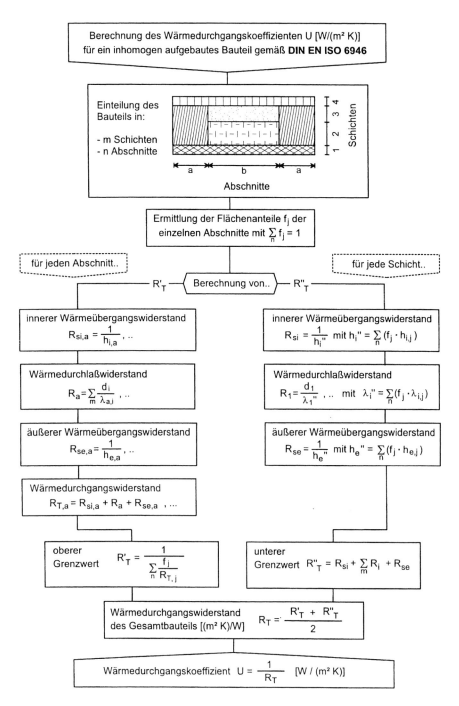

Bild 37 Ablaufdiagramm zur Berechnung des *U*-Wertes bei inhomogen aufgebauten Bauteilen nach DIN EN ISO 6946 [24]

Bei der Ermittlung der U-Werte für die inhomogen aufgebauten Bauteile werden ein oberer und ein unterer Grenzwert des Wärmedurchgangswiderstandes (R'_T und R''_T) berechnet (siehe Bild 37). Dabei entspricht der obere Grenzwert des Wärmedurchgangswiderstandes der bisherigen Berechnung nach DIN 4108-5 [36]. Er berücksichtigt die unterschiedlichen Wärmeleiteigenschaften des Bauteiles in Richtung des Wärmestromes. Der untere Grenzwert erfaßt zusätzlich die Querleitung des Wärmestromes innerhalb der inhomogen aufgebauten Bauteilschichten, indem jeweils der flächenbezogene Mittelwert der Wärmeleitfähigkeit und daraus der flächenbezogene Mittelwert des Wärmedurchlaßwiderstandes R jeder Schicht, die sich aus einem oder mehreren Baustoffen mit unterschiedlichen Wärmeleiteigenschaften zusammensetzen kann, gebildet wird.

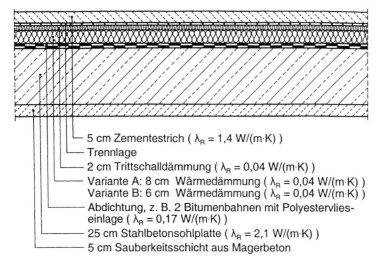

- 5 cm Zementestrich (λ_R = 1,4 W/(m·K))
- Trennlage
- 2 cm Trittschalldämmung (λ_R = 0,04 W/(m·K))
- Variante A: 8 cm Wärmedämmung (λ_R = 0,04 W/(m·K))
- Variante B: 6 cm Wärmedämmung (λ_R = 0,04 W/(m·K))
- Abdichtung, z. B. 2 Bitumenbahnen mit Polyestervlieseinlage (λ_R = 0,17 W/(m·K))
- 25 cm Stahlbetonsohlplatte (λ_R = 2,1 W/(m·K))
- 5 cm Sauberkeitsschicht aus Magerbeton

Bild 38   Aufbau der Bodenplatte im Keller, Varianten A und B

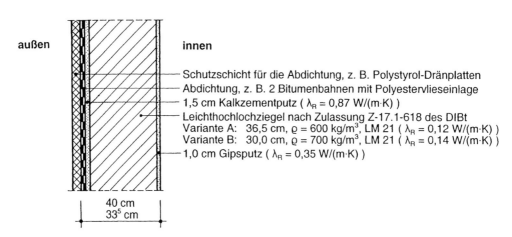

außen   innen

- Schutzschicht für die Abdichtung, z. B. Polystyrol-Dränplatten
- Abdichtung, z. B. 2 Bitumenbahnen mit Polyestervlieseinlage
- 1,5 cm Kalkzementputz (λ_R = 0,87 W/(m·K))
- Leichthochlochziegel nach Zulassung Z-17.1-618 des DIBt
  Variante A: 36,5 cm, ϱ = 600 kg/m³, LM 21 (λ_R = 0,12 W/(m·K))
  Variante B: 30,0 cm, ϱ = 700 kg/m³, LM 21 (λ_R = 0,14 W/(m·K))
- 1,0 cm Gipsputz (λ_R = 0,35 W/(m·K))

40 cm
33^5 cm

Bild 39   Aufbau der Außenwand an das Erdreich, Varianten A und B

4.2 Gebäudespezifische Kenngrößen

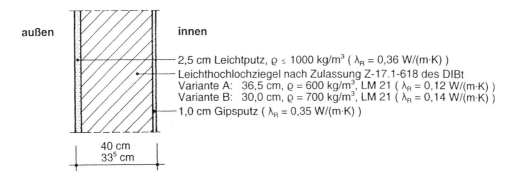

Bild 40 Aufbau der Außenwand an die Außenluft, Varianten A und B

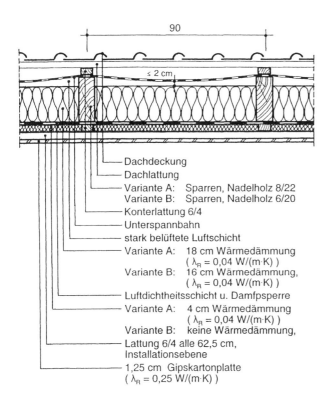

Bild 41 Aufbau im Schrägdachbereich, Varianten A und B

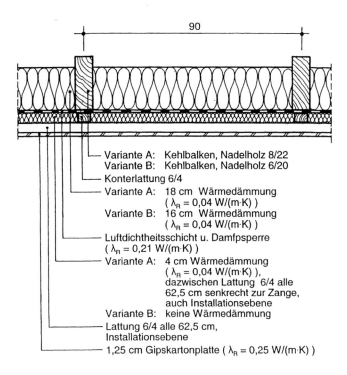

Bild 42 Aufbau der Kehlebene, Varianten A und B

Ist eine Schicht homogen aufgebaut, sind mittlerer und tatsächlicher Wärmedurchlaßwiderstand der Schicht identisch. Aus diesen mittleren Wärmedurchlaßwiderständen der Schichten und den Wärmeübergangswiderständen innen und außen wird dann der untere Grenzwert des Wärmedurchgangswiderstandes R''_T berechnet. Der resultierende Wärmedurchgangswiderstand R_T ergibt sich aus dem arithmetischen Mittelwert von R'_T und R''_T. Der Wärmedurchgangskoeffizient U [W/(m² K)] = $1/R_T$ folgt aus dem Umkehrwert von R_T. Der Berechnungsgang kann Bild 37 bzw. der Berechnung der U-Werte für das Schrägdach und für die Kehlebene in Tabelle 4 entnommen werden. Weitere Berechnungsbeispiele nach DIN EN ISO 6946 [24] finden sich in [34] und [35]. Für das Schrägdach und die Kehlebene vergrößert sich der Wärmedurchgangswiderstand gegenüber einer Berechnung nach DIN 4108-5 [36] nur gering von $U = 0{,}19$ W/(m² K) auf 0,20 W/(m² K).

Zu den Berechnungsbeispielen in Tabelle 4 ist noch anzumerken, daß sich für die Kehlebene und das Schrägdach gleiche Flächenanteile ergeben. Auf eine Darstellung der Flächenanteile der Kehlebene wurde daher verzichtet.

Die U-Werte der einzelnen Bauteile für beiden Varianten sind in Tabelle 5 zusammengestellt.

4.2 Gebäudespezifische Kenngrößen

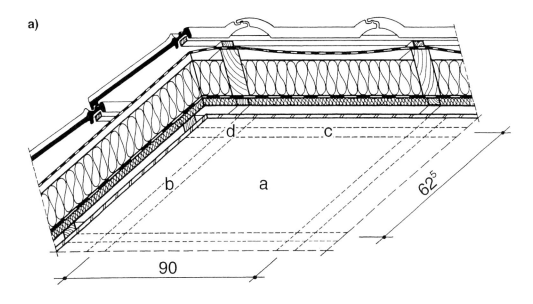

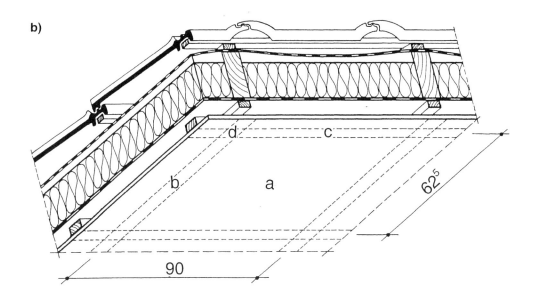

Bild 43 Flächenanteile des Schrägdaches
    a)   Darstellung der Flächenanteile zur U-Wert-Berechnung, Variante A
    b)   Darstellung der Flächenanteile zur U-Wert-Berechnung, Variante B

Tabelle 2   Berechnung der Hüllfläche für das Einfamilienhaus, Varianten A und B

Einfamilienhaus Ergebnisse Varianten A und B					
Hüllfläche [m²]					
Bauteile der wärmedämmenden Hüllfläche					
Bauteil	Nr.	Orientierung	Flächenberechnung		Fläche
Bodenplatte	1		$10{,}47 \cdot 8{,}0$		83,76 m²
AW an Erdreich	2	Norden	$(0{,}42 + 0{,}16) \cdot 10{,}47 - 1{,}1 \cdot 0{,}42$ (Tür KG) $- 0{,}174 \cdot 3 \cdot 0{,}28 \cdot 3 \cdot 0{,}5$ (Bereich Kellertr.)		5,39 m²
	3	Osten	$(0{,}42 + 0{,}16) \cdot 8{,}0$		4,64 m²
	4	Süden	$(0{,}42 + 0{,}16) \cdot 10{,}47$		6,07 m²
	5	Westen	$(0{,}42 + 0{,}16) \cdot 8{,}0$		4,64 m²
AW an Außenluft	6	Norden	$6{,}06 \cdot 10{,}47 + 0{,}174 \cdot 3 \cdot 0{,}28 \cdot 3 \cdot 0{,}5$ (Bereich Kellertr.) $- (2{,}1 - 0{,}42) \cdot 1{,}1$ (Tür KG) $- 1{,}0 \cdot 1{,}35$ (Fen. KG) $- 2{,}1 \cdot 1{,}1$ (Tür EG) $- 1{,}2 \cdot 1{,}35$ (Fen. EG)		56,54 m²
	7	Osten	$6{,}06 \cdot 8{,}0 + 1{,}77 \cdot (2{,}41 + 3{,}18)$ (Giebel) $- 1{,}2 \cdot 1{,}35 - 2{,}0 \cdot 2{,}2$ (Fen. EG) $- 2 \cdot 1{,}5 \cdot 1{,}2$ (Fen. DG)		48,75 m²
	8	Süden	$6{,}06 \cdot 10{,}47 - (1{,}0 + 1{,}4 \cdot 2) \cdot 1{,}35$ (Fen. KG) $- (1{,}2 + 1{,}4) \cdot 1{,}35$ (Fen. EG)		54,81 m²
	9	Westen	$6{,}06 \cdot 8{,}0 + 1{,}77 \cdot (2{,}41 + 3{,}18)$ (Giebel) $- 2 \cdot 1{,}4 \cdot 1{,}35$ (Fen. KG) $- 2 \cdot 1{,}4 \cdot 1{,}35$ (Fen. EG) $- 2 \cdot 1{,}5 \cdot 1{,}2$ (Fen. DG)		47,21 m²
Dachflächen	10	Norden	$10{,}47 \cdot 2{,}99 - 1{,}6 \cdot 0{,}8 \cdot 2$ (Dachfen.)		28,75 m²
	11	Süden	$10{,}47 \cdot 2{,}99 - 1{,}6 \cdot 0{,}8 \cdot 2$ (Dachfen.)		28,75 m²
Kehlebene	12		$3{,}18 \cdot 10{,}47$		33,29 m²
Türen	13	Norden	$1{,}1 \cdot 2{,}1 + 1{,}1 \cdot 2{,}1$ (KG, EG)		4,62 m²
Fenster	14	Norden, 90°	$1{,}0 \cdot 1{,}35 + 1{,}2 \cdot 1{,}35$ (KG, EG)		2,97 m²
	15	Osten, 90°	$1{,}2 \cdot 1{,}35 + 2{,}0 \cdot 2{,}2$ (EG) $+ 2 \cdot 1{,}5 \cdot 1{,}2$ (DG)		9,62 m²
	16	Süden, 90°	$(1{,}0 + 1{,}4 \cdot 2) \cdot 1{,}35$ (KG) $+ (1{,}2 + 1{,}4) \cdot 1{,}35$ (EG)		8,64 m²
	17	Westen, 90°	$(2 + 2) \cdot 1{,}4 \cdot 1{,}35$ (KG, EG) $+ 2 \cdot 1{,}5 \cdot 1{,}2$ (DG)		11,16 m²
	18	Norden, 36°	$1{,}6 \cdot 0{,}8 \cdot 2$		2,56 m²
	19	Süden, 36°	$1{,}6 \cdot 0{,}8 \cdot 2$		2,56 m²
Hüllfläche gesamt:					Σ = 444,73 m²
Innenbauteile					
Bauteil	Nr.	Flächenberechnung			Fläche
Decke KG	20	$10{,}47 \cdot 8{,}0$			83,76 m²
Decke EG	21	$10{,}47 \cdot 8{,}0$			83,76 m²
Wände, 26 cm	22	$(10{,}47 - 0{,}8 + 2{,}99 \cdot 1{,}1 + 1{,}065) \cdot 2{,}5 - 2{,}135 \cdot 0{,}9 \cdot 2$ (KG) $+ (10{,}47 - 0{,}8) \cdot 2{,}5 - 2 \cdot 0{,}89 \cdot 2{,}135 - 0{,}8 \cdot 2{,}135$ (EG)			46,39 m²
Wände, 19,5 cm	23	$3{,}95 \cdot 2{,}5$ (KG)			9,88 m²
Wände, 13,5 cm	24	$(2{,}0 + 1{,}89 + 0{,}4 + 1{,}235) \cdot 2{,}5 - 0{,}9 \cdot 2{,}135$ (KG) $+ 2{,}99 \cdot 2{,}5 \cdot 2{,}0 + 3{,}95 \cdot 2{,}5 - 0{,}89 \cdot 2{,}135 \cdot 2$ (EG)			32,91 m²
Wände, 10 cm	25	$1{,}89 \cdot 2{,}5$ (KG) $+ (4{,}1 + 10{,}47 - 0{,}8 + 3{,}0 \cdot 2 + 1{,}45 + 1{,}9 + 0{,}675) \cdot 2{,}5$ (DG) $- (2 \cdot 0{,}89 + 3 \cdot 0{,}76) \cdot 2{,}135$ (Türen) $- 4 \cdot 1{,}5 \cdot 0{,}95 - 0{,}1 \cdot 2{,}125$ (Schrägen)			49,63 m²

4.2 Gebäudespezifische Kenngrößen

Tabelle 3 Volumenberechnung für das Einfamilienhaus, Varianten A und B

Einfamilienhaus Ergebnisse Varianten A und B			
Volumen			
Baukörper	Nr.	Volumenberechnung	Volumen
KG und EG	1	8 · 10,47 · (0,16 + 2,74 + 2,74)	472,41 m³
DG	2	8 · 10,47 · 1,0 + 10,47 · 2,41 · 1,77 + 10,47 · 3,18 · 1,77	187,35 m³
Gebäudevolumen:		Σ =	659,76 m³

Die Berechnung der wirksamen Speicherfähigkeit $C_{wirk,\eta}$ zur Bestimmung des Ausnutzungsgrades η der Wärmegewinne des Gebäudes erfolgt nach der sogenannten "10 cm – Regel", das heißt nur die der Innenluft zugewandten ersten 10 cm werden als speicherfähige Masse angerechnet. Bestehen die Bauteile zum Teil aus Wärmedämmstoffen, so werden nur die Massen von der Bauteiloberfläche bis zur Oberfläche des Wärmedämmstoffes bei der Ermittlung der wirksamen speicherfähigen Masse berücksichtigt. Die Berechnung der wirksamen Speicherfähigkeit $C_{wirk,NA}$ zur Berücksichtigung der Nachtabschaltung erfolgt adäquat nach der sogenannten "3 cm – Regel". Bei einer genauen Berechnung der wirksamen Speicherfähigkeit des Gebäudes muß also auch der Aufbau der Innenbauteile bekannt sein. Für das vorliegende Beispiel sind die Innenbauteile für beide Varianten in den Bildern 44 bis 46 dargestellt. Der Berechnungsablauf und die Ergebnisse finden sich für beide Gebäudevarianten in Tabelle 6. Die wirksame Speicherfähigkeit wird nur im Monatsbilanzverfahren berücksichtigt, da im Heizperiodenverfahren der Ausnutzungsgrad der Wärmegewinne η_P (= 0,95: siehe Tabelle 29) und die Auswirkungen einer Nachtabschaltung (Faktor = 0,95: siehe Tabelle 30) pauschal festgelegt sind.

Tabelle 4 U-Wert-Berechnung der Hüllflächenbauteile, Varianten A und B

Einfamilienhaus			
Berechnung der U-Werte von Bauteilen mit homogenem Bauteilaufbau			
Ausgangsgrößen			
Größe/Einheit	Wert	Erläuterung	
d [m]	= siehe unten	Schichtdicken der einzelnen Bauteilschichten	
λ_R [W/(m K)]	= siehe unten	Rechenwert der Wärmeleitfähigkeit des Baustoffes gemäß DIN V 4108-4 [23]	
Ergebnisse Varianten A und B			
Bodenplatte Variante A			
Bauteilaufbau (in Richtung des Wärmestromes)	d [m]	λ_R [W/(m K)]	d/λ_R [m² K/W]
Zementestrich	0,050	1,400	0,04
Trennlage	–	–	–
Trittschalldämmung	0,020	0,040	0,50
Wärmedämmung	0,080	0,040	2,00
2 Bitumenbahnen	0,008	0,170	0,05
Stahlbetonsohlplatte	0,250	–	–
Sauberkeitsschicht	0,050	–	–
Wärmedurchlaßwiderstand:	$R = \Sigma\, d/\lambda_R$	[m² K/W]	2,58
Wärmeübergangswiderstand innen:	R_{si}	[m² K/W]	0,17
Wärmeübergangswiderstand außen:	R_{se}	[m² K/W]	–
Wärmedurchgangswiderstand:	$R_T = R + R_{si} + R_{se}$	[m² K/W]	2,75
Wärmedurchgangskoeffizient:	$U = 1/R_T$	[W/(m² K)]	0,36
Bodenplatte Variante B			
Bauteilaufbau (in Richtung des Wärmestromes)	d [m]	λ_R [W/(m K)]	d/λ_R [m² K/W]
Zementestrich	0,050	1,400	0,04
Trennlage	–	–	–
Trittschalldämmung	0,020	0,040	0,50
Wärmedämmung	0,060	0,040	1,50
2 Bitumenbahnen	0,008	0,170	0,05
Stahlbetonsohlplatte	0,250	–	–
Sauberkeitsschicht	0,050	–	–
Wärmedurchlaßwiderstand:	$R = \Sigma\, d/\lambda_R$	[m² K/W]	2,08
Wärmeübergangswiderstand innen:	R_{si}	[m² K/W]	0,17
Wärmeübergangswiderstand außen:	R_{se}	[m² K/W]	–
Wärmedurchgangswiderstand:	$R_T = R + R_{si} + R_{se}$	[m² K/W]	2,25
Wärmedurchgangskoeffizient:	$U = 1/R_T$	[W/(m² K)]	0,44
Außenwand an Erdreich Variante A			
Bauteilaufbau (in Richtung des Wärmestromes)	d [m]	λ_R [W/(m K)]	d/λ_R [m² K/W]
Gipsputz	0,010	0,350	0,03

4.2 Gebäudespezifische Kenngrößen

Tabelle 4 U-Wert-Berechnung der Hüllflächenbauteile, Varianten A und B (Fortsetzung)

Bauteilaufbau (in Richtung des Wärmestromes)	d [m]	λ_R [W/(m K)]	d/λ_R [m² K/W]
LHZ nach Zulassung: Z-17.1-618	0,365	0,120	3,04
Kalkzementputz	0,015	0,870	0,02
2 Bitumenbahnen	0,008	0,170	0,05
PS-Dränplatten	–	–	–
Wärmedurchlaßwiderstand:	R = Σ d/λ_R	[m² K/W]	3,13
Wärmeübergangswiderstand innen:	R_{si}	[m² K/W]	0,13
Wärmeübergangswiderstand außen:	R_{se}	[m² K/W]	–
Wärmedurchgangswiderstand:	R_T = R + R_{si} + R_{se}	[m² K/W]	3,26
Wärmedurchgangskoeffizient:	U = 1/R_T	[W/(m² K)]	0,31
Außenwand an Erdreich Variante B			
Bauteilaufbau (in Richtung des Wärmestromes)	d [m]	λ_R [W/(m K)]	d/λ_R [m² K/W]
Gipsputz	0,010	0,350	0,03
LHZ nach Zulassung: Z-17.1-618	0,300	0,140	2,14
Kalkzementputz	0,015	0,870	0,02
2 Bitumenbahnen	0,008	0,170	0,05
PS-Dränplatten	–	–	–
Wärmedurchlaßwiderstand:	R = Σ d/λ_R	[m² K/W]	2,24
Wärmeübergangswiderstand innen:	R_{si}	[m² K/W]	0,13
Wärmeübergangswiderstand außen:	R_{se}	[m² K/W]	–
Wärmedurchgangswiderstand:	R_T = R + R_{si} + R_{se}	[m² K/W]	2,37
Wärmedurchgangskoeffizient:	U = 1/R_T	[W/(m² K)]	0,42
Außenwand an Außenluft Variante A			
Bauteilaufbau (in Richtung des Wärmestromes)	d [m]	λ_R [W/(m K)]	d/λ_R [m² K/W]
Gipsputz	0,010	0,350	0,03
LHZ nach Zulassung: Z-17.1-618	0,365	0,120	3,04
Leichputz $\rho \leq$ 1000 kg/m³	0,025	0,360	0,07
Wärmedurchlaßwiderstand:	R = Σ d/λ_R	[m² K/W]	3,14
Wärmeübergangswiderstand innen:	R_{si}	[m² K/W]	0,13
Wärmeübergangswiderstand außen:	R_{se}	[m² K/W]	0,04
Wärmedurchgangswiderstand:	R_T = R + R_{si} + R_{se}	[m² K/W]	3,31
Wärmedurchgangskoeffizient:	U = 1/R_T	[W/(m² K)]	0,30
Außenwand an Außenluft Variante B			
Bauteilaufbau (in Richtung des Wärmestromes)	d [m]	λ_R [W/(m K)]	d/λ_R [m² K/W]
Gipsputz	0,010	0,350	0,03

Tabelle 4 U-Wert-Berechnung der Hüllflächenbauteile, Varianten A und B (Fortsetzung)

Bauteilaufbau (in Richtung des Wärmestromes)	d [m]	λ_R [W/(m K)]	d/λ_R [m² K/W]
LHZ nach Zulassung: Z-17.1-618	0,300	0,140	2,14
Leichputz $\rho \leq 1000$ kg/m³	0,025	0,360	0,07
Wärmedurchlaßwiderstand:	$R = \Sigma\, d/\lambda_R$	[m² K/W]	2,24
Wärmeübergangswiderstand innen:	R_{si}	[m² K/W]	0,13
Wärmeübergangswiderstand außen:	R_{se}	[m² K/W]	0,04
Wärmedurchgangswiderstand:	$R_T = R + R_{si} + R_{se}$	[m² K/W]	2,41
Wärmedurchgangskoeffizient:	$U = 1/R_T$	[W/(m² K)]	0,41
Außentüren Varianten A und B			
Bauteilaufbau (in Richtung des Wärmestromes)	d [m]	λ_R [W/(m K)]	d/λ_R [m² K/W]
Nadelholz	0,040	0,130	0,31
Wärmedurchlaßwiderstand:	$R = \Sigma\, d/\lambda_R$	[m² K/W]	0,31
Wärmeübergangswiderstand innen:	R_{si}	[m² K/W]	0,13
Wärmeübergangswiderstand außen:	R_{se}	[m² K/W]	0,04
Wärmedurchgangswiderstand:	$R_T = R + R_{si} + R_{se}$	[m² K/W]	0,48
Wärmedurchgangskoeffizient:	$U = 1/R_T$	[W/(m² K)]	2,09

Berechung der U-Werte von Bauteilen mit inhomogenem Bauteilaufbau
(siehe dazu DIN EN ISO 6946 [24] sowie [34] und [35])

Ausgangsgrößen

Größe/Einheit		Wert	Erläuterung
d	[m]	= siehe unten	Schichtdicken der einzelnen Bauteilschichten
λ_R	[W/(m K)]	= siehe unten	Rechenwert der Wärmeleitfähigkeit des Baustoffes gemäß DIN V 4108-4 [23]
m	[-]	= a, b,...	Index für die Flächenanteile der Flächen a, b, c und d, die Bereiche eines Bauteils werden so festgelegt, daß innerhalb eines Bereiches der Schichtenaufbau des Bauteiles gleich ist
j	[-]	= 1,2,...	Index für die Numerierung der einzelnen Bauteilschichten des Bauteils, es erhalten nur jene Schichten eine Nummer, die zum Wärmedurchgangswiderstand des Bauteils einen Beitrag leisten
A	[m²]	= -	Gesamtfläche aller hinsichtlich des Wärmedurchgangswiderstandes unterschiedlichen Bauteilbereiche: $\Sigma A_m = A_a + A_b + ...$
A_m	[m²]	= -	Fläche eines Bauteilbereiches m
f_m	[-]	= siehe unten	Flächenanteil der einzelnen Bereiche des Bauteils
R_{si}	[m² K/W]	= siehe unten	Wärmeübergangswiderstand an der Innenoberfläche nach DIN EN ISO 6946 [24]
R_{se}	[m² K/W]	= siehe unten	Wärmeübergangswiderstand an der Außenoberfläche nach DIN EN ISO 6946 [24]
R_{mj}	[m² K/W]	= siehe unten	Wärmedurchlaßwiderstand einer Bauteilschicht j in einem Bauteilbereich m
R_{Tm}	[m² K/W]	= siehe unten	Wärmedurchgangswiderstand des Bereiches m des Bauteils
R_j	[m² K/W]	= siehe unten	mittlerer Wärmedurchlaßwiderstand der Bauteilschicht j des Bauteils

4.2 Gebäudespezifische Kenngrößen

Tabelle 4 U-Wert-Berechnung der Hüllflächenbauteile, Varianten A und B (Fortsetzung)

Größe/Einheit	Wert	Erläuterung
R'_T [m² K/W]	= siehe unten	oberer Grenzwert des Wärmedurchgangswiderstandes, er berücksichtigt die unterschiedlichen Wärmedurchgangswiderstände der verschiedenen Bereiche eines Bauteiles in Richtung des Wärmestromes
R''_T [m² K/W]	= siehe unten	unterer Grenzwert des Wärmedurchgangswiderstandes, er berücksichtigt die Querleitung des Wärmestromes innerhalb einer inhomogen, d. h. aus Stoffen mit verschiedenen Wärmeleitfähigkeiten aufgebauten Schicht des Bauteils, die den Wärmedurchgangswiderstand eines inhomogen aufgebauten Bauteiles vermindert
R_T [m² k/W]	= siehe unten	Wärmedurchgangswiderstand des Gesamtbauteiles
U [W/(m² K)]	= siehe unten	Wärmedurchgangskoeffizient des Gesamtbauteiles
Berechnung		
f_m [–]	= A_m/A	
R_{mj} [m² K/W]	= $d_j/\lambda_{R,mj}$	
R_{Tm} [m² K/W]	= $R_{si} + \Sigma_{(j)} R_{mj} + R_{se}$	= $R_{si} + \Sigma_{(j)} (d_j/\lambda_{R,mj}) + R_{se}$
R'_T [m² K/W]	= $1/[\Sigma_{(m)}(f_m/R_{Tm})]$	= $1/[\Sigma_{(m)}\{f_m/(R_{se} + \Sigma_{(j)} (d_j/\lambda_{R,mj}) + R_{si})\}]$
R_j [m² K/W]	= $1/[\Sigma_{(m)}(f_m/R_{mj})]$	= $1/[f_a/R_{aj} + f_b/R_{bj} + ...]$ (bei homogenen Schichten ist somit R_j = R der Schicht)
R''_T [m² K/W]	= $R_{si} + \Sigma_{(j)} R_j + R_{se}$	= $R_{si} + \Sigma_{(j)} [1/\{\Sigma_{(m)}(f_m/R_{mj})\}] + R_{se}$
R_T [m² K/W]	= $(R'_T + R''_T)/2$	= Wärmedurchgangswiderstand des gesamten Bauteils
U [W/(m² K)]	= $1/R_T$	= Wärmedurchgangskoeffizient des gesamten Bauteils
Ergebnisse Varianten A und B		
Schrägdach Variante A		
Flächenanteile f_m (analog Bild 43a)		

$f_a = 0{,}82 \cdot 0{,}565/(0{,}9 \cdot 0{,}625) = 0{,}824$		$f_c = 0{,}06 \cdot 0{,}82/(0{,}9 \cdot 0{,}625) = 0{,}087$	
$f_b = 0{,}08 \cdot 0{,}565/(0{,}9 \cdot 0{,}625) = 0{,}080$		$f_d = 0{,}06 \cdot 0{,}08/(0{,}9 \cdot 0{,}625) = 0{,}009$	

Schicht j	Bauteilaufbau (in Richtung des Wärmestromes)	d [m]	λ_R [W/(m K)]	$R_{mj} = d/\lambda_R$ [m² K/W]
1	Gipskartonplatten	0,013	0,250	0,05
2.1	Lattung 4/6	0,040	0,130	0,31
2.2	Luftschicht	0,040	–	0,16
3.1	Konterlattung 4/6	0,040	0,130	0,31
3.2	Untersparrendämmung	0,040	0,040	1,00
	Luftdichtheitsschicht u. Dampfsp.	–	–	–
4.1	Sparren 8/22	0,180	0,130	1,38
4.2	Wärmedämmung	0,180	0,040	4,50
	stark belüftete Luftschicht	0,040	–	–
	Unterspannbahn	–	–	–
	Konterlattung	–	–	–
	Lattung	–	–	–
	Dacheindeckung	–	–	–

Tabelle 4 U-Wert-Berechnung der Hüllflächenbauteile, Varianten A und B (Fortsetzung)

Wärmeübergangswiderstand: R_{si}		=	0,10
Wärmeübergangswiderstand: R_{se} (stark belüftete Luftschicht)		=	0,10
Wärmedurchlaßwiderstand: $R_{T,m}$:	$R_{T,a} = 0{,}10 + 0{,}05 + 0{,}16 + 1{,}00 + 4{,}50 + 0{,}10$	=	5,91
	$R_{T,b} = 0{,}10 + 0{,}05 + 0{,}16 + 0{,}31 + 1{,}38 + 0{,}10$	=	2,10
	$R_{T,c} = 0{,}10 + 0{,}05 + 0{,}31 + 1{,}00 + 4{,}50 + 0{,}10$	=	6,06
	$R_{T,d} = 0{,}10 + 0{,}05 + 0{,}31 + 0{,}31 + 1{,}38 + 0{,}10$	=	2,25
Wärmedurchgangswiderstand: $R'_T =$	$1/[0{,}824/5{,}91 + 0{,}08/2{,}10 + 0{,}087/6{,}06 + 0{,}009/2{,}25] =$		5,11
Wärmedurchlaßwiderstand: R_j:	$R_1 = 0{,}05 = 1/[(0{,}824 + 0{,}080 + 0{,}087 + 0{,}009)/0{,}05]$	=	0,05
	$R_2 = 1/[(0{,}824 + 0{,}080)/0{,}16 + (0{,}087 + 0{,}009)/0{,}31] =$		0,17
	$R_3 = 1/[(0{,}824 + 0{,}087)/1{,}00 + (0{,}080 + 0{,}009)/0{,}31] =$		0,83
	$R_4 = 1/[(0{,}824 + 0{,}087)/4{,}50 + (0{,}080 + 0{,}009)/1{,}38] =$		3,75
Wärmedurchgangswiderstand: $R''_T = 0{,}10 + 0{,}05 + 0{,}17 + 0{,}83 + 3{,}75 + 0{,}10$		=	5,00
Wärmedurchgangswiderstand: $R_T = (5{,}11 + 5{,}00)/2$		=	5,06
Wärmedurchgangskoeffizient: $U = 1/5{,}06$ [W/(m² K)]		=	0,20

Schrägdach Variante B

Flächenanteile f_m (siehe Bild 43b)

$f_a = 0{,}84 \cdot 0{,}565/(0{,}9 \cdot 0{,}625) = 0{,}844$	$f_c = 0{,}06 \cdot 0{,}84/(0{,}9 \cdot 0{,}625) = 0{,}090$
$f_b = 0{,}06 \cdot 0{,}565/(0{,}9 \cdot 0{,}625) = 0{,}060$	$f_d = 0{,}06 \cdot 0{,}06/(0{,}9 \cdot 0{,}625) = 0{,}006$

Schicht j	Bauteilaufbau (in Richtung des Wärmestromes)	d [m]	λ_R [W/(m K)]	$R_{mj} = d/\lambda_R$ [m² K/W]
1	Gipskartonplatten	0,013	0,250	0,05
2.1	Lattung 4/6	0,040	0,130	0,31
2.2	Luftschicht (R/2 angesetzt)	0,040	–	0,08
3.1	Konterlattung 4/6	0,040	0,130	0,31
3.2	Luftschicht (R/2 angesetzt)	0,040	–	0,08
	Luftdichtheitsschicht u. Dampfsp.	–	–	–
4.1	Sparren 6/20	0,160	0,130	1,23
4.2	Wärmedämmung	0,160	0,040	4,00
	stark belüftete Luftschicht	0,040	–	–
	Unterspannbahn	–	–	–
	Konterlattung	–	–	–
	Lattung	–	–	–
	Dacheindeckung	–	–	–

Wärmeübergangswiderstand: R_{si}		=	0,10
Wärmeübergangswiderstand: R_{se} (stark belüftete Luftschicht)		=	0,10
Wärmedurchlaßwiderstand: $R_{T,m}$:	$R_{T,a} = 0{,}10 + 0{,}05 + 0{,}08 + 0{,}08 + 4{,}00 + 0{,}10$	=	4,41
	$R_{T,b} = 0{,}10 + 0{,}05 + 0{,}08 + 0{,}31 + 1{,}23 + 0{,}10$	=	1,87
	$R_{T,c} = 0{,}10 + 0{,}05 + 0{,}31 + 0{,}08 + 4{,}00 + 0{,}10$	=	4,64

4.2 Gebäudespezifische Kenngrößen

Tabelle 4 U-Wert-Berechnung der Hüllflächenbauteile, Varianten A und B (Fortsetzung)

$R_{T,d} = 0{,}10 + 0{,}05 + 0{,}31 + 0{,}31 + 1{,}23 + 0{,}10$ =	2,10
Wärmedurchgangswiderstand: $R'_T = 1/[0{,}844/4{,}41 + 0{,}06/1{,}87 + 0{,}09/4{,}64 + 0{,}006/2{,}10]$ =	4,07
Wärmedurchlaßwiderstand: R_j: $R_1 = 0{,}05 = 1/[(0{,}844 + 0{,}060 + 0{,}09 + 0{,}006)/0{,}05]$ =	0,05
$R_2 = 1/[(0{,}844 + 0{,}06)/0{,}08 + (0{,}09 + 0{,}006)/0{,}31]$ =	0,09
$R_3 = 1/[(0{,}844 + 0{,}09)/0{,}08 + (0{,}06 + 0{,}006)/0{,}31]$ =	0,08
$R_4 = 1/[(0{,}844 + 0{,}09)/4{,}00 + (0{,}06 + 0{,}006)/1{,}23]$ =	3,48
Wärmedurchgangswiderstand: $R''_T = 0{,}10 + 0{,}05 + 0{,}09 + 0{,}08 + 3{,}48 + 0{,}10$ =	3,90
Wärmedurchgangswiderstand: $R_T = (4{,}07 + 3{,}90)/2$ =	3,99
Wärmedurchgangskoeffizient: $U = 1/3{,}99$ [W/(m² K)] =	0,25
Kehlebene Variante A	
Flächenanteile f_m (analog Bild 43a)	

$f_a = 0{,}82 \cdot 0{,}565/(0{,}9 \cdot 0{,}625) = 0{,}824$	$f_c = 0{,}06 \cdot 0{,}82/(0{,}9 \cdot 0{,}625) = 0{,}087$
$f_b = 0{,}08 \cdot 0{,}565/(0{,}9 \cdot 0{,}625) = 0{,}080$	$f_d = 0{,}06 \cdot 0{,}08/(0{,}9 \cdot 0{,}625) = 0{,}009$

Schicht j	Bauteilaufbau (in Richtung des Wärmestromes)	d [m]	λ_R [W/(m K)]	$R_{mj} = d/\lambda_R$ [m² K/W]
1	Gipskartonplatten	0,013	0,250	0,05
2.1	Lattung 4/6	0,040	0,130	0,31
2.2	Luftschicht	0,040	–	0,16
3.1	Konterlattung 4/6	0,040	0,130	0,31
3.2	Untersparrendämmung	0,040	0,040	1,00
	Luftdichtheitsschicht u. Dampfsp.	–	–	–
4.1	Sparren 8/22	0,180	0,130	1,38
4.2	Wärmedämmung	0,180	0,040	4,50

Wärmeübergangswiderstand: R_{si} =	0,10
Wärmeübergangswiderstand: R_{se} (stark belüftete Luftschicht) =	0,10
Wärmedurchlaßwiderstand: $R_{T,m}$: $R_{T,a} = 0{,}10 + 0{,}05 + 0{,}16 + 1{,}00 + 4{,}50 + 0{,}10$ =	5,91
$R_{T,b} = 0{,}10 + 0{,}05 + 0{,}16 + 0{,}31 + 1{,}38 + 0{,}10$ =	2,10
$R_{T,c} = 0{,}10 + 0{,}05 + 0{,}31 + 1{,}00 + 4{,}50 + 0{,}10$ =	6,06
$R_{T,d} = 0{,}10 + 0{,}05 + 0{,}31 + 0{,}31 + 1{,}38 + 0{,}10$ =	2,25
Wärmedurchgangswiderstand: $R'_T = 1/[0{,}824/5{,}91 + 0{,}08/2{,}10 + 0{,}087/6{,}06 + 0{,}009/2{,}25]$ =	5,11
Wärmedurchlaßwiderstand: R_j: $R_1 = 0{,}05 = 1/[(0{,}824 + 0{,}080 + 0{,}087 + 0{,}009)/0{,}05]$ =	0,05
$R_2 = 1/[(0{,}824 + 0{,}080)/0{,}16 + (0{,}087 + 0{,}009)/0{,}31]$ =	0,17
$R_3 = 1/[(0{,}824 + 0{,}087)/1{,}00 + (0{,}080 + 0{,}009)/0{,}31]$ =	0,83
$R_4 = 1/[(0{,}824 + 0{,}087)/4{,}50 + (0{,}080 + 0{,}009)/1{,}38]$ =	3,75
Wärmedurchgangswiderstand: $R''_T = 0{,}10 + 0{,}05 + 0{,}17 + 0{,}83 + 3{,}75 + 0{,}10$ =	5,00
Wärmedurchgangswiderstand: $R_T = (5{,}11 + 5{,}00)/2$ =	5,06
Wärmedurchgangskoeffizient: $U = 1/5{,}06$ [W/(m² K)] =	0,20

Tabelle 4 U-Wert-Berechnung der Hüllflächenbauteile, Varianten A und B (Fortsetzung)

Kehlebene Variante B			
Flächenanteile f_m (analog Bild 43b)			
$f_a = 0{,}84 \cdot 0{,}565/(0{,}9 \cdot 0{,}625) = 0{,}844$	$f_c = 0{,}06 \cdot 0{,}84/(0{,}9 \cdot 0{,}625) = 0{,}090$		
$f_b = 0{,}06 \cdot 0{,}565/(0{,}9 \cdot 0{,}625) = 0{,}060$	$f_d = 0{,}06 \cdot 0{,}06/(0{,}9 \cdot 0{,}625) = 0{,}006$		
Schicht j	Bauteilaufbau (in Richtung des Wärmestromes)	d [m]	λ_R [W/(m K)]	$R_{mj} = d/\lambda_R$ [m² K/W]
1	Gipskartonplatten	0,013	0,250	0,05
2.1	Lattung 4/6	0,040	0,130	0,31
2.2	Luftschicht (R/2 angesetzt)	0,040	–	0,08
3.1	Konterlattung 4/6	0,040	0,130	0,31
3.2	Luftschicht (R/2 angesetzt)	0,040	–	0,08
	Luftdichtheitsschicht u. Dampfsp.	–	–	–
4.1	Sparren 6/20	0,160	0,130	1,23
4.2	Wärmedämmung	0,160	0,040	4,00
Wärmeübergangswiderstand: R_{si}			=	0,10
Wärmeübergangswiderstand: R_{se} (stark belüftete Luftschicht)			=	0,10
Wärmedurchlaßwiderstand: $R_{T,m}$:	$R_{T,a} = 0{,}10 + 0{,}05 + 0{,}08 + 0{,}08 + 4{,}00 + 0{,}10$		=	4,41
	$R_{T,b} = 0{,}10 + 0{,}05 + 0{,}08 + 0{,}31 + 1{,}23 + 0{,}10$		=	1,87
	$R_{T,c} = 0{,}10 + 0{,}05 + 0{,}31 + 0{,}08 + 4{,}00 + 0{,}10$		=	4,64
	$R_{T,d} = 0{,}10 + 0{,}05 + 0{,}31 + 0{,}31 + 1{,}23 + 0{,}10$		=	2,10
Wärmedurchgangswiderstand: $R'_T =$	$1/[0{,}844/4{,}41 + 0{,}06/1{,}87 + 0{,}09/4{,}64 + 0{,}006/2{,}10]$		=	4,07
Wärmedurchlaßwiderstand: R_j:	$R_1 = 0{,}05 = 1/[(0{,}844 + 0{,}060 + 0{,}09 + 0{,}006)/0{,}05]$		=	0,05
	$R_2 = 1/[(0{,}844 + 0{,}06)/0{,}08 + (0{,}09 + 0{,}006)/0{,}31]$		=	0,09
	$R_3 = 1/[(0{,}844 + 0{,}09)/0{,}08 + (0{,}06 + 0{,}006)/0{,}31]$		=	0,08
	$R_4 = 1/[(0{,}844 + 0{,}09)/4{,}00 + (0{,}06 + 0{,}006)/1{,}23]$		=	3,48
Wärmedurchgangswiderstand: $R''_T = 0{,}10 + 0{,}05 + 0{,}09 + 0{,}08 + 3{,}48 + 0{,}10$			=	3,90
Wärmedurchgangswiderstand: $R_T = (4{,}07 + 3{,}90)/2$			=	3,99
Wärmedurchgangskoeffizient: $U = 1/3{,}99$ [W/(m² K)]			=	0,25

4.2 Gebäudespezifische Kenngrößen

Tabelle 5 Übersicht über die *U*-Werte der wärmedämmenden Hüllfläche, Varianten A und B

Monatsbilanzverfahren Einfamilienhaus, Varianten A und B		
Übersicht über die Wärmedurchgangskoeffizienten der wärmedämmenden Hüllfläche U [W/(m² K)]		
	Variante A	Variante B
Bauteil	U [W/(m² K)]	U [W/(m² K)]
Bodenplatte	0,36	0,44
Außenwand an Erdreich	0,31	0,42
Außenwand an Außenluft	0,30	0,41
Dachfläche	0,20	0,25
Kehlebene	0,20	0,25
Haustüren	2,09	2,09
Fenster	1,40	1,80

In den Bildern 44 bis 46 sind die Innenbauteile des Gebäudes für die Varianten A und B dargestellt. Diese Bauteilaufbauten werden bei der Ermittlung der wirksamen Wärmespeicherfähigkeit benötigt.

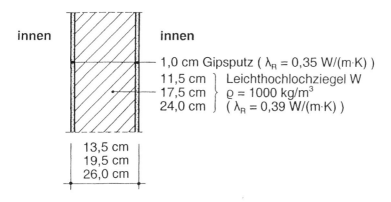

innen | innen
1,0 cm Gipsputz (λ_R = 0,35 W/(m·K))
11,5 cm ⎫
17,5 cm ⎬ Leichthochlochziegel W, ϱ = 1000 kg/m³
24,0 cm ⎭ (λ_R = 0,39 W/(m·K))

13,5 cm
19,5 cm
26,0 cm

Bild 44 Aufbau der Mauerwerksinnenwände, Varianten A und B

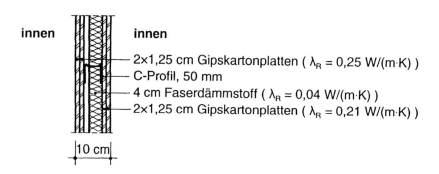

Bild 45 Aufbau der leichten Trennwände, Varianten A und B

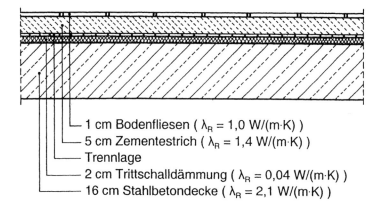

Bild 46 Aufbau der Decken über KG und EG, Varianten A und B

4.2 Gebäudespezifische Kenngrößen

Tabelle 6 Wirksame Wärmespeicherfähigkeit der Varianten A und B

Monatsbilanzverfahren Einfamilienhaus		
Ausgangsgrößen		
Größe/Einheit	Wert	Erläuterung
A [m²]	= siehe unten	Größe der innenluftberührten Flächen der Außen- und Innenbauteile (Außenbauteile vereinfacht mit Bruttoflächen angesetzt)
d [cm]	= siehe unten	Schichtdicke der Bauteilschichten
λ_R [W/(m K)]	= siehe unten	Rechenwert der Wärmeleitfähigkeit der Baustoffe
c [kJ/(K kg)]	= siehe unten	spezifische Wärmekapazität der Baustoffe
ρ [kg/m³]	= siehe unten	Rohdichte der Baustoffe
$d_{i,10}$ [cm]	= siehe unten	anrechenbare Schichtdicke der Bauteile nach der „10 cm-Regel", Wärmedämmstoffe dürfen nicht angerechnet werden
$C_{wirk,\eta}$ [Wh/K]	= siehe unten	wirksame Wärmespeicherfähigkeit des Gebäudes nach der „10 cm-Regel" berechnet zur Bestimmung des Ausnutzungsgrades der Wärmegewinne des Gebäudes
$d_{i,3}$ [cm]	= siehe unten	anrechenbare Schichtdicke der Bauteile nach der „3 cm-Regel", Wärmedämmstoffe dürfen nicht angerechnet werden
$C_{wirk,NA}$ [Wh/K]	= siehe unten	wirksame Wärmespeicherfähigkeit des Gebäudes nach der „3 cm-Regel" berechnet zur Bestimmung der Wärmegewinne durch die Nachtabschaltung der Heizung

Berechnung
$C_{wirk,\eta}$ [Wh/K] = A · c · ρ · $d_{i,10}$/360
$C_{wirk,NA}$ [Wh/K] = A · c · ρ · $d_{i,3}$/360

Ergebnisse Variante A
wirksame Wärmespeicherfähigkeit $C_{wirk,\eta}$ bzw. $C_{wirk,NA}$ [Wh/K]

Außenbauteile										
Bauteil/ Orientierung	Fläche [m²]	Aufbau	d [cm]	λ_R [W/(m K)]	c [kJ/(K kg)]	ρ [kg/m³]	$d_{i,10}$ [cm]	$C_{wirk,\eta}$ [Wh/K]	$d_{i,3}$ [cm]	$C_{wirk,NA}$ [Wh/K]
AW an Erdreich										
Norden	5,39	Gipsputz	1,00	0,35	1,00	1200,00	1,00	69	1,00	69
Osten	4,64	LHZ	36,50	0,12	1,00	600,00	9,00	311	2,00	69
Süden	6,07	Kalkzementputz	1,50	0,87	1,00	1800,00	–	–	–	–
Westen	4,64	Abdichtung	0,80	0,17	1,00	1200,00	–	–	–	–
Gesamt	20,74	Schutzschicht	–	–	–	–	–	–	–	–
AW an Außenluft										
Norden	56,54									
Osten	48,75	Gipsputz	1,00	0,35	1,00	1200,00	1,00	691	1,00	691
Westen	54,81	LHZ	36,50	0,12	1,00	600,00	9,00	3110	2,00	691

Tabelle 6 Wirksame Wärmespeicherfähigkeit der Varianten A und B (Fortsetzung)

Bauteil/ Orientierung	Fläche [m²]	Aufbau	d [cm]	λ_R [W/(m K)]	c [kJ/(K kg)]	ρ [kg/m³]	$d_{i,10}$ [cm]	$C_{wirk,\eta}$ [Wh/K]	$d_{i,3}$ [cm]	$C_{wirk,NA}$ [Wh/K]
Süden	47,21	Leichtputz	2,50	0,36	1,00	1000,00	–	–	–	–
Gesamt	207,31									
Bodenplatte										
		Zementestrich	5,00	1,40	1,00	2000,00	5,00	2327	3,00	1396
		Trennlage	–	–	–	–	–	–	–	–
Gesamt	83,76	Trittschalldä.	2,00	0,04	1,50	20,00	–	–	–	–
		Wärmedä.	8,00	0,04	1,50	20,00	–	–	–	–
		Abdichtung	0,80	0,17	1,00	1200,00	–	–	–	–
		Stahlbeton	25,00	–	–	–	–	–	–	–
Schrägdach										
		Dachdeckung	–	–	–	–	–	–	–	–
		Lattung	–	–	–	–	–	–	–	–
		Unterspannbahn	–	–	–	–	–	–	–	–
		Sparren (8,89 %)	18,00	0,13	2,10	600,00	–	–	–	–
Norden	28,75	Wä.dä. (91,11 %)	18,00	0,04	1,00	40,00	–	–	–	–
Süden	28,75	Luftdichtheitssch.	–	–	–	–	–	–	–	–
Gesamt	57,50	Konterl. (6,67 %)	4,00	0,13	2,10	600,00	–	–	–	–
		Wä.dä. (93,33 %)	4,00	0,04	1,00	40,00	–	–	–	–
		Lattung (9,60 %)	4,00	0,13	2,10	600,00	4,00	77	1,75	34
		Luft (90,4 %)	4,00	–	1,00	–	–	–	–	–
		Gipskartonplatte	1,25	0,25	1,00	900,00	1,25	180	1,25	180
Kehlebene										
		Kehlba. (8,89 %)	18,00	0,13	2,10	600,00	–	–	–	–
		Wä.dä. (91,11 %)	18,00	0,04	1,00	40,00	–	–	–	–
		Luftdichtheitssch.	–	–	–	–	–	–	–	–
Gesamt	33,29	Konterl. (6,67 %)	4,00	0,13	2,10	600,00	–	–	–	–
		Wä.dä (93,33 %)	4,00	0,04	1,00	40,00	–	–	–	–
		Lattung (9,60 %)	4,00	0,13	2,10	600,00	4,00	45	1,75	20
		Luft (90,4 %)	4,00	–	1,00	–	–	–	–	–
		Gipskartonplatte	1,25	0,25	1,00	900,00	1,25	104	1,25	104
Haustür										
Norden	4,62	Nadelholz	4,00	0,13	2,10	600,00	4,00	65	3,00	49
Fenster 90°										
Norden	2,97									

4.2 Gebäudespezifische Kenngrößen

Tabelle 6 Wirksame Wärmespeicherfähigkeit der Varianten A und B (Fortsetzung)

Bauteil/ Orientierung	Fläche [m²]	Aufbau	d [cm]	λ_R [W/(m K)]	c [kJ/(K kg)]	ρ [kg/m³]	$d_{i,10}$ [cm]	$C_{wirk,\eta}$ [Wh/K]	$d_{i,3}$ [cm]	$C_{wirk,NA}$ [Wh/K]
Osten	9,62	Wärmeschutz-	–	–	–	–	–	–	–	–
Westen	8,64	verglasung mit	–	–	–	–	–	–	–	–
Süden	11,16	Holzrahmen	–	–	–	–	–	–	–	–
Gesamt	32,39									
Fenster 36°										
Norden	2,56	Wärmeschutz-	–	–	–	–	–	–	–	–
Süden	2,56	verglasung mit	–	–	–	–	–	–	–	–
Gesamt	5,12	Holzrahmen								
Hüllfläche	444,73									
Innenbauteile										

Bauteil	Fläche [m²]	Aufbau	d [cm]	λ_R [W/(m K)]	c [kJ/(K kg)]	ρ [kg/m³]	$d_{i,10}$ [cm]	$C_{wirk,\eta}$ [Wh/K]	$d_{i,3}$ [cm]	$C_{wirk,NA}$ [Wh/K]
Innenwände										
Mauerwerk d = 26,0 cm	46,39	Gipsputz	1,00	0,35	1,00	1200,00	1,00	155	1,00	155
		LHZ	24,00	0,39	1,00	1000,00	18,00	2320	4,00	515
		Gipsputz	1,00	0,35	1,00	1200,00	1,00	155	1,00	155
Mauerwerk d = 19,5 cm	9,875	Gipsputz	1,00	0,35	1,00	1200,00	1,00	33	1,00	33
		LHZ	17,50	0,39	1,00	1000,00	17,50	480	4,00	110
		Gipsputz	1,00	0,35	1,00	1200,00	1,00	33	1,00	33
Mauerwerk d = 13,5 cm	32,91	Gipsputz	1,00	0,35	1,00	1200,00	1,00	110	1,00	110
		LHZ	11,50	0,39	1,00	1000,00	11,50	1051	4,00	366
		Gipsputz	1,00	0,35	1,00	1200,00	1,00	110	1,00	110
leichte Trennwände d = 10,0 cm	49,63	Gipskartonplatte	2,50	0,25	1,00	900,00	2,50	310	2,50	310
		Wärmedä.	4,00	0,04	1,00	40,00	–	–	–	–
		Luftschicht	1,00	–	1,00	–	–	–	–	–
		Gipskartonplatte	2,50	0,25	1,00	900,00	2,50	310	2,50	310
Decken										
KG EG Gesamt	83,76 83,76 167,52	Bodenfliesen	1,00	1,00	1,00	2000,00	1,00	931	1,00	931
		Zementestrich	5,00	1,40	1,00	2000,00	5,00	4653	2,00	1861
		Trennlage	–	–	–	–	–	–	–	–
		Trittschalldä.	2,00	0,04	1,50	20,00	–	–	–	–
		Stahlbeton	16,00	2,10	1,00	2400,00	10,00	11168	3,00	3350
Summe der wirksamen Wärmespeicherfähigkeit:								28798		11652

Tabelle 6 Wirksame Wärmespeicherfähigkeit der Varianten A und B (Fortsetzung)

Außenbauteile			Ergebnisse Variante B							
			wirksame Wärmespeicherfähigkeit $C_{wirk,\eta}$ bzw. $C_{wirk,NA}$ [Wh/K]							
Bauteil/ Orientierung	Fläche [m²]	Aufbau	d [cm]	λ_R [W/(m K)]	c [kJ/(K kg)]	ρ [kg/m³]	$d_{i,10}$ [cm]	$C_{wirk,\eta}$ [Wh/K]	$d_{i,3}$ [cm]	$C_{wirk,NA}$ [Wh/K]
AW an Erdreich										
Norden	5,39	Gipsputz	1,00	0,35	1,00	1200,00	1,00	69	1,00	69
Osten	4,64	LHZ	30,00	0,14	1,00	700,00	9,00	363	2,00	81
Süden	6,07	Kalkzementputz	1,50	0,87	1,00	1800,00	-	-	-	-
Westen	4,64	Abdichtung	0,80	0,17	1,00	1200,00	-	-	-	-
Gesamt	20,74	Schutzschicht	-	-	-	-	-	-	-	-
AW an Außenluft										
Norden	56,54									
Osten	48,75	Gipsputz	1,00	0,35	1,00	1200,00	1,00	691	1,00	691
Westen	54,81	LHZ	30,00	0,14	1,00	700,00	9,00	3628	2,00	806
Süden	47,21	Leichtputz	2,50	0,36	1,00	1000,00	-	-	-	-
Gesamt	207,31									
Bodenplatte										
		Zementestrich	5,00	1,40	1,00	2000,00	5,00	2327	3,00	1396
		Trennlage	-	-	-	-	-	-	-	-
Gesamt	83,76	Trittschalldä.	2,00	0,04	1,50	20,00	-	-	-	-
		Wärmedä.	6,00	0,04	1,50	20,00	-	-	-	-
		Abdichtung	0,80	0,17	1,00	1200,00	-	-	-	-
		Stahlbeton	25,00	-	-	-	-	-	-	-
Schrägdach										
		Dachdeckung	-	-	-	-	-	-	-	-
		Lattung	-	-	-	-	-	-	-	-
		Unterspannbahn	-	-	-	-	-	-	-	-
		Sparren (6,67 %)	16,00	0,13	2,10	600,00	-	-	-	-
Norden	28,75	Wä.dä. (93,33 %)	16,00	0,04	1,00	40,00	-	-	-	-
Süden	28,75	Luftdichtheitssch.	-	-	-	-	-	-	-	-
Gesamt	57,50	Konterl. (6,67 %)	4,00	0,13	2,10	600,00	-	-	-	-
		Luft (93,33 %)	4,00	-	1,00	-	-	-	-	-
		Lattung (9,60 %)	4,00	0,13	2,10	600,00	4,00	77	1,75	34
		Luft (90,4 %)	4,00	-	1,00	-	-	-	-	-
		Gipskartonplatte	1,25	0,25	1,00	900,00	1,25	180	1,25	180

4.2 Gebäudespezifische Kenngrößen

Tabelle 6 Wirksame Wärmespeicherfähigkeit der Varianten A und B (Fortsetzung)

Bauteil/ Orientierung	Fläche [m²]	Aufbau	d [cm]	λ_R [W/(m K)]	c [kJ/(K kg)]	ρ [kg/m³]	$d_{i,10}$ [cm]	$C_{wirk,\eta}$ [Wh/K]	$d_{i,3}$ [cm]	$C_{wirk,NA}$ [Wh/K]
Kehlebene										
Gesamt	33,29	Kehlba. (6,67 %)	16,00	0,13	2,10	600,00	–	–	–	–
		Wä.dä. (93,33 %)	16,00	0,04	1,00	40,00	–	–	–	–
		Luftdichtheitssch.	–	–	–	–	–	–	–	–
		Konterl. (6,67 %)	4,00	0,13	2,10	600,00	–	–	–	–
		Luft (93,33 %)	4,00	–	1,00	–	–	–	–	–
		Lattung (9,60 %)	4,00	0,13	2,10	600,00	4,00	45	1,75	20
		Luft (90,4 %)	4,00	–	1,00	–	–	–	–	–
		Gipskartonplatte	1,25	0,25	1,00	900,00	1,25	104	1,25	104
Haustür										
Norden	4,62	Nadelholz	4,00	0,13	2,10	600,00	4,00	65	3,00	49
Fenster 90°										
Norden	2,97									
Osten	9,62	Wärmeschutz-	–	–	–	–	–	–	–	–
Westen	8,64	verglasung mit	–	–	–	–	–	–	–	–
Süden	11,16	Holzrahmen	–	–	–	–	–	–	–	–
Gesamt	32,39									
Fenster 36°										
Norden	2,56	Wärmeschutz-	–	–	–	–	–	–	–	–
Süden	2,56	verglasung mit	–	–	–	–	–	–	–	–
Gesamt	5,12	Holzrahmen	–	–	–	–	–	–	–	–
Hüllfläche	444,73									
Innenbauteile										
Bauteil	Fläche [m²]	Aufbau	d [cm]	λ_R [W/(m K)]	c [kJ/(K kg)]	ρ [kg/m³]	$d_{i,10}$ [cm]	$C_{wirk,\eta}$ [Wh/K]	$d_{i,3}$ [cm]	$C_{wirk,NA}$ [Wh/K]
Innenwände										
Mauerwerk d = 26,0 cm	46,39	Gipsputz	1,00	0,35	1,00	1200,00	1,00	155	1,00	155
		LHZ	24,00	0,39	1,00	1000,00	18,00	2320	4,00	515
		Gipsputz	1,00	0,35	1,00	1200,00	1,00	155	1,00	155
Mauerwerk d = 19,5 cm	9,875	Gipsputz	1,00	0,35	1,00	1200,00	1,00	33	1,00	33
		LHZ	17,50	0,39	1,00	1000,00	17,50	480	4,00	110
		Gipsputz	1,00	0,35	1,00	1200,00	1,00	33	1,00	33

Tabelle 6 Wirksame Wärmespeicherfähigkeit der Varianten A und B (Fortsetzung)

Bauteil	Fläche [m²]	Aufbau	d [cm]	λ_R [W/(m K)]	c [kJ/(K kg)]	ρ [kg/m³]	$d_{i,10}$ [cm]	$C_{wirk,\eta}$ [Wh/K]	$d_{i,3}$ [cm]	$C_{wirk,NA}$ [Wh/K]
Mauerwerk d = 13,5 cm	32,91	Gipsputz	1,00	0,35	1,00	1200,00	1,00	110	1,00	110
		LHZ	11,50	0,39	1,00	1000,00	11,50	1051	4,00	366
		Gipsputz	1,00	0,35	1,00	1200,00	1,00	110	1,00	110
leichte Trennwände d = 10,0 cm	49,63	Gipskartonplatte	2,50	0,25	1,00	900,00	2,50	310	2,50	310
		Wärmedä.	4,00	0,04	1,00	40,00	-	-	-	-
		Luftschicht	1,00	-	1,00	-	-	-	-	-
		Gipskartonplatte	2,50	0,25	1,00	900,00	2,50	310	2,50	310
Decken										
KG EG Gesamt	83,76 83,76 167,52	Bodenfliesen	1,00	1,00	1,00	2000,00	1,00	931	1,00	931
		Zementestrich	5,00	1,40	1,00	2000,00	5,00	4653	2,00	1861
		Trennlage	-	-	-	-	-	-	-	-
		Trittschalldä.	2,00	0,04	1,50	20,00	-	-	-	-
		Stahlbeton	16,00	2,10	1,00	2400,00	10,00	11168	3,00	3350
Summe der wirksamen Wärmespeicherfähigkeit:								29368		11779

4.3 Monatsbilanzverfahren

4.3.1 Randbedingungen zur Berechnung

Mit Einführung der EnEV [5] wird das Monatsbilanzverfahren das überwiegend verwendete Nachweisverfahren für Gebäude sein, da mit diesem Verfahren, wie schon erläutert, der Heizwärmebedarf zutreffender berechnet werden kann, als mit dem in Teilen sehr pauschalierenden Heizperiodenbilanzverfahren. Die Anwendungs- und Berechungsmöglichkeiten des Heizperiodenbilanzverfahrens werden durch die EnEV [5] und die DIN V 4108-6 [7] stark eingeschränkt. In Tabelle 7 sind die wesentlichen Randbedingungen zum Gebäude und zur Berechnung sowie in Tabelle 8 die wesentlichen Korrekturfaktoren im Monatsbilanzverfahren zusammengefaßt. Tabelle 9 enthält die Klimarandbedingungen für den mittleren Standort Deutschland nach DIN V 4108-6 [7] Tabelle D.5, die für den öffentlich-rechtlichen Nachweis zu verwenden sind.

4.3 Monatsbilanzverfahren

Tabelle 7 Randbedingungen zum Gebäude und zur Berechnung nach dem Monatsbilanzverfahren

\multicolumn{2}{c}{Monatsbilanzverfahren Einfamilienhaus}	
\multicolumn{2}{c}{Randbedingungen}	
Variablen	Angaben
Hüllfläche	A = 444,73 m² (siehe Flächenberechnung in Tabelle 2)
Volumen	V_e = 659,76 m³ (Bruttovolumen, siehe Volumenberechnung in Tabelle 3) V = 501,42 m³ (Nettovolumen: $V = 0{,}76 \cdot V_e$, da Gebäude ≤ 3 Vollgesch.)
A/V_e-Verhältnis	A/V_e = 0,67 m^{-1}
Nutzfläche	A_N = 211,12 m² ($A_N = 0{,}32 \cdot V_e$ gemäß DIN V 4108-6 [7], Tabelle D.3)
Fassadenausrichtung	Die Orientierungen der Fassaden weichen um 22° < 22,5° von den Hauptrichtungen ab, daher werden die Fassaden den Himmelsrichtungen zugeordnet.
Klimadaten	Mittlerer Standort Deutschland, siehe Tabelle 9
Innenlufttemperatur	θ_i = 19 °C
Wärmebrücken	ΔU_{WB} = 0,05 W/(m² K): pauschal nach DIN V 4108-6 [7] mit Außenmaßbezug, unter prinzipieller Beachtung von DIN 4108 Bbl. 2 [19] und aufgrund von Vergleichsberechnungen (Variante B)
Korrekturfaktoren	siehe Tabelle 8
Nachtabschaltung	siehe Tabelle 14
Lüftung	freie Lüftung mit Luftdichtheitsprüfung: n = 0,6 1/h Variante: Lüftungsanlage mit Wärmerückgewinnung: n = 0,6 1/h; n_A = 0,4 1/h
Interne Wärmegewinne	q_i = 5 W/m² (für Wohngebäude gemäß DIN V 4108-6 [7], Tabelle D.3)
Solare Wärmegewinne	Solare Wärmegewinne über transp. Bauteile werden nach Abminderung mit dem Nutzungsgrad in der Gesamtbilanzierung als nutzbare Gewinne berücksichtigt.
	Solare Strahlungswärmegewinne über opake Bauteile reduzieren die Wärmeverluste und werden von den Verlusten voll abgezogen (Ausnutzungsgrad η = 1).
Absorptionskoeffizienten	α = 0,8 : Dachflächen
	α = 0,5 : Wände
Emissionsgrad	ε = 0,8 : Emissionsgrad der Außenfläche für Wärmestrahlung
Heizungsanlage	siehe Anlagenbeschreibung in Tabelle 21 und Tabelle 36 (Variantenberechnung)

Tabelle 8 Übersicht über die wesentlichen Korrekturfaktoren im Monatsbilanzverfahren

\multicolumn{3}{c	}{Monatsbilanzverfahren Einfamilienhaus}

\multicolumn{3}{c	}{Ausgangsgrößen}

Größe/Einheit	Wert	Erläuterung
A_G [m²] =	83,76	Grundfläche der Bodenplatte
P [m] =	36,94	Umfang der Bodenplatte
B' [m] =	4,53	Beiwert zur Berechnung der Korrekturfaktoren F_{bf} und F_{bw}
F_{bf} [–] =	siehe unten	Temperaturkorrekturfaktor zur Ermittlung der Transmissionswärmeverluste der Bodenplatte
F_{bw} [–] =	siehe unten	Temperaturkorrekturfaktor zur Ermittlung der Transmissionswärmeverluste der erdberührten Kellerwände
R_f [m² K/W] =	2,58 bzw. 2,08	Wärmedurchlaßwiderstand der Bodenplatte, siehe Tabelle 4, Variante A und B
R_w [m² K/W] =	3,13 bzw. 2,24	Wärmedurchlaßwiderstand der erdberührten AW, siehe Tabelle 4, Variante A und B

Übersicht über die wesentlichen Korrekturfaktoren
F_X
[–]

Bauteil	Bemerkungen	Faktor	Wert [–]
Bodenplatte	A_G = 10,47 · 8,00 = 83,76 m² P = 2 · 10,47 + 2 · 8,00 = 36,94 m B' = A_G/(0,5 P) = 4,53 m < 5 m R_f = (minimaler Wert) = 2,08 (m² K/W) > 1 (m² K/W)	F_{bf} =	0,45
Außenwand an Erdreich	A_G, P, B': wie oben; R_w = (minimaler Wert) = 2,24 (m² K/W) > 1 (m² K/W)	F_{bw} =	0,60
Außenwand an Außenluft	Temperaturkorrekturfaktor	F_{AW} =	1,00
Dachfläche	Temperaturkorrekturfaktor	F_D =	1,00
Kehlebene	Temperaturkorrekturfaktor: Abtrennung zum ungedä. Dachraum	F_D =	0,80
Haustüren	Temperaturkorrekturfaktor	F_{AW} =	1,00
Flächen zu unbeheizten Glasvorbauten/ Wintergärten	Temperaturkorrekturfaktor je nach – Einfachverglasung Verglasung des Wintergartens: – Zweischeibenverglasung – Wärmeschutzverglasung	F_u = F_u = F_u =	0,80 0,70 0,50
Fenster	Korrekturfaktor für den Rahmenanteil	F_F =	0,70
	Korrekturfaktor infolge nicht senkr. Einstrahlung	F_W =	0,90
	Korrekturfaktor für Sonnenschutzvorrichtung	F_C =	1,00
	Korrekturfaktor für Verschattung	F_S =	0,90
Transparente Wärmedä.	Formfaktor zw. dem Bauteil und dem Himmel (45°–90°: F_f = 0,5)	F_f =	0,50

4.3 Monatsbilanzverfahren

Tabelle 9 Anzahl der Tage je Monat sowie Temperaturen und Strahlungsintensitäten für den „mittleren Standort Deutschland" beim Monatsbilanzverfahren

Monatsbilanzverfahren Einfamilienhaus													
Klimarandbedingungen für das Monatsbilanzverfahren													
Parameter		Jan.	Feb.	Mrz.	Apr.	Mai	Jun.	Jul.	Aug.	Sep.	Okt.	Nov.	Dez.
Anzahl der Tage [d]													
t_M	[d/M]	31	28	31	30	31	30	31	31	30	31	30	31
Temperaturen[1] [°C]													
θ_e	[°C]	-1,3	0,6	4,1	9,5	12,9	15,7	18,0	18,3	14,4	9,1	4,7	1,3
θ_i	[°C]	19	19	19	19	19	19	19	19	19	19	19	19
Strahlungsintensitäten I_{sj}[1] [W/m²]													
Nord	36°[2]	19,6	33,2	51,2	122,6	161,0	203,8	200,4	131,2	80,4	47,4	25,2	14,6
	90°	14,0	23,0	34,0	64,0	81,0	99,0	100,0	70,0	48,0	33,0	18,0	10,0
West/Ost	90°	25,0	37,0	53,0	125,0	131,0	150,0	156,0	115,0	90,0	51,0	28,0	15,0
Süd	36°[2]	53,4	68,6	99,8	208,0	207,8	242,4	245,2	182,8	157,0	94,6	56,6	32,2
	90°	56,0	61,0	80,0	137,0	119,0	130,0	135,0	112,0	115,0	81,0	54,0	33,0
Horizontal	0°	33,0	52,0	82,0	190,0	211,0	256,0	255,0	179,0	135,0	75,0	39,0	22,0

[1] Werte gemäß DIN V 4108-6 [7], Tabelle D.5;
[2] aus den Werten für 30° und 45° interpolierte Strahlungsintensitäten;

4.3.2 Wärmeverluste des Einfamilienhauses für die Varianten A und B

In diesem Abschnitt erfolgt die Bestimmung der spezifischen und anschließend der absoluten Wärmeverluste des Gebäudes für jeden Monat. Die Monatswerte werden dann zu einem Jahreswert zusammengefaßt.

Bestimmung der spezifischen Wärmeverluste

Zunächst wird der spezifische Transmissionswärmeverlust H_T (Tabelle 10) – zur Übersicht aufgegliedert nach Verlusten über die Bauteile ohne Wärmebrücken und nach Verlusten infolge von Wärmebrückenwirkungen – ermittelt. Dividiert man den spezifischen Transmissionswärmeverlust durch die wärmedämmende Hüllfläche des Gebäudes, erhält man den spezifischen, auf die wärmeübertragende Umfassungsfläche bezogenen Transmissionswärmeverlust H_T' [W/(m² K)], der ein Maß für das Wärmedämmniveau des Gebäudes darstellt. Diese Kenngröße darf einen in der EnEV [5] festgelegten und vom Verhältnis Hüllfläche/Bruttovolumen A/V_e abhängigen Grenzwert nicht überschreiten. Damit wird sichergestellt, daß das Gebäude zumindest das in der WSchVO geforderte Wärmedämmniveau aufweist. Der Nachweis wird in Kapitel 4.3.6, Tabelle 28 geführt.

Tabelle 10 Spezifischer Transmissionswärmeverlust des Gebäudes, Varianten A und B

Monatsbilanzverfahren Einfamilienhaus					
Ausgangsgrößen					
Größe/Einheit	Wert		Erläuterung		
V_e [m³]	= 659,76		Bruttovolumen des Gebäudes		
A_N [m²]	= 211,12		Nutzfläche des Gebäudes ($A_N = 0{,}32 \cdot V_e$)		
A [m²]	= siehe Tabelle 2		Hüllflächenanteile nach Bauteilen und Orientierung untergliedert		
U [W/(m² K)]	= siehe Tabelle 5		Wärmedurchgangskoeffizient		
ΔU_{WB} [W/(m² K)] =	0,05		Wärmebrückenzuschlag zur Berücksichtigung der zusätzlichen Transmissionswärmeverluste durch WB, unter Beachtung von DIN V 4108-6 [7], Beibl. 2		
F_X [–]	= siehe Tabelle 8		Temperaturkorrekturfaktor		
$H_{T,o.WB}$ [W/K]	= siehe unten		spezifischer Transmissionswärmeverlust des Gebäudes ohne WB-Zuschlag		
$H_{T,WB}$ [W/K]	= siehe unten		spezifischer Transmissionswärmeverlust des Gebäudes infolge Wärmebrücken		
Berechnung					
H_T [W/K]	= $\Sigma(A_i \cdot U_i \cdot F_{Xi} + A_i \cdot \Delta U_{WB})$ = spezifischer Transmissionswärmeverlust				
Ergebnisse Variante A					
Spezifischer Transmissionswärmeverlust H_T [W/K]					
Bauteil	Orientierung	A [m²]	U-Wert [W/(m² K)]	U · A [W/K]	F_X [–]	U · A · F_X [W/K]
AW an Erdreich	Norden	5,39	0,31	1,67	0,60	1,00
	Osten	4,64	0,31	1,44	0,60	0,86
	Süden	6,07	0,31	1,88	0,60	1,13
	Westen	4,64	0,31	1,44	0,60	0,86
AW an Außenluft	Norden	56,54	0,30	16,96	1,00	16,96
	Osten	48,75	0,30	14,63	1,00	14,63
	Süden	54,81	0,30	16,44	1,00	16,44
	Westen	47,21	0,30	14,16	1,00	14,16
Bodenplatte		83,76	0,36	30,15	0,45	13,57
Schrägdach	Norden	28,75	0,20	5,75	1,00	5,75
	Süden	28,75	0,20	5,75	1,00	5,75
Kehlebene		33,29	0,20	6,66	0,80	5,33
Haustür		4,62	2,09	9,67	1,00	9,67
Fenster, 90°	Norden	2,97	1,40	4,16	1,00	4,16
	Osten	9,62	1,40	13,47	1,00	13,47
	Süden	8,64	1,40	12,10	1,00	12,10
	Westen	11,16	1,40	15,62	1,00	15,62

4.3 Monatsbilanzverfahren

Tabelle 10 Spezifischer Transmissionswärmeverlust, Varianten A und B (Fortsetzung)

Bauteil	Orientierung	A [m²]	U-Wert [W/(m² K)]	U · A [W/K]	F_x [–]	U · A · F_x [W/K]
Fenster, 36°	Norden	2,56	1,40	3,58	1,00	3,58
	Süden	2,56	1,40	3,58	1,00	3,58
Hüllfläche	A [m²] =	444,73		$H_{T,o.WB}$ [W/K] =		158,62
Wärmebrückenzuschlag (ΔU_{WB} · A) = $H_{T,WB}$ [W/K]:			0,05	22,24	1,00	22,24
Spezifischer Transmissionswärmeverlust:					H_T [W/K] =	180,86
Spezifischer auf die wärmeübertragende Umfassungsfläche (Hüllfläche) bezogener Transmissionswärmeverlust (H_T/A):					H_T' [W/(m² K)] =	0,41
Ergebnisse Variante B						
Spezifischer Transmissionswärmeverlust H_T [W/K]						
Bauteil	Orientierung	A [m²]	U-Wert [W/(m² K)]	U · A [W/K]	F_x [–]	U · A · F_x [W/K]
AW an Erdreich	Norden	5,39	0,42	2,26	0,60	1,36
	Osten	4,64	0,42	1,95	0,60	1,17
	Süden	6,07	0,42	2,55	0,60	1,53
	Westen	4,64	0,42	1,95	0,60	1,17
AW an Außenluft	Norden	56,54	0,41	23,18	1,00	23,18
	Osten	48,75	0,41	19,99	1,00	19,99
	Süden	54,81	0,41	22,47	1,00	22,47
	Westen	47,21	0,41	19,36	1,00	19,36
Bodenplatte		83,76	0,44	36,85	0,45	16,58
Schrägdach	Norden	28,75	0,25	7,19	1,00	7,19
	Süden	28,75	0,25	7,19	1,00	7,19
Kehlebene		33,29	0,25	8,32	0,80	6,66
Haustür		4,62	2,09	9,67	1,00	9,67
Fenster, 90°	Norden	2,97	1,80	5,35	1,00	5,35
	Osten	9,62	1,80	17,32	1,00	17,32
	Süden	8,64	1,80	15,55	1,00	15,55
	Westen	11,16	1,80	20,09	1,00	20,09
Fenster, 36°	Norden	2,56	1,80	4,61	1,00	4,61
	Süden	2,56	1,80	4,61	1,00	4,61
Hüllfläche	A [m²] =	444,73		$H_{T,o.WB}$ [W/K] =		205,05
Wärmebrückenzuschlag (ΔU_{WB} · A) = $H_{T,WB}$ [W/K]:			0,05	22,24	1,00	22,24
Spezifischer Transmissionswärmeverlust:					H_T [W/K] =	227,29
Spezifischer auf die wärmeübertragende Umfassungsfläche (Hüllfläche) bezogener Transmissionswärmeverlust (H_T/A):					H_T' [W/(m² K)] =	0,51

Anschließend werden die spezifischen Lüftungswärmeverluste H_V (Tabelle 11) ermittelt. Zudem werden die spezifischen Wärmeverluste zwischen Innenluft und wärmespeichernden Bauteilen H_{ic} (Tabelle 12) und die spezifischen Wärmeverluste der leichten Bauteile H_w (Tabelle 13) berechnet. Die beiden letzten Größen werden zur Berechnung der verringerten Wärmeverluste infolge Nachtabschaltung benötigt.

Tabelle 11 Spezifischer Lüftungswärmeverlust des Einfamilienhauses, Varianten A und B

Größe/Einheit			Wert	Erläuterung
	Monatsbilanzverfahren Einfamilienhaus				
	Ausgangsgrößen				
V_e	[m³]	=	659,76	Bruttovolumen des Gebäudes
V_L	[m³]	=	501,42	Luftvolumen des Gebäudes (siehe DIN V 4108-6 [7], Tabelle D.3, hier: $0{,}76 \cdot V_e$)
ρ_L	[kg/m³]	≈	1,18	Dichte von Luft bei 1 bar und normalen Innentemperaturen
c_{pl}	[Wh/(kg K)]	≈	0,28	spezifische Wärmekapazität von Luft
$\rho_L \cdot c_{pl}$	[Wh/(m³ K)]	=	0,34	gemäß DIN V 4108-6 [7] anzusetzender Wert für das Produkt aus Luftdichte und spezifischer Wärmekapazität bei der Ermittlung der Lüftungswärmeverluste
n	[1/h]	=	0,60	Luftwechsel gemäß DIN V 4108-6 [7], Tabelle D.3, hier: n = 0,6 (1/h) (mit Luftdichtheitsprüfung n_{50} < 3,0 (1/h) und ohne Lüftungsanlage)
	Berechnung				
H_V	[W/K]		$= n \cdot \rho_L \cdot c_{pl} \cdot V_L$	

Ergebnisse Varianten A und B			
	Spezifischer Lüftungswärmeverlust des Gebäudes H_V [W/K]			
V_L [m³]	$\rho_L \cdot c_{pl}$ [Wh/(m³ K)]	n [1/h]	H_V [W/K]
501,42	0,34	0,60	102,29

4.3 Monatsbilanzverfahren

Tabelle 12 Spezifischer Wärmeverlust H_{ic} zur Berechnung der Nachtabschaltung, Varianten A und B

Monatsbilanzverfahren Einfamilienhaus			
Ausgangsgrößen			
Größe/Einheit	Wert	Erläuterung	
A [m²] =	siehe unten	innenluftberührte Flächen (vereinfacht Bruttoflächen für die Außenbauteile und die Geschoßdecken verwendet)	
R_{si} [m² K/W] =	siehe unten	Wärmeübergangswiderstand innen nach DIN EN ISO 6946 [24]	
Berechnung			
H_{ic} [m²] =	A/R_{si} = spezifischer Wärmeverlust zwischen Innenluft und Bauteil		
Ergebnisse Varianten A und B			
Spezifischer Wärmeverlust zwischen dem Inneren (Innenluft) und den Bauteilen H_{ic}[1] [W/K]			

Bauteil	A [m²]	R_{si} [m² K/W]	H_{ic} [W/K]
Außenwand an Erdreich	20,74	0,13	159,54
Außenwand an Außenluft	207,31	0,13	1594,69
Bodenplatte	83,76	0,17	492,71
Schrägdach	57,50	0,10	575,00
Kehlebene	33,29	0,10	332,90
Haustür	4,62	0,13	35,54
Innenwände	277,62	0,13	2135,46
Oberseite der Decke KG	83,76	0,17	492,71
Unterseite der Decke KG	83,76	0,10	837,60
Oberseite der Decke EG	83,76	0,17	492,71
Unterseite der Decke EG	83,76	0,10	837,60
Spezifischer Wärmeverlust:		H_{ic} [W/K] =	7986,46

[1] vereinfacht gilt nach DIN V 4108-6 [7] für $H_{ic} = 4 \cdot A_N/0,13$ [W/K];

Tabelle 13 Spezifischer Transmissionswärmeverlust der leichten Bauteile (Fenster, Türen, Paneele, etc.) zur Berechnung der Nachtabschaltung, Varianten A und B

Monatsbilanzverfahren Einfamilienhaus					
Ausgangsgrößen					
Größe/Einheit	Wert		Erläuterung		
V_e [m³]	= 659,76		Bruttovolumen des Gebäudes		
A_N [m²]	= 211,12		Nutzfläche des Gebäudes ($A_N = 0{,}32 \cdot V_e$)		
A [m²]	= siehe Tabelle 2		Hüllflächenanteile der leichten Bauteile		
U [W/(m² K)]	= siehe Tabelle 5		Wärmedurchgangskoeffizient		
ΔU_{WB} [W/(m² K)]	= 0,05		Zuschlag zur Berücksichtigung der Transmissionswärmeverluste durch Wärmebrücken		
F_X [-]	= siehe Tabelle 8		Temperaturkorrekturfaktor		
Berechnung					
H_W [W/K]	= $\Sigma (A_i \cdot U_i \cdot F_{Xi})$				
Ergebnisse Variante A					
Spezifischer Transmissionswärmeverlust der leichten Bauteile H_W [W/K]					
Bauteil	Orientierung	A [m²]	U-Wert [W/(m² K)]	U · A [W/K]	F_X [-]	U · A · F_X [W/K]
Haustür	Norden	4,62	2,09	9,67	1,00	9,67
Fenster, 90°	Norden	2,97	1,40	4,16	1,00	4,16
	Osten	9,62	1,40	13,47	1,00	13,47
	Süden	8,64	1,40	12,10	1,00	12,10
	Westen	11,16	1,40	15,62	1,00	15,62
Fenster, 36°	Norden	2,56	1,40	3,58	1,00	3,58
	Süden	2,56	1,40	3,58	1,00	3,58
Fläche	A [m²] =	42,13			$\Sigma =$	62,18
Wärmebrückenzuschlag ($\Delta U_{WB} \cdot A$):			0,05	2,11	1,00	2,11
Spezifischer Transmissionswärmeverlust der leichten Bauteile:					H_W [W/K] =	64,29
Ergebnisse Variante B					
Spezifischer Transmissionswärmeverlust der leichten Bauteile H_W [W/K]					
Bauteil	Orientierung	A [m²]	U-Wert [W/(m² K)]	U · A [W/K]	F_X [-]	U · A · F_X [W/K]
Haustür	Norden	4,62	2,09	9,67	1,00	9,67
Fenster, 90°	Norden	2,97	1,80	5,35	1,00	5,35
	Osten	9,62	1,80	17,32	1,00	17,32
	Süden	8,64	1,80	15,55	1,00	15,55
	Westen	11,16	1,80	20,09	1,00	20,09

Tabelle 13 Spezifischer Transmissionswärmeverlust der leichten Bauteile zur Berechnung der Nachtabschaltung, Varianten A und B (Fortsetzung)

Bauteil	Orientierung	A [m²]	U-Wert [W/(m² K)]	U · A [W/K]	F_X [-]	U · A · F_X [W/K]
Fenster, 36°	Norden	2,56	1,80	4,61	1,00	4,61
	Süden	2,56	1,80	4,61	1,00	4,61
Fläche	A [m²] =	42,13			Σ =	77,20
Wärmebrückenzuschlag (ΔU$_{WB}$ · A):			0,05	2,11	1,00	2,11
Spezifischer Transmissionswärmeverlust der leichten Bauteile:					H$_w$ [W/K] =	79,31

Reduktion der monatlichen Wärmeverluste infolge Nachtabschaltung und Strahlungswärmegewinne über opake Bauteile

Die Nachtabschaltung (Tabelle 14) und die Strahlungswärmegewinne über opake Bauteile (Tabelle 15) vermindern die Wärmeverluste. Es sei an dieser Stelle noch einmal darauf hingewiesen, daß diese jedoch den spezifischen Transmissionswärmeverlust H_T, der eine rein bauliche Kenngröße ist, nicht verändern.

Die erforderlichen Annahmen und Randbedingungen für die Nachtabschaltung sind in Tabelle 14 dokumentiert. Die wesentlichen Zeitphasen und Temperaturen für die Berechnung der Nachtabschaltung sind in Bild 47 dargestellt. Vom Bauphysiker sind insbesondere die Mindestsollinnentemperatur θ_{isb}, die während der Heizungsunterbrechung im Gebäude nicht unterschritten werden soll, und die reduzierte Heizleistung Φ_{rp} während der Regelphase sinnvoll festzulegen. Die Dauer der Heizungsunterbrechung ist für den öffentlich-rechtlichen Nachweis je nach Gebäudetyp in DIN V 4108-6 [7] Tabelle D.3 festgelegt. Für Wohngebäude beträgt sie 7 h, für Büro und Verwaltungsgebäude 10 h. Für die Heizleistung der Heizung gilt Φ_{pp} [W] = $1,5 \cdot (H_T + H_{V,Hei}) \cdot 31$ K, wobei der spezifische Lüftungswärmeverlust $H_{V,Hei}$ hier mit einem Luftwechsel $n = 0,5$ 1/h ermittelt wird. Tritt eine Regelphase auf, das heißt das Gebäude kühlt soweit aus, daß die vom Bauphysiker festgelegte Mindestsollinnentemperatur unterschritten wird, wird dem Gebäude durch die Heizungsanlage Heizwärme mit der zuvor festgelegten verminderten Heizleistung zugeführt.

Hinsichtlich des in DIN 4108-6 [7] Anhang C festgelegten Berechnungsablaufes für die Berücksichtigung der Nachtabschaltung sei an dieser Stelle noch angemerkt, daß sich für die Überprüfung, ob eine Regelphase auftritt, keine eindeutigen Abfragekriterien ergeben und daß für eine Nachtabschaltung mit Regelphase zum Teil nicht nachvollziehbare Ergebnisse berechnet werden.

Tabelle 14 Reduktion der Wärmeverluste durch Nachtabschaltung der Heizung, Varianten A und B

Monatsbilanzverfahren Einfamilienhaus			
Ausgangsgrößen			
Größe/Einheit	Wert Var.-A	Var.-B	Erläuterung
V_e [m³] =	659,76		Bruttovolumen des Gebäudes
V_L [m³] =	501,42		Luftvolumen des Gebäudes (siehe DIN V 4108-6 [7], Tabelle D.3, hier: $0{,}76 \cdot V_e$)
A_N [m²] =	211,12		Nutzfläche des Gebäudes, es gilt: $A_N = 0{,}32 \cdot V_e$
H_T [W/K] =	180,86	227,29	spezifischer Transmissionswärmeverlust des Gebäudes inklusive WB-Zuschlag (siehe Tabelle 10)
H_V [W/K] =	102,29		spezifischer Lüftungswärmeverlust des Gebäudes (n = 0,6 1/h) (siehe Tabelle 11)
$H_{V,Hei}$ [W/K] =	85,24		spezifischer Lüftungswärmeverlust zur Berechnung der Normheizlast (n = 0,5 1/h)
H_{sb} [W/K] =	283,15	329,58	Spezifische Wärmeverluste des Gebäudes ($H_{sb} = H_T + H_V$)
H_W [W/K] =	64,29	79,31	spezifischer Wärmeverlust aller leichten Bauteile (siehe Tabelle 13)
H_{ic} [W/K] =	7986,46		spezifischer Wärmeverlust zw. der Innenluft und den Bauteilen (siehe Tabelle 12)
$C_{wirk,NA}$ [–] =	11652	11779	wirksame Wärmespeicherfähigkeit nach der „3 cm-Regel" (siehe Tabelle 6)
t_u [h] =	7,00		Dauer der Heizunterbrechung in der Nacht (siehe DIN V 4108-6 [7], Tabelle D.3)
θ_e [°C] =	siehe Tabelle 9		durchschnittliche monatliche Außentemperatur (DIN V 4108-6 [7], Tabelle D.5)
θ_{io} [°C] =	19,00		normale Sollinnentemperatur (siehe Tabelle D.3)
θ_{isb} [°C] =	14,00		Mindestsollinnentemperatur (sinnvoll festzulegender Wert)
ϕ_{pp} [W] =	12374	14533	Normheizlast des Wärmeerzeugers für den Auslegungsfall ($1{,}5 \cdot (H_T + H_{V,Hei}) \cdot 31$ K)
ϕ_{rp} [W] =	6187	7266	reduzierte Heizleistung des Wärmeerzeugers in der Regelphase (ca. $0{,}5 \cdot \phi_{pp}$)
θ_{i1} [°C] =	siehe unten		Innentemperatur am Ende der Nichtheizphase, wenn diese Temperatur kleiner als θ_{isb} ist, liegt eine Regelphase mit verminderter Heizlast vor (in diesem Bsp. nicht)
θ_{c1} [°C] =	siehe unten		Bauteiltemperatur am Ende der Nichtheizphase
θ_{c2} [°C] =	siehe unten		Bauteiltemperatur am Ende der Abschaltphase mit oder ohne Regelbetrieb
t_{nh} [h] =	siehe unten		Dauer der Heizunterbrechung bis zum Beginn der Regelphase (hier: $t_{nh} = t_u$, da keine Regelphase eintritt)
t_{sb} [h] =	siehe unten		Dauer der Regelphase (verminderte Beheizung nach Unterschreiten von θ_{isb}, hier: $t_{sb} = 0$, da keine Regelphase eintritt)
t_{bh} [h] =	siehe unten		Dauer der Aufheizphase
θ_{c3} [°C] =	siehe unten		Bauteiltemperatur am Ende der Aufheizphase
ΔQ_{lj} [Wh/d] =	siehe unten		Reduktionswert des Wärmeverlustes je Heizunterbrechungsphase
n_j [1/M] =	siehe unten		Anzahl der Heizunterbrechungsphasen je Monat (hier = Tage je Monat)
Berechnung			
$Q_{l,NA}$ [kWh/M] =	siehe DIN V 4108-6 [7], Anhang C (dort ist der sehr umfangreiche Algorithmus erläutert)		

4.3 Monatsbilanzverfahren

Tabelle 14 Reduktion der Wärmeverluste durch Nachtabschaltung der Heizung, Varianten A und B (Fortsetzung)

Ergebnisse Variante A													
Reduzierung der Wärmeverluste durch Nachtabschaltung $Q_{l,NA}$ [kWh/M]													
Kennwert			Jan.	Feb.	Mrz.	Apr.	Mai	Jun.	Jul.	Aug.	Sep.	Okt.	Nov.	Dez.
θ_{i1}	[°C]	=	15,2	15,6	16,2	17,2	17,9	18,4	18,8	18,9	18,1	17,2	16,4	15,7
θ_{c1}	[°C]	=	15,6	15,9	16,5	17,4	18,0	18,4	18,8	18,9	18,2	17,3	16,6	16,0
θ_{c2}	[°C]	=	15,6	15,9	16,5	17,4	18,0	18,4	18,8	18,9	18,2	17,3	16,6	16,0
t_{nh}	[h]	=	7,0	7,0	7,0	7,0	7,0	7,0	7,0	7,0	7,0	7,0	7,0	7,0
t_{sb}	[h]	=	0,0	0,0	0,0	0,0	0,0	0,0	0,0	0,0	0,0	0,0	0,0	0,0
t_{bh}	[h]	=	3,8	3,0	1,7	0,3	0,0	0,0	0,0	0,0	0,0	0,4	1,6	2,7
θ_{c3}	[°C]	=	17,9	17,8	17,8	17,6	18,0	18,4	18,8	18,9	18,2	17,7	17,7	17,8
ΔQ_{lj}	[Wh/d]	=	5681	4866	3608	2117	1353	732	222	155	1021	2213	3419	4591
n_j	[1/M]	=	31	28	31	30	31	30	31	31	30	31	30	31
$Q_{l,NA}$	[kWh/M]	=	176,1	136,2	111,8	63,5	41,9	22,0	6,9	4,8	30,6	68,6	102,6	142,3
Ergebnisse Variante B														
Reduzierung der Wärmeverluste durch Nachtabschaltung $Q_{l,NA}$ [kWh/M]														
Kennwert			Jan.	Feb.	Mrz.	Apr.	Mai	Jun.	Jul.	Aug.	Sep.	Okt.	Nov.	Dez.
θ_{i1}	[°C]	=	14,7	15,1	15,9	17,0	17,7	18,3	18,8	18,9	18,0	16,9	16,0	15,3
θ_{c1}	[°C]	=	15,1	15,5	16,1	17,2	17,8	18,4	18,8	18,9	18,1	17,1	16,2	15,6
θ_{c2}	[°C]	=	15,1	15,5	16,1	17,2	17,8	18,4	18,8	18,9	18,1	17,1	16,2	15,6
t_{nh}	[h]	=	7,0	7,0	7,0	7,0	7,0	7,0	7,0	7,0	7,0	7,0	7,0	7,0
t_{sb}	[h]	=	0,0	0,0	0,0	0,0	0,0	0,0	0,0	0,0	0,0	0,0	0,0	0,0
t_{bh}	[h]	=	3,6	2,8	1,6	0,2	0,0	0,0	0,0	0,0	0,0	0,3	1,5	2,6
θ_{c3}	[°C]	=	17,6	17,6	17,5	17,4	17,8	18,4	18,8	18,9	18,1	17,4	17,5	17,6
ΔQ_{lj}	[Wh/d]	=	7447	6397	4767	2817	1804	976	296	207	1360	2943	4521	6043
n_j	[1/M]	=	31	28	31	30	31	30	31	31	30	31	30	31
$Q_{l,NA}$	[kWh/M]	=	230,9	179,1	147,8	84,5	55,9	29,3	9,2	6,4	40,8	91,2	135,6	187,3

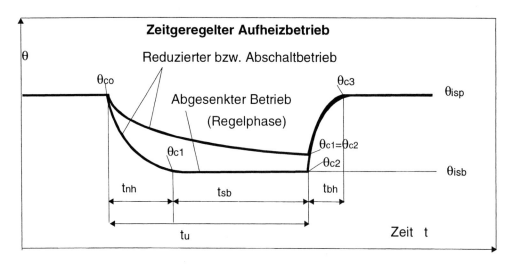

Bild 47 Darstellung der Zeitphasen der Heizunterbrechung aus DIN V 4108-6 [7]

Im vorliegenden Beispiel wurde die Mindestsollinnentemperatur zu $\theta_{isb} = 14°C$ und die verminderte Heizleistung in der Regelphase zu $\Phi_{rp} = 0{,}5 \cdot \Phi_{pp}$ festgelegt. Bei beiden Varianten des Einfamilienhauses tritt keine Regelphase auf, da die festgelegte Mindestsollinnentemperatur von 14°C nicht unterschritten wird. Während der Heizunterbrechung sinken die minimalen Innentemperaturen auf 15,2°C (Variante A) und 14,7°C (Variante B). Damit tritt hier die zuvor erwähnte Problematik nicht auf.

Ebenso wie die Nachtabschaltung vermindern die Strahlungswärmegewinne über opake Bauteile die Wärmeverluste des Gebäudes, das heißt sie werden nicht zu den Wärmegewinnen des Gebäudes addiert, sondern direkt von den Wärmeverlusten subtrahiert. Dabei werden sie mit dem Ausnutzungsgrad $\eta = 1$ in der Bilanz berücksichtigt. Erfaßt man die Strahlungswärmegewinne in der Wärmebilanz des Gebäudes, so sind auch auftretende Strahlungswärmeverluste, wie sie sich in den Wintermonaten durchaus einstellen können, zu berücksichtigen. Diese vergrößern dann die Verluste in diesen Monaten. Aufgrund der in den Wintermonaten auftretenden Strahlungswärmeverluste ist die Reduktion des Heizwärmebedarfs des Gebäudes durch die Strahlungswärmegewinne über opake Bauteile in der Jahresbilanz nur sehr gering (siehe auch Tabelle 43, Parametervariation).

Zusammenstellung der Wärmeverluste des Gebäudes, Varianten A und B

In Tabelle 16 werden alle Wärmeverluste des Gebäudes noch einmal zusammengefaßt und zu monatlichen Gesamtverlusten summiert, wobei die "Wärmegewinne" durch Nachtabschaltung und über opake Bauteile subtrahiert werden. Zur Information sind auch die Jahressummen der einzelnen Anteile und des gesamten Wärmeverlustes angegeben.

4.3 Monatsbilanzverfahren

Tabelle 15 Monatliche solare Strahlungswärmegewinne über opake Bauteile des Einfamilienhauses, Varianten A und B

\multicolumn{3}{c}{Monatsbilanzverfahren Einfamilienhaus}	
\multicolumn{3}{c}{Ausgangsgrößen}	
Größe/Einheit	Wert	Erläuterung
U [W/(m² K)]	= siehe Tabelle 5	Wärmedurchgangskoeffizient
A_j [m²]	= siehe Tabelle 2	Gesamtfläche des Bauteils in der Orientierung j
R_e [m² K/W]	= 0,04	äußerer Wärmedurchlaßwiderstand des Bauteils ($R_e = R_{se}$)
α [–]	= 0,50	Absorptionskoeffizient des Bauteils für Solarstrahlung, siehe DIN V 4108-6 [7]
I_{sj} [W/m²]	= siehe Tabelle 9	globale Sonneneinstrahlung der Orientierung j
F_f [–]	= 0,50	Formfaktor zwischen dem Bauteil und dem Himmel (45°–90°: $F_f = 0,5$)
ε [–]	= 0,80	Emissionsgrad für Wärmestrahlung der Außenfläche
h_r [–] = 5 · ε	= 4,00	äußerer Abstrahlungskoeffizient
$\Delta\theta_{er}$ [K]	= 10,00	mittlere Differenz zwischen der Temperatur der Umgebungsluft und der scheinbaren Temperatur des Himmels (vereinfachte Annahme)
t_M [d/M]	= siehe Tabelle 9	Anzahl der Tage je Monat = Dauer des Berechnungszeitraumes
\multicolumn{3}{c}{Berechnung}	
$Q_{S,op,M}$ [kWh/M]	\multicolumn{2}{l}{= U · A_j · R_e · (α · I_{sj} – F_f · h_r · $\Delta\theta_{er}$) · t_M · 24/1000 = solare Wärmegewinne über opake Bauteile}

Ergebnisse Variante A

monatliche solare Strahlungswärmegewinne über opake Bauteile $Q_{S,op,M}$ [kWh/M]

Bauteil[1]	Jan.	Feb.	Mrz.	Apr.	Mai	Jun.	Jul.	Aug.	Sep.	Okt.	Nov.	Dez.
AW Norden	–6,6	–3,9	–1,5	5,9	10,3	14,4	15,1	7,6	2,0	–1,8	–5,4	–7,6
AW Osten	–3,3	–0,6	2,8	17,9	19,8	23,2	25,2	16,3	10,5	2,4	–2,5	–5,4
AW Süden	3,9	4,6	9,8	23,0	19,3	21,3	23,2	17,6	17,8	10,0	3,3	–1,7
AW Westen	–3,2	–0,6	2,7	17,3	19,2	22,4	24,4	15,8	10,2	2,3	–2,4	–5,3
Tür Norden	–3,7	–2,2	–0,9	3,3	5,9	8,2	8,6	4,3	1,1	–1,0	–3,1	–4,3
Summe	–12,9	–2,7	12,9	67,4	74,5	89,5	96,5	61,6	41,6	11,9	–10,1	–24,3

Ergebnisse Variante B

monatliche solare Strahlungswärmegewinne über opake Bauteile $Q_{S,op,M}$ [kWh/M]

Bauteil[1]	Jan.	Feb.	Mrz.	Apr.	Mai	Jun.	Jul.	Aug.	Sep.	Okt.	Nov.	Dez.
AW Norden	–9,0	–5,3	–2,1	8,0	14,1	19,7	20,7	10,3	2,7	–2,4	–7,3	–10,3
AW Osten	–4,5	–0,8	3,9	24,5	27,1	31,7	34,5	22,3	14,4	3,3	–3,5	–7,4
AW Süden	5,4	6,3	13,4	31,4	26,4	29,1	31,8	24,1	24,3	13,7	4,5	–2,3
AW Westen	–4,3	–0,8	3,7	23,7	26,2	30,5	33,4	21,6	13,9	3,2	–3,3	–7,2
Tür Norden	–3,7	–2,2	–0,9	3,3	5,9	8,2	8,6	4,3	1,1	–1,0	–3,1	–4,3
Summe	–16,1	–2,8	18,0	90,9	99,7	119,4	129,0	82,6	56,4	16,8	–12,7	–31,5

[1] im Bereich der Dachflächen werden keine solaren Wärmegewinne über opake Bauteile ermittelt, da hier eine Hinterlüftung vorliegt und die Berechnungsansätze gemäß DIN V 4108-6 [7] nicht genau zutreffen;

Tabelle 16 Ermittlung der monatlichen Wärmeverluste, Varianten A und B

Monatsbilanzverfahren Einfamilienhaus			
Ausgangsgrößen			
Größe/Einheit	Wert Var.-A	Var.-B	Erläuterung
$H_{T,o.WB}$ [W/K] =	158,62	205,05	spezifischer Transmissionswärmeverlust des Gebäudes ohne WB-Zuschlag
$H_{T,WB}$ [W/K] =	22,24		spezifischer Transmissionswärmeverlust des Gebäudes infolge Wärmebrücken
H_V [W/K] =	102,29		spezifischer Lüftungswärmeverlust des Gebäudes (n = 0,6 1/h mit n_{50} < 3,0 1/h)
θ_e [°C] =	siehe Tabelle 9		durchschnittliche monatliche Außentemperatur (DIN V 4108-6 [7], Tabelle D.5)
θ_i [°C] =	19,00		Innentemperatur siehe Tabelle 9 (aus DIN V 4108-6 [7], Tabelle D.3)
t_M [d/M] =	siehe Tabelle 9		Anzahl der Tage je Monat
$Q_{T,o.WB,M}$ [kWh/M] =	siehe unten		monatlicher Transmissionswärmeverl. ohne Berücksichtigung der Verluste durch Wärmebrücken, es gilt: $Q_{T,o.WB,M}$ [kWh/M] = $H_{T,o.WB} \cdot (\theta_i - \theta_e) \cdot t_M \cdot 24/1000$
$Q_{T,WB,M}$ [kWh/M] =	siehe unten		monatlicher Transmissionswärmeverlust infolge der Verluste durch Wärmebrücken, es gilt: $Q_{T,WB,M}$ [kWh/M] = $H_{T,WB} \cdot (\theta_i - \theta_e) \cdot t_M \cdot 24/1000$
$Q_{V,M}$ [kWh/M] =	siehe unten		monatlicher Lüftungswärmeverlust, es gilt: $Q_{V,M}$ [kWh/M] = $H_V \cdot (\theta_i - \theta_e) \cdot t_M \cdot 24/1000$
$Q_{NA,M}$ [kWh/M] =	siehe Tabelle 14		monatliche Reduzierung der Wärmeverluste durch Nachtabschaltung
$Q_{S,op,M}$ [kWh/M] =	siehe Tabelle 15		monatliche solare Wärmegewinne über opake Bauteile
Berechnung			
$Q_{T,o.WB,M}$ [kWh/M] = $H_{T,o.WB} \cdot (\theta_i - \theta_e) \cdot t_M \cdot 24/1000$			
$Q_{T,WB,M}$ [kWh/M] = $H_{T,WB} \cdot (\theta_i - \theta_e) \cdot t_M \cdot 24/1000$			
$Q_{V,M}$ [kWh/M] = $H_V \cdot (\theta_i - \theta_e) \cdot t_M \cdot 24/1000$			
$Q_{l,M}$ [kWh/M] = $Q_{T,o.WB,M} + Q_{T,WB,M} + Q_{V,M} - Q_{NA,M} - Q_{S,op,M}$ = monatliche Wärmeverluste			
Ergebnisse Variante A			
Ermittlung der monatlichen Wärmeverluste unter Berücksichtigung der Gutschriften infolge Nachtabschaltung und solarer Wärmegewinne über opake Bauteile $Q_{l,M}$ [kWh/M]			

Monat	$Q_{T,o.WB,M}$ [kWh/M]	$Q_{T,WB,M}$ [kWh/M]	$Q_{V,M}$ [kWh/M]	$Q_{NA,M}$ [kWh/M]	$Q_{S,op,M}$ [kWh/M]	$Q_{l,M}$ [kWh/M]
Januar	2395,7	335,9	1544,9	176,1	−12,9	4113,3
Februar	1961,3	275,0	1264,8	136,2	−2,7	3367,6
März	1758,4	246,5	1133,9	111,8	12,9	3014,1
April	1085,0	152,1	699,7	63,5	67,4	1805,9
Mai	719,5	100,9	464,2	41,9	74,5	1168,6
Juni	376,9	52,8	243,0	22,0	89,5	561,2
Juli	118,0	16,5	76,1	6,9	96,5	107,2

4.3 Monatsbilanzverfahren

Tabelle 16 Ermittlung der monatlichen Wärmeverluste, Varianten A und B (Fortsetzung)

Monat	$Q_{T,o.WB,M}$ [kWh/M]	$Q_{T,WB,M}$ [kWh/M]	$Q_{V,M}$ [kWh/M]	$Q_{NA,M}$ [kWh/M]	$Q_{S,op,M}$ [kWh/M]	$Q_{l,M}$ [kWh/M]
August	82,6	11,6	53,3	4,8	61,6	81,1
September	525,3	73,7	338,8	30,6	41,6	865,6
Oktober	1168,3	163,8	753,4	68,6	11,9	2005,0
November	1633,2	229,0	1053,2	102,6	−10,1	2822,9
Dezember	2088,8	292,9	1347,0	142,3	−24,3	3610,7
	$Q_{T,o.WB}$ [kWh/a]	$Q_{T,WB}$ [kWh/a]	Q_V [kWh/a]	Q_{NA} [kWh/a]	$Q_{S,op}$ [kWh/a]	Q_l [kWh/a]
Jahreswerte	13913,4	1950,7	8972,3	907,3	405,9	23523,2
	Ergebnisse Variante B					
	Ermittlung der monatlichen Wärmeverluste unter Berücksichtigung der Gutschriften infolge Nachtabschaltung und solarer Wärmegewinne über opake Bauteile $Q_{l,M}$ [kWh/M]					
Monat	$Q_{T,o.WB,M}$ [kWh/M]	$Q_{T,WB,M}$ [kWh/M]	$Q_{V,M}$ [kWh/M]	$Q_{NA,M}$ [kWh/M]	$Q_{S,op,M}$ [kWh/M]	$Q_{l,M}$ [kWh/M]
Januar	3096,9	335,9	1544,9	230,9	−16,1	4762,9
Februar	2535,4	275,0	1264,8	179,1	−2,8	3898,9
März	2273,1	246,5	1133,9	147,8	18,0	3487,7
April	1402,5	152,1	699,7	84,5	90,9	2078,9
Mai	930,6	100,9	464,2	55,9	99,7	1340,1
Juni	487,2	52,8	243,0	29,3	119,4	634,3
Juli	152,6	16,5	76,1	9,2	129,0	107,0
August	106,8	11,6	53,3	6,4	82,6	82,7
September	679,1	73,7	338,8	40,8	56,4	994,4
Oktober	1510,3	163,8	753,4	91,2	16,8	2319,5
November	2111,2	229,0	1053,2	135,6	−12,7	3270,5
Dezember	2700,3	292,9	1347,0	187,3	−31,5	4184,4
	$Q_{T,o.WB}$ [kWh/a]	$Q_{T,WB}$ [kWh/a]	Q_V [kWh/a]	Q_{NA} [kWh/a]	$Q_{S,op}$ [kWh/a]	Q_l [kWh/a]
Jahreswerte	17986,0	1950,7	8972,3	1198,0	549,7	27161,3

4.3.3 Brutto-Wärmegewinne des Einfamilienhauses für die Varianten A und B

Zunächst werden die internen (Tabelle 17) und die solaren Wärmegewinne (Tabelle 18) über transparente Bauteile ermittelt. Da das Gebäude nicht mit transparenter Wärmedämmung oder einem Wintergarten versehen ist, werden keine Wärmegewinne durch solche Bauteile erzielt. Die einzelnen Bruttowärmegewinne werden in Tabelle 19 zusammengefaßt.

4.3.4 Ermittlung des Heizwärmebedarfs für das Gebäude, Varianten A und B

Aus den monatlichen Wärmeverlusten und den Bruttowärmegewinnen wird in Tabelle 20 der monatliche und der jährliche Heizwärmebedarf des Einfamilienhauses ermittelt. Die Werte in Tabelle 19 beziffern die monatlichen Bruttowärmegewinne $Q_{g,bru,M}$ des Gebäudes. Diese sind mit dem Ausnutzungsgrad η zu multiplizieren, um die nutzbaren monatlichen Wärmegewinne $Q_{g,net,M}$ des Gebäudes zu berechnen. In Tabelle 20 wird deutlich, daß in den Wintermonaten fast alle Wärmegewinne nutzbar sind, während in der Übergangsphase und im Sommer nur ein Teil der Wärmegewinne nutzbar ist. Die übrige Wärme muß insbesondere in den Sommermonaten durch Lüften abgeführt werden, um ein Überhitzen des Gebäudes zu vermeiden. Die Wärmeverluste sowie deren Deckung durch die nutzbaren Wärmegewinne und den Heizwärmebedarf des Gebäudes sind für beide Varianten in Bild 48 monatsweise dargestellt. Dort ist deutlich zu erkennen, daß die größten nutzbaren Wärmegewinne in den Übergangsmonaten auftreten, da in dieser Zeit schon höhere solare Wärmegewinne als im Winter erzielt werden und zugleich noch erhebliche Wärmeverluste infolge Transmission und Lüftung entstehen.

Tabelle 17 Monatliche interne Wärmegewinne des Einfamilienhauses, Varianten A und B

Monatsbilanzverfahren Einfamilienhaus											
Ausgangsgrößen											
Größe/Einheit		Wert		Erläuterung							
V_e [m³]	=	659,76		Bruttovolumen des Gebäudes								
A_N [m²]	=	211,12		Nutzfläche des Gebäudes (A_N = 0,32 · V_e)								
q_i [W/m²]	=	5,00		Interne Wärmeleistung in Gebäuden gemäß DIN V 4108-6 [7], Tabelle D.3, hier für ein Wohngebäude								
t_M [d/M]	=	siehe Tabelle 9		Anzahl der Tage je Monat = Dauer des Berechnungszeitraumes								
Berechnung											
$Q_{i,M}$ [kWh/M] = A_N · q_i · t_M · 24/1000 = interne Wärmegewinne											
Ergebnisse Varianten A und B											
	monatliche interne Wärmegewinne des Gebäudes $Q_{i,M}$ [kWh/M]										
	Jan.	Feb.	Mrz.	Apr.	Mai	Jun.	Jul.	Aug.	Sep.	Okt.	Nov.	Dez.
Monatswerte	785,4	709,4	785,4	760,0	785,4	760,0	785,4	785,4	760,0	785,4	760,0	785,4

Tabelle 18 Monatliche solare Wärmegewinne über transparente Bauteile des Einfamilienhauses, Varianten A und B

Monatsbilanzverfahren Einfamilienhaus													
Ausgangsgrößen													
Größe/Einheit		Wert		Erläuterung									
A_j	[m²]	= siehe Tabelle 2		Bruttofläche eines verglasten Teiles der Gebäudehülle in der Orientierung j									
F_F	[–]	= 0,70		Abminderungsfaktor für den Rahmenanteil									
F_C	[–]	= 1,00		Abminderungsfaktor für Sonnenschutzvorrichtung									
F_S	[–]	= 0,90		Abminderungsfaktor für Verschattung									
A_{Sj}	[m²]	= $A_j \cdot F_F \cdot F_C \cdot F_S$		Kollektorfläche eines verglasten Teiles der Gebäudehülle in der Orientierung j, hier gilt: A_{Sj} [m²] = $A_j \cdot 0{,}63$									
F_W	[–]	= 0,90		Abminderungsfaktor für nicht senkrechten Strahlungseinfall									
$g_\perp$	[–]	= 0,60		Gesamtenergiedurchlaßgrad bei senkrechtem Strahlungseinfall									
g	[–]	= $F_W \cdot g_\perp$		wirksamer Gesamtenergiedurchlaßgrad									
I_{sj}	[W/m²]	= siehe Tabelle 9		globale Sonneneinstrahlung der Orientierung j									
t_M	[d/M]	= siehe Tabelle 9		Anzahl der Tage je Monat = Dauer des Berechnungszeitraumes									
Berechnung													
$Q_{S,tra,M}$ [kWh/M] = $A_j \cdot F_F \cdot F_C \cdot F_S \cdot F_W \cdot g_\perp \cdot I_{sj} \cdot t_M \cdot 24/1000$ = $A_j \cdot 0{,}567 \cdot 0{,}6 \cdot I_{sj} \cdot t_M \cdot 24/1000$													
Ergebnisse Varianten A und B													
	monatliche solare Wärmegewinne über transparente Bauteile $Q_{S,tra,M}$ [kWh/M]												
Bauteil	Jan.	Feb.	Mrz.	Apr.	Mai	Jun.	Jul.	Aug.	Sep.	Okt.	Nov.	Dez.	
Fen. Norden, 90°	10,5	15,6	25,6	46,6	60,9	72,0	75,2	52,6	34,9	24,8	13,1	7,5	
Fen. Osten, 90°	60,9	81,4	129,1	294,5	319,0	353,5	379,8	280,0	212,1	124,2	66,0	36,5	
Fen. Süden, 90°	122,5	120,5	174,9	289,9	260,2	275,1	295,2	244,9	243,4	177,1	114,3	72,2	
Fen. Westen, 90°	70,6	94,4	149,7	341,7	370,0	410,0	440,7	324,8	246,0	144,1	76,5	42,4	
Fen. Norden, 36°	12,7	19,4	33,2	76,9	104,3	127,8	129,9	85,0	50,4	30,7	15,8	9,5	
Fen. Süden, 36°	34,6	40,1	64,7	130,4	134,6	152,0	158,9	118,4	98,4	61,3	35,5	20,9	
Summe	311,8	371,4	577,2	1180,0	1249,0	1390,4	1479,7	1105,7	885,2	562,2	321,2	189,0	

Tabelle 19 Ermittlung der monatlichen Bruttowärmegewinne, Varianten A und B

Monatsbilanzverfahren Einfamilienhaus		
Ausgangsgrößen		
Größe/Einheit	Wert	Erläuterung
$Q_{I,M}$ [kWh/M]	= siehe Tabelle 17	monatliche interne Wärmegewinne
$Q_{S,tra,M}$ [kWh/M]	= siehe Tabelle 18	monatliche solare Wärmegewinne durch transparente Bauteile
$Q_{S,WG,M}$ [kWh/M] =	–	monatliche solare Wärmegewinne über unbeheizte Glasvorbauten
$Q_{S,TWD,M}$ [kWh/M] =	–	monatliche solare Wärmegewinne über transparente Wärmedämmung
Berechnung		
$Q_{g,bru,M}$ [kWh/M] = $Q_{I,M}$ + $Q_{S,tra,M}$ + $Q_{S,WG,M}$ + $Q_{S,TWD,M}$ = monatliche Bruttowärmegewinne		
Ergebnisse Varianten A und B		
Ermittlung der monatlichen Bruttowärmegewinne $Q_{g,bru,M}$ [kWh/M]		

Monat	$Q_{I,M}$ [kWh/M]	$Q_{S,tra,M}$ [kWh/M]	$Q_{S,WG,M}$ [kWh/M]	$Q_{S,TWD,M}$ [kWh/M]	$Q_{g,bru,M}$ [kWh/M]
Januar	785,4	311,8	0,0	0,0	1097,2
Februar	709,4	371,4	0,0	0,0	1080,8
März	785,4	577,2	0,0	0,0	1362,6
April	760,0	1180,0	0,0	0,0	1940,0
Mai	785,4	1249,0	0,0	0,0	2034,4
Juni	760,0	1390,4	0,0	0,0	2150,4
Juli	785,4	1479,7	0,0	0,0	2265,1
August	785,4	1105,7	0,0	0,0	1891,1
September	760,0	885,2	0,0	0,0	1645,2
Oktober	785,4	562,2	0,0	0,0	1347,6
November	760,0	321,2	0,0	0,0	1081,2
Dezember	785,4	189,0	0,0	0,0	974,4
	Q_I [kWh/a]	$Q_{S,tra}$ [kWh/a]	$Q_{S,WG}$ [kWh/a]	$Q_{S,TWD}$ [kWh/a]	$Q_{g,bru}$ [kWh/a]
Bruttojahreswerte	9247,2	9622,8	0,0	0,0	18870,0

4.3 Monatsbilanzverfahren

Tabelle 20 Zusammenstellung des monatlichen und jährlichen Heizwärmebedarfs, Varianten A und B

Monatsbilanzverfahren Einfamilienhaus			
Ausgangsgrößen			
Größe/Einheit	Wert Var.-A	Var.-B	Erläuterung
$Q_{g,bru,M}$ [kWh/M]	= siehe Tabelle 19		monatl. Bruttowärmegewinne: $Q_{g,bru,M}$ [kWh/M] = $Q_{i,M} + Q_{S,tra,M} + Q_{S,WG,M} + Q_{S,TWD,M}$
$Q_{l,M}$ [kWh/M]	= siehe Tabelle 16		monatl. Wärmeverluste: $Q_{l,M}$ [kWh/M] = $Q_{T,o.WB,M} + Q_{T,WB,M} + Q_{V,M} - Q_{NA,M} - Q_{S,op,M}$
γ [–]	= siehe unten		Wärmegewinn-/Wärmeverlustverhältnis des Gebäudes: γ [–] = $Q_{g,bru,M}/Q_{l,M}$
$C_{wirk,\eta}$ [Wh/K]	= 28798	29368	wirksame Wärmespeicherfähigkeit nach der „10 cm-Regel", siehe Tabelle 6
H_T [W/K]	= 180,86	227,29	spezifischer Transmissionswärmeverlust des Gebäudes, siehe Tabelle 10
H_V [W/K]	= 102,29		spezifischer Lüftungswärmeverlust des Gebäudes (n = 0,6 1/h), siehe Tabelle 11
H [W/K]	= 283,15	329,58	spezifische Wärmeverluste des Gebäudes, es gilt: H [W/K] = $H_T + H_V$
τ [h]	= 101,71	89,11	Zeitkonstante, es gilt: τ [h] = $C_{wirk,\eta}/H$
a_0 [–]	= 1,00		Parameter zur Berechnung des numerischen Parameters a
$τ_0$ [h]	= 16,00		Parameter zur Berechnung des numerischen Parameters a
a [–]	= 7,36	6,57	Parameter zur Berechnung des Ausnutzungsgrades η: a = $a_0 + τ/τ_0$
η [–]	= siehe unten		Ausnutzungsgrad der internen Wärmegewinne, es gilt für γ ≠ 1: η = $(1 - γ^a)/(1 - γ^{a+1})$ es gilt für γ = 1: η = a/(a + 1)
$Q_{g,net,M}$ [kWh/M]	= siehe unten		monatl. Nettowärmegewinne: $Q_{g,net,M}$ [kWh/M] = η · $Q_{g,bru,M}$
Berechnung			
$Q_{h,M}$ [kWh/M]	= $Q_{l,M} - Q_{g,net,M}$ = $Q_{l,M}$ − η · $Q_{g,bru,M}$ = monatlicher Heizwärmebedarf		

Ergebnisse Variante A

Ermittlung des monatlichen Heizwärmebedarfs $Q_{h,M}$ [kWh/M]

Monat	$Q_{g,bru,M}$ [kWh/M]	$Q_{l,M}$ [kWh/M]	γ [–]	η [–]	$Q_{g,net,M}$ [kWh/M]	$Q_{h,M}$ [kWh/M]
Januar	1097,2	4113,3	0,2667	0,99996	1097,2	3016,1
Februar	1080,8	3367,6	0,3209	0,99984	1080,6	2287,0
März	1362,6	3014,1	0,4521	0,99841	1360,5	1653,6
April	1940,0	1805,9	1,0743	0,84656	1642,3	163,6
Mai	2034,4	1168,6	1,7409	0,57024	1160,1	8,5
Juni	2150,4	561,2	3,8318	0,26096	561,1	0,1
Juli	2265,1	107,2	21,1297	0,04733	107,2	0,0
August	1891,1	81,1	23,3181	0,04289	81,1	0,0

Tabelle 20 Zusammenstellung des monatlichen und jährlichen Heizwärmebedarfs, Varianten A und B (Fortsetzung)

	Ergebnisse Variante A					
	Ermittlung des monatlichen Heizwärmebedarfs $Q_{h,M}$ [kWh/M]					
Monat	$Q_{g,bru,M}$ [kWh/M]	$Q_{l,M}$ [kWh/M]	γ [-]	η [-]	$Q_{g,net,M}$ [kWh/M]	$Q_{h,M}$ [kWh/M]
September	1645,2	865,6	1,9006	0,52393	862,0	3,6
Oktober	1347,6	2005,0	0,6721	0,98174	1323,0	682,0
November	1081,2	2822,9	0,3830	0,99947	1080,6	1742,3
Dezember	974,4	3610,7	0,2699	0,99995	974,4	2636,3
	$Q_{g,bru}$ [kWh/a]	Q_l [kWh/a]	γ [-]	η [-]	$Q_{g,net}$ [kWh/a]	Q_h [kWh/a]
Jahreswerte	18870,0	23523,2	–	–	11330,1	12193,1
	Ergebnisse Variante B					
	Ermittlung des monatlichen Heizwärmebedarfs $Q_{h,M}$ [kWh/M]					
Monat	$Q_{g,bru,M}$ [kWh/M]	$Q_{l,M}$ [kWh/M]	γ [-]	η [-]	$Q_{g,net,M}$ [kWh/M]	$Q_{h,M}$ [kWh/M]
Januar	1097,2	4762,9	0,2304	0,99995	1097,2	3665,7
Februar	1080,8	3898,9	0,2772	0,99984	1080,6	2818,3
März	1362,6	3487,7	0,3907	0,99873	1360,9	2126,8
April	1940,0	2078,9	0,9332	0,89591	1738,1	340,8
Mai	2034,4	1340,1	1,5181	0,64360	1309,4	30,7
Juni	2150,4	634,3	3,3902	0,29490	634,1	0,2
Juli	2265,1	107,0	21,1692	0,04724	107,0	0,0
August	1891,1	82,7	22,8670	0,04373	82,7	0,0
September	1645,2	994,4	1,6545	0,59547	979,7	14,7
Oktober	1347,6	2319,5	0,5810	0,98798	1331,4	988,1
November	1081,2	3270,5	0,3306	0,99953	1080,6	2189,9
Dezember	974,4	4184,4	0,2329	0,99995	974,4	3210,0
	$Q_{g,bru}$ [kWh/a]	Q_l [kWh/a]	γ [-]	η [-]	$Q_{g,net}$ [kWh/a]	Q_h [kWh/a]
Jahreswerte	18870,0	27161,3	–	–	11776,1	15385,2

4.3 Monatsbilanzverfahren

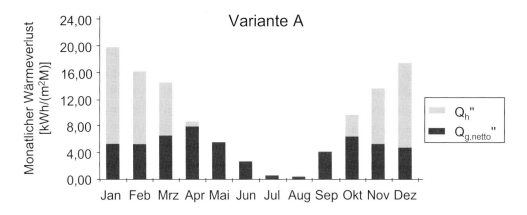

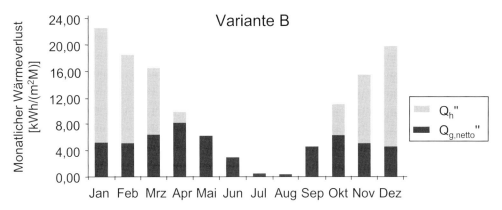

Bild 48 Monatsweise Darstellung der Wärmeverluste sowie deren Deckung durch die nutzbaren Wärmegewinne und den Heizwärmebedarf des Gebäudes, Varianten A und B

In Bild 49 ist die Wärmebilanz des Gebäudes für die Varianten A und B jeweils in Form dreier Balken dargestellt. Im ersten Balken sind die Wärmeverluste angetragen. Der zweite Balken gibt die Reduktion der Wärmeverluste infolge der Nachtabschaltung und der Strahlungswärmegewinne über opake Bauteile an. Der dritte Balken schließlich zeigt die Größe der solaren und internen Nettowärmegewinne, die ebenfalls die Verluste reduzieren sowie den erforderlichen Heizwärmebedarf zur Beheizung des Gebäudes.

Mit der Ermittlung des Jahres-Heizwärmebedarfs ist der bauliche Teil des Energieeinsparungsnachweises abgeschlossen. Nun ist noch die Bewertung der Anlagentechnik des Gebäudes nach DIN V 4701-10 [8] durchzuführen, um den Primärenergiebedarf zu ermitteln und den Nachweis sowohl für den baulichen Wärmeschutz mit dem Kennwert H_T', als auch den Primärenergiebedarf mit dem Kennwert Q_P'' zu führen (siehe Kapitel 4.3.6 Tabelle 28).

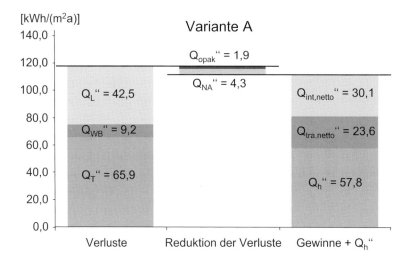

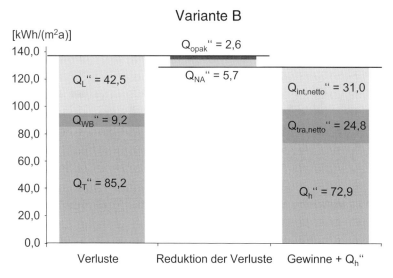

Bild 49 Wärmebilanz der Varianten A und B: Wärmeverluste, Reduktion der Wärmeverluste durch Nachtabschaltung und Strahlungswärmegewinne über opake Bauteile sowie Wärmegewinne inklusive des erforderlichen Heizwärmebedarfs

4.3.5 Anlagentechnik

Die Bewertung der Anlagentechnik erfolgt für die Grundvarianten A und B mit dem Tabellenverfahren. Dabei wird die Anlagentechnik so ausgelegt, daß der Nachweis nach EnEV [5] gerade so erfüllt wird. In Tabelle 21 sind die Anlagen für beide Varianten kurz beschrieben. Diese Beschreibung findet sich in Kurzform auch im Tabellenblatt Anlagenbewertung zu den beiden Varianten.

Tabelle 21 Beschreibung der Anlagentechnik, Varianten A und B

Monatsbilanzverfahren Einfamilienhaus		
Anlagentechnik Variante A		
Anlagenteil	Verluste bei	Angaben
Trinkwasser	Übergabe	– keine Übergabeverluste
	Verteilung	– innerhalb der thermischen Hülle, mit Zirkulation
	Speicherung	– indirekt beheizter Speicher, Aufstellung innerhalb der thermischen Hülle
	Erzeugung	– Gas-Niedertemperatur-Kessel, Auslegungstemp. 70/55 °C, Aufstellung innerhalb der thermischen Hülle
Lüftung	–	– keine Lüftungsanlage eingebaut
Heizung	Übergabe	– Heizkörper überwiegend an AW angeordnet, Thermostatregelventile: 2 K
	Verteilung	– innerhalb der thermischen Hülle, Pumpe ungeregelt
	Speicherung	– keine Speicherung der Heizwärme
	Erzeugung	– Gas-Niedertemperatur-Kessel, Auslegungstemp. 70/55 °C, Aufstellung innerhalb der thermischen Hülle
Anlagentechnik Variante B		
Anlagenteil	Verluste bei	Angaben
Trinkwasser	Übergabe	– keine Übergabeverluste
	Verteilung	– innerhalb der thermischen Hülle, ohne Zirkulation
	Speicherung	– indirekt beheizter Speicher, Aufstellung innerhalb der thermischen Hülle
	Erzeugung	– Gas-Brennwert-Kessel, Auslegungstemp. 55/45 °C, Aufstellung innerhalb
Lüftung	–	– keine Lüftungsanlage eingebaut
Heizung	Übergabe	– Heizkörper überwiegend an AW angeordnet, Thermostatregelventile: 1 K
	Verteilung	– innerhalb der thermischen Hülle, Pumpe geregelt
	Speicherung	– keine Speicherung der Heizwärme
	Erzeugung	– Gas-Brennwert-Kessel, Auslegungstemp. 55/45 °C, Aufstellung innerhalb

Aus Tabelle 21 wird deutlich, daß die Anlagentechnik für die schlechter wärmegedämmte Variante B gegenüber der Variante A wesentlich verbessert wurde. Anstatt eines Niedertemperaturkessels mit den Auslegungstemperaturen 70/55°C wird ein Brennwertkessel mit den Auslegungstemperaturen 55/45°C eingebaut, die Thermostatregelung der Heizkörper wird verbessert, geregelte Pumpen werden verwendet und die Trinkwasserversorgung wird ohne Zirkulation vorgesehen, was energetisch günstiger ist. Die beiden oben jeweils paarweise angegebenen Temperaturwerte bezeichnen die maximal sich einstellenden Vor- und Rücklauftemperaturen im Auslegungsfall, das heißt bei voller Heizleistung des Kessels.

Die Auswertung der Anlagentechnik erfolgt für Variante A in den Tabellen 22 bis 24, für Variante B in den Tabellen 25 bis 27.

Tabelle 22 Energiebedarf für die Trinkwassererwärmung im Einfamilienhaus, Variante A

Tabellenverfahren (nach DIN V 4701-10 [8]) Einfamilienhaus, Variante A					
Trinkwassererwärmung					
Ausgangsgrößen					
A_N [m²]	=	211,12	aus DIN V 4108-6 [7], es gilt: $A_N = 0,32 \cdot V_e$	Bereich:	1
q_{tw} [kWh/(m²a)]	=	12,50	Trinkwasserwärmebedarf nach EnEV [5]	TW-Strang:	1
Q_{tw} [kWh/a]	=	2639,00	Trinkwasserwärmebedarf: $Q_{tw} = q_{tw} \cdot A_N$		

Wärme (WE)

Nr.	Größe	Berechnung/Quelle	Dimension	Werte			
1	q_{tw}	aus EnEV	[kWh/(m²a)]		12,50		
2	$q_{TW,ce}$	Tab. C.1.1.	[kWh/(m²a)]		0,00		Heizwärmegutschriften [kWh/(m²a)]
3	$q_{TW,d}$	Tab. C.1.2a bzw. C.1.2c	[kWh/(m²a)]	+	8,59		$q_{h,TW,d}$ = 3,86 Tab. C.1.2a
4	$q_{TW,s}$	Tab. C.1.3a	[kWh/(m²a)]		3,01		$q_{h,TW,s}$ = 1,36 Tab. C.1.3a
5	Σq_{TW}	(1 + 2 + 3 + 4)	[kWh/(m²a)]		24,10		$q_{h,TW}$ = 5,22 $\Sigma q_{h,TW,d} + q_{h,TW,s}$

				Erzeuger 1	Erzeuger 2	Erzeuger 3	
6	$\alpha_{TW,g}$	Tab. C.1.4a	[-]	1,00	-	-	
7	$e_{TW,g}$	Tab. C.1.4b,c,d,e oder f	[-]	1,18	-	-	
8	$q_{TW,E}$	$(5 \cdot (6_i \cdot 7_i))$	[kWh/(m²a)]	28,44	-	-	28,44 kWh/(m²a) Endenergie
9	f_{Pi}	Tab. C.4.1	[-]	1,10	-	-	
10	$q_{TW,P}$	$(8_i \cdot 9_i)$	[kWh/(m²a)]	31,28	-	-	31,28 kWh/(m²a) Primärenergie

Hilfsenergie (HE)

Nr.	Größe	Berechnung / Quelle	Dimension	Werte			
11	$q_{TW,ce,HE}$	Tab. C.1.1	[kWh/(m²a)]		0,00		
12	$q_{TW,d,HE}$	Tab. C.1.2b	[kWh/(m²a)]	+	0,64		
13	$q_{TW,s,HE}$	Tab. C.1.3b	[kWh/(m²a)]		0,07		

				Erzeuger 1	Erzeuger 2	Erzeuger 3	
14	$\alpha_{TW,g}$	Tab. C.1.4a	[-]	1,00	-	-	
15	$q_{TW,g,HE}$	Tab. C.1.4b,c,d,e oder f	[kWh/(m²a)]	0,21	-	-	
16		$(14_i \cdot 15_i)$	[kWh/(m²a)]	0,21	-	-	

17	$\Sigma q_{TW,HE,E}$	(11 + 12 + 13 + Σ 16)	[kWh/(m²a)]		0,92		0,92 kWh/(m²a) Endenergie
18	f_P	Tab. C.4.1	[-]		3,00		
19	$\Sigma q_{TW,HE,P}$	$(17 \cdot 18)$	[kWh/(m²a)]		2,76		2,76 kWh/(m²a) Primärenergie

Ergebnisse

20	$Q_{TW,E} = \Sigma q_{TW,E} \cdot A_N$	$= (8 \cdot A_N)$	= 6004,3 kWh/a	Endenergie	(Wärme)
21	$\Sigma q_{TW,HE,E} \cdot A_N$	$= (17 \cdot A_N)$	= 194,2 kWh/a	Endenergie	(Hilfsenergie)
22	$Q_{TW,P} = \Sigma (q_{TW,P} + q_{TW,HE,P}) \cdot A_N$	$= (10 + 19) \cdot A_N$	= 7186,5 kWh/a	Primärenergie	

4.3 Monatsbilanzverfahren

Tabelle 23 Energiebedarf für die Beheizung des Einfamilienhauses, Variante A

Tabellenverfahren (nach DIN V 4701-10 [8]) Einfamilienhaus, Variante A							
Heizung							
Ausgangsgrößen							
A_N [m²]	=	211,12	DIN V 4108-6 [7], es gilt: $A_N = 0{,}32 \cdot V_e$			Bereich:	1
q_h [kWh/(m²a)]	=	57,75	Heizwärmebedarf nach DIN V 4108-6 [7]			Heiz-Strang:	1
Q_h [kWh/a]	=	12193,1	Heizwärmebedarf: $Q_h = q_h \cdot A_N$				
Wärme (WE)							
Nr.	Größe	Berechnung/Quelle	Dimension	Werte			
1	q_h	nach Abschnitt 4.1	[kWh/(m²a)]		57,75		
2	$q_{h,TW}$	aus Ber.-blatt TW-Erw.	[kWh/(m²a)]	−	5,22		
3	$q_{h,L}$	aus Ber.-blatt Lüftung	[kWh/(m²a)]		0,00		
4	q_{ce}	Tab. C.3.1	[kWh/(m²a)]		3,30		
5	q_d	Tab. C.3.2a, b oder d	[kWh/(m²a)]	+	2,28		
6	q_s	Tab. C.3.3	[kWh/(m²a)]		0,00		
7	Σ	(1 − 2 − 3 + 4 + 5 + 6)	[kWh/(m²a)]		58,11		
				Erzeuger 1	Erzeuger 2	Erzeuger 3	
8	α_g	Tab. C.3.4a	[−]	1,00	−	−	
9	e_g	Tab. C.3.4b,c,d oder e	[−]	1,08	−	−	
10	q_E	$(7 \cdot (8_i \cdot 9_i))$	[kWh/(m²a)]	62,76	−	−	62,76 kWh/(m²a) Endenergie
11	f_P	Tab. C.4.1	[−]	1,10			
12	q_P	$(10_i \cdot 11_i)$	[kWh/(m²a)]	69,04	−	−	69,04 kWh/(m²a) Primärenergie
Hilfsenergie (HE)							
Nr.	Größe	Berechnung / Quelle	Dimension	Werte			
13	$q_{ce,HE}$	Tab. C.3.1	[kWh/(m²a)]		0,00		
14	$q_{d,HE}$	Tab. C.3.2c	[kWh/(m²a)]	+	1,20		
15	$q_{s,HE}$	Tab. C.3.3	[kWh/(m²a)]		0,00		
				Erzeuger 1	Erzeuger 2	Erzeuger 3	
16	α_g	Tab. C.3.4a	[−]	1,00	−	−	
17	$q_{g,HE}$	Tab. C.3.4b-e	[kWh/(m²a)]	0,57	−	−	
18		$(16_i \cdot 17_i)$		0,57	−	−	
19	$\Sigma q_{HE,E}$	$(13 + 14 + 15 + \Sigma (18_i))$	[kWh/(m²a)]		1,77		1,77 kWh/(m²a) Endenergie
20	f_P	Tab. C.4.1	[−]		3,00		
21	$\Sigma q_{HE,P}$	$(19 \cdot 20)$	[kWh/(m²a)]		5,31		5,31 kWh/(m²a) Primärenergie
Ergebnisse							
22	$Q_{H,E}=$	$\Sigma q_E \cdot A_N$	$= (10 \cdot A_N)$	$=$ 13249,9 kWh/a		Endenergie	(Wärme)
23		$\Sigma q_{HE,E} \cdot A_N$	$= (19 \cdot A_N)$	$=$ 373,7 kWh/a		Endenergie	(Hilfsenergie)
24	$Q_{H,P}=$	$(\Sigma q_P + \Sigma q_{HE,P}) \cdot A_N$	$= (12 + 21) \cdot A_N$	$=$ 15696,7 kWh/a		Primärenergie	

Tabelle 24 Bewertung der Anlagentechnik des Einfamilienhauses, Variante A

Tabellenverfahren (nach DIN V 4701-10 [8]) Einfamilienhaus, Variante A									
Anlagenbewertung									
I. Eingaben									
A_N = 211,12 m²	Nutzfläche des Gebäudes gemäß DIN V 4108-6 [7], es gilt: $A_N = 0,32 \cdot V_e$								
t_{hp} = 185 d	Dauer der Heizperiode gemäß DIN V 4701-10 [8]								
	Trinkwassererwärmung			Heizung			Lüftung		
absoluter Bedarf	Q_{tw} = 2639,00 kWh/a			Q_h = 12193,1 kWh/a			–		
bezogener Bedarf	q_{tw} = 12,50 kWh/(m²a)			q_h = 57,75 kWh/(m²a)			–		
II. System-beschreibung									
Übergabe	–			– Heizkörper überwiegend an AW – Thermostatregelventile: 2 K			–		
Verteilung	– innerhalb der thermischen Hülle – mit Zirkulation			– innerhalb der thermischen Hülle – Stränge innen, Pumpe ungeregelt			–		
Speicherung	– indirekt beheizter Speicher – Aufstellung im beheizten Bereich			–			–		
Erzeugung	Erzeuger 1	Erzeuger 2	Erzeuger 3	Erzeuger 1	Erzeuger 2	Erzeuger 3	Erzeuger 1	Erzeuger 2	Erzeuger 3
Deckungsanteil	1,00	–	–	1,00	–	–	–	–	–
Erzeuger	NT-Kessel G, 70/55 °C	–	–	NT-Kessel G, 70/55 °C	–	–	–	–	–
III. Ergebnisse									
	Deckung von Q_h								
Deckung von Q_h	$q_{h,TW}$ = 5,22 kWh/(m²a)			$q_{h,H}$ = 52,53 kWh/(m²a)			$q_{h,L}$ = – kWh/(m²a)		
	Endenergie								
Σ Wärme Σ Hilfsenergie	$Q_{TW,E}$ = 6004,3 kWh/a = 194,2 kWh/a			$Q_{H,E}$ = 13249,9 kWh/a = 373,7 kWh/a			$Q_{L,E}$ = – kWh/a = – kWh/a		
	Primärenergie								
Σ Primärenergie	$Q_{TW,P}$ = 7186,5 kWh/a			$Q_{H,P}$ = 15696,7 kWh/a			$Q_{L,P}$ = – kWh/a		
IV. Auswertung									
	Endenergie	Q_E = 19254,2 kWh/a = 567,9 kWh/a				Σ Wärme Σ Hilfsenergie			
	Primärenergie	Q_P = 22883,2 kWh/a Q_P'' = 108,39 kWh/(m²a)				Σ Primärenergie Σ Primärenergie/A_N			
	Anlagenaufwandszahl	e_P = 1,54 [–]				Σ Primärenergie/$(Q_h + Q_{tw})$			

4.3 Monatsbilanzverfahren

Tabelle 25 Energiebedarf für die Trinkwassererwärmung im Einfamilienhaus, Variante B

Tabellenverfahren (nach DIN V 4701-10 [8]) Einfamilienhaus, Variante B							
Trinkwassererwärmung							
Ausgangsgrößen							
A_N	[m²]	=	211,12	aus DIN V 4108-6 [7] gilt: $A_N = 0{,}32 \cdot V_e$		Bereich:	1
q_{tw}	[kWh/(m²a)]	=	12,50	Trinkwasserwärmebedarf nach EnEV [5]		TW-Strang:	1
Q_{tw}	[kWh/a]	=	2639,00	Trinkwasserwärmebedarf: $Q_{tw} = q_{tw} \cdot A_N$			

Wärme (WE)

Nr.	Größe	Berechnung/Quelle	Dimension	Werte			Heizwärmegutschriften [kWh/m²a)]	
1	q_{tw}	aus EnEV	[kWh/(m²a)]	12,50				
2	$q_{TW,ce}$	Tab. C.1.1	[kWh/(m²a)]	0,00				
3	$q_{TW,d}$	Tab. C.1.2a bzw. C.1.2c	[kWh/(m²a)]	+	3,74		$q_{h,TW,d} = 1{,}68$	Tab. C.1.2a
4	$q_{TW,s}$	Tab. C.1.3a	[kWh/(m²a)]		3,01		$q_{h,TW,s} = 1{,}36$	Tab. C.1.3a
5	Σq_{TW}	(1 + 2 + 3 + 4)	[kWh/(m²a)]		19,25		$q_{h,TW} = 3{,}04$	$\Sigma q_{h,TW,d} + q_{h,TW,s}$

				Erzeuger 1	Erzeuger 2	Erzeuger 3		
6	$\alpha_{TW,g}$	Tab. C.1.4a	[–]	1,00	–	–		
7	$e_{TW,g}$	Tab. C.1.4b,c,d,e oder f	[–]	1,14	–	–		
8	$q_{TW,E}$	$(5 \cdot (6_i \cdot 7_i))$	[kWh/(m²a)]	21,95	–	–	21,95 kWh/(m²a) Endenergie	
9	f_{Pi}	Tab. C.4.1	[–]	1,10	–	–		
10	$q_{TW,P}$	$(8_i \cdot 9_i)$	[kWh/(m²a)]	24,15	–	–	24,15 kWh/(m²a) Primärenergie	

Hilfsenergie (HE)

Nr.	Größe	Berechnung / Quelle	Dimension	Werte				
11	$q_{TW,ce,HE}$	Tab. C.1.1	[kWh/(m²a)]		0,00			
12	$q_{TW,d,HE}$	Tab. C.1.2b	[kWh/(m²a)]	+	0,00			
13	$q_{TW,s,HE}$	Tab. C.1.3b	[kWh/(m²a)]		0,07			

				Erzeuger 1	Erzeuger 2	Erzeuger 3		
14	$\alpha_{TW,g}$	Tab. C.1.4a	[–]	1,00	–	–		
15	$q_{TW,g,HE}$	Tab. C.1.4b,c,d,e oder f	[kWh/(m²a)]	0,21	–	–		
16		$(14_i \cdot 15_i)$	[kWh/(m²a)]	0,21	–	–		

17	$\Sigma q_{TW,HE,E}$	$(11 + 12 + 13 + \Sigma 16_i)$	[kWh/(m²a)]	0,28			0,28 kWh/(m²a) Endenergie	
18	f_P	Tab. C.4.1	[–]	3,00				
19	$\Sigma q_{TW,HE,P}$	$(17 \cdot 18)$	[kWh/(m²a)]	0,84			0,84 kWh/(m²a) Primärenergie	

Ergebnisse

20	$Q_{H,E}$ =	$\Sigma q_{TW,E} \cdot A_N$	= $(8 \cdot A_N)$	=	4634,1 kWh/a	Endenergie	(Wärme)
21		$\Sigma q_{TW,HE,E} \cdot A_N$	= $(17 \cdot A_N)$	=	59,1 kWh/a	Endenergie	(Hilfsenergie)
22	$Q_{TW,P}$ =	$\Sigma (q_{TW,P} + q_{TW,HE,P}) \cdot A_N$	= $(10 + 19) \cdot A_N$	=	5275,8 kWh/a	Primärenergie	

Tabelle 26 Energiebedarf für die Beheizung des Einfamilienhauses, Variante B

Tabellenverfahren (nach DIN V 4701-10 [8]) Einfamilienhaus, Variante B							
Heizung							
Ausgangsgrößen							
A_N [m²]	=	211,12	DIN V 4108-6 [7], es gilt: $A_N = 0{,}32 \cdot V_e$			Bereich:	1
q_h [kWh/(m²a)]	=	72,87	Heizwärmebedarf nach DIN V 4108-6 [7]			Heiz-Strang:	1
Q_h [kWh/a]	=	15385,2	Heizwärmebedarf: $Q_h = q_h \cdot A_N$				
Wärme (WE)							
Nr.	Größe	Berechnung/Quelle	Dimension	Werte			
1	q_h	nach Abschnitt 4.1	[kWh/(m²a)]		72,87		
2	$q_{h,TW}$	aus Ber.-blatt TW-Erw.	[kWh/(m²a)]	–	3,04		
3	$q_{h,L}$	aus Ber.-blatt Lüftung	[kWh/(m²a)]		0,00		
4	q_{ce}	Tab. C.3.1	[kWh/(m²a)]		1,10		
5	q_d	Tab. C.3.2a, b oder d	[kWh/(m²a)]	+	1,59		
6	q_s	Tab. C.3.3	[kWh/(m²a)]		0,00		
7	Σ	(1 – 2 – 3 + 4 + 5 + 6)	[kWh/(m²a)]		72,52		
				Erzeuger 1	Erzeuger 2	Erzeuger 3	
8	α_g	Tab. C.3.4a	[–]	1,00	–	–	
9	e_g	Tab. C.3.4b,c,d oder e	[–]	1,01	–	–	
10	q_E	$(7 \cdot (8_i \cdot 9_i))$	[kWh/(m²a)]	73,25			73,25 kWh/(m²a) Endenergie
11	f_P	Tab. C.4.1	[–]	1,10	–	–	
12	q_P	$(10_i \cdot 11_i)$	[kWh/(m²a)]	80,58	–	–	80,58 kWh/(m²a) Primärenergie
Hilfsenergie (HE)							
Nr.		Berechnung / Quelle	Dimension	Werte			
13	$q_{ce,HE}$	Tab. C.3.1	[kWh/(m²a)]		0,00		
14	$q_{d,HE}$	Tab. C.3.2c	[kWh/(m²a)]	+	1,03		
15	$q_{s,HE}$	Tab. C.3.3	[kWh/(m²a)]		0,00		
				Erzeuger 1	Erzeuger 2	Erzeuger 3	
16	α_g	Tab. C.3.4a	[–]	1,00	–	–	
17	$q_{g,HE}$	Tab. C.3.4b–e	[kWh/(m²a)]	0,57			
18		$(16_i \cdot 17_i)$	[kWh/(m²a)]	0,57			
19	$\Sigma q_{HE,E}$	$(13 + 14 + 15 + \Sigma (18_i))$	[kWh/(m²a)]		1,60		1,60 kWh/(m²a) Endenergie
20	f_P	Tab. C.4.1	[–]		3,00		
21	$\Sigma q_{HE,P}$	$(19 \cdot 20)$	[kWh/(m²a)]		4,80		4,80 kWh/(m²a) Primärenergie
Ergebnisse							
22	$Q_{H,E} =$	$\Sigma q_E \cdot A_N$	$= (10 \cdot A_N)$	= 15464,5 kWh/a		Endenergie	(Wärme)
23		$\Sigma q_{HE,E} \cdot A_N$	$= (19 \cdot A_N)$	=	337,8 kWh/a	Endenergie	(Hilfsenergie)
24	$Q_{H,P} =$	$(\Sigma q_P + \Sigma q_{HE,P}) \cdot A_N$	$= (12 + 21) \cdot A_N$	= 18025,4 kWh/a		Primärenergie	

4.3 Monatsbilanzverfahren

Tabelle 27 Bewertung der Anlagentechnik des Einfamilienhauses, Variante B

Tabellenverfahren (nach DIN V 4701-10 [8]) Einfamilienhaus, Variante B			
Anlagenbewertung			
I. Eingaben			
A_N = 211,12 m²	Nutzfläche des Gebäudes nach DIN V 4108-6 [7], es gilt: $A_N = 0{,}32 \cdot V_e$		
t_{hp} = 185 d	Dauer der Heizperiode gemäß DIN V 4701-10 [8]		
	Trinkwassererwärmung	Heizung	Lüftung
absoluter Bedarf	Q_{tw} = 2639,00 kWh/a	Q_h = 15385,2 kWh/a	–
bezogener Bedarf	q_{tw} = 12,50 kWh/(m²a)	q_h = 72,87 kWh/(m²a)	–
II. System- **beschreibung**			
Übergabe	–	– Heizkörper überwiegend an AW – Thermostatregelventile: 1 K	–
Verteilung	– innerhalb der thermischen Hülle – ohne Zirkulation	– innerhalb der thermischen Hülle – Stränge innen, Pumpe geregelt	–
Speicherung	– indirekt beheizter Speicher – Aufstellung im beheizten Bereich	–	–
Erzeugung	Erzeuger 1 / Erzeuger 2 / Erzeuger 3	Erzeuger 1 / Erzeuger 2 / Erzeuger 3	Erzeuger 1 / Erzeuger 2 / Erzeuger 3
Deckungsanteil	1,00 / – / –	1,00 / – / –	– / – / –
Erzeuger	BW-Kessel G, 55/45 °C / – / –	BW-Kessel G, 55/45 °C / – / –	– / – / –
III. Ergebnisse			
	\multicolumn{3}{l}{Deckung von Q_h}		
Deckung von Q_h	$q_{h,TW}$ = 3,04 kWh/(m²a)	$q_{h,H}$ = 69,83 kWh/(m²a)	$q_{h,L}$ = – kWh/(m²a)
	Endenergie		
Σ Wärme Σ Hilfsenergie	$Q_{TW,E}$ = 4634,1 kWh/a = 59,1 kWh/a	$Q_{H,E}$ = 15464,5 kWh/a = 337,8 kWh/a	$Q_{L,E}$ = – kWh/a = – kWh/a
	Primärenergie		
Σ Primärenergie	$Q_{TW,P}$ = 5275,8 kWh/a	$Q_{H,P}$ = 18025,4 kWh/a	$Q_{L,P}$ = – kWh/a
IV. Auswertung			
	Endenergie	Q_E = 20098,6 kWh/a = 396,9 kWh/a	Σ Wärme Σ Hilfsenergie
	Primärenergie	Q_P = 23301,2 kWh/a Q_P'' = 110,37 kWh/(m²a)	Σ Primärenergie Σ Primärenergie/A_N
	Anlagenaufwandszahl	e_P = 1,29 [–]	Σ Primärenergie/($Q_h + Q_{tw}$)

4.3.6 Nachweise nach EnEV [5]

In der EnEV werden zwei Nachweise für den Energieeinsparungsnachweis gefordert. Zum einen ist anhand des spezifischen, auf die wärmeübertragende Umfassungsfläche bezogenen Transmissionswärmeverlustes H_T' der ausreichende bauliche Wärmeschutz nachzuweisen und zum anderen wird der auf die Nutzfläche bezogene Primärenergiebedarf des Gebäudes Q_P'' auf einen Maximalwert beschränkt. Diese Nachweise werden für beide Varianten in Tabelle 28 geführt. Zudem ist dort auch der Endenergiebedarf des Gebäudes aufgeteilt nach Wärme und Hilfsenergie aufgeführt. Diese Werte geben den *rechnerischen* Bedarf des Gebäudes hinsichtlich der verwendeten Energieträger an. Dabei entsprechen 10 kWh in etwa 1 m³ Gas oder 1 Liter Erdöl. Bei einem Endenergiebedarf von ca. 94 kWh/(m² a) für Wärme ergibt sich zum Beispiel ein *rechnerischer* Bedarf von ca. 10 m³ Gas pro m² und Jahr.

Die ebenfalls in Tabelle 28 angegebene Anlagenaufwandszahl e_P stellt ein Maß für die Güte der Anlagentechnik dar, wobei ein e_P-Wert von 1,54 (Variante A) ein Mittelmaß darstellt, während ein e_P-Wert von 1,29 (Variante B) für eine konventionelle Anlage ohne Solarunterstützung oder Lüftungsanlage mit Wärmerückgewinnung schon sehr gut ist. Hierzu sei noch angemerkt, daß die Bewertung der Anlagentechnik dieses Gebäudes generell etwas günstiger ist, da die Heizungsanlage und der Trinkwasserspeicher innerhalb der thermischen Hülle aufgestellt werden.

Exemplarisch wird für die Variante A des Einfamilienhauses in Bild 50 der in der EnEV [5] geforderte Energiebedarfsausweis ausgestellt. Dieser Energiebedarfsausweis faßt für den Bauherrn die energetischen Merkmale des Gebäudes verständlich zusammen und stellt für das Gebäude eine Qualitätsbeschreibung in energetischer Hinsicht dar.

Die Ergebnisse in Tabelle 28 machen aber auch deutlich, daß man einerseits bei etwas besserer Wärmedämmung des Gebäudes schon mit durchschnittlicher Anlagentechnik die Anforderungen der EnEV [5] erfüllen kann und daß man andererseits auch für Gebäude mit einem der WSchVO 1995 entsprechenden Wärmedämmstandard, wie er bei Variante B vorliegt (die Anforderungen an H_T' werden gerade noch erfüllt), mit einer guten konventionellen Anlagentechnik das Anforderungsniveau der EnEV [5] noch erreicht. Dabei werden nicht einmal die Reserven, die bei Anwendung des detaillierten Nachweises der Anlagentechnik nach DIN V 4701-10 [8] noch vorhanden sind, genutzt.

4.3 Monatsbilanzverfahren

Tabelle 28 Erforderliche Nachweise nach EnEV [5] und Zusammenfassung der wesentlichen Kenngrößen, Varianten A und B

\multicolumn{5}{c}{Monatsbilanzverfahren Einfamilienhaus}			
\multicolumn{5}{c}{Ausgangsgrößen}			
Größe/Einheit			Wert Var.-A | Var.-B	Erläuterung
V_e	[m³]	=	659,76	Bruttovolumen des Gebäudes
A	[m²]	=	444,73	Hüllfläche des Gebäudes
A_N	[m²]	=	211,12	Nutzfläche des Gebäudes ($A_N = 0,32 \cdot V_e$)
vorh. H_T'	[W/K]	=	0,41 0,51	vorhandener spezifischer, auf die wärmeübertragende Hüllfläche bezogener Transmissionswärmeverlust des Gebäudes
zul. H_T'	[W/K]	=	0,52	zulässiger spezifischer, auf die wärmeübertragende Hüllfläche bezogener Transmissionswärmeverlust des Gebäudes, mit A/V_e [1/m] = 211,12 / 444,73 = 0,67, es gilt: $H_T' = 0,3 + 0,15/(A/V_e)$
Q_h	[kWh/a]	=	12193,1 15385,2	Jahres-Heizwärmebedarf des Gebäudes
Q_h''	[kWh/(m² a)]	=	57,75 72,87	auf die Nutzfläche bezogener Jahres-Heizwärmebedarf des Gebäudes
Q_W	[kWh/(m² a)]	=	12,50	auf die Nutzfläche bez. Jahres-Trinkwasserwärmebedarf, nur bei Wohngebäuden
Q_P	[kWh/a]	=	22883,2 23301,2	Jahres-Primärenergiebedarf des Gebäudes
vorh. Q_P''	[kWh/(m² a)]	=	108,39 110,37	vorhandener, auf die Nutzfläche bezogener Jahres-Primärenergiebedarf des Gebäudes, es gilt: vorh. $Q_P'' = Q_P/A_N$
zul. Q_P''[1)]	[kWh/(m² a)]	=	113,35 110,05	zulässiger, auf die Nutzfläche bez. Jahres-Primärenergiebedarf des Gebäudes nach EnEV [5], es gilt: zul. $Q_P'' = 50,94 + 75,29 \cdot A/V_e + 2600/(100 + A_N)$ (bei zentraler Warmwasserbereitung)
e_P	[-]	=	1,54 1,29	primärenergiebezogene Anlagenaufwandszahl, es gilt: e_P [-] = $Q_P''/(Q_h'' + Q_W)$ (sie erfaßt anlagentechnische Verluste und die primärenergetische Bewertung der verwendeten Energieträger)
Q_E Q_E Q_E''	[kWh/a] [kWh/a] [kWh/(m² a)]	= = =	19254,2 20098,6 567,9 396,9 93,89 97,08	Anteil der Wärme am Jahres-Endenergiebedarf des Gebäudes Anteil der Hilfsenergie am Jahres-Endenergiebedarf des Gebäudes auf die Nutzfläche bezogener Jahres-Endenergiebedarf = ΣQ_E (Wärme + Hilfsenergie)/A_N
e_E	[-]	=	1,34 1,14	endenergiebezogene Anlagenaufwandszahl, es gilt: e_E [-] = $Q_E''/(Q_h'' + Q_W)$ (sie erfaßt anlagentechnische Verluste ohne die primärenergetische Bewertung der verwendeten Energieträger)
\multicolumn{5}{c}{Endergebnisse Variante A}			
\multicolumn{5}{c}{Nachweise nach EnEV [5]}			
Nachweis: Gebäudehülle				vorh. H_T' = 0,41 W/(m² K) < 0,52 W/(m² K) = zul. H_T'
Nachweis: Primärenergiebedarf				vorh. Q_P'' = 108,39 kWh/(m² a) < 113,35 kWh/(m² a)[1)] = zul. Q_P''
\multicolumn{5}{c}{wesentliche Kenngrößen}			
Jahres-Heizwärmebedarf				vorh. Q_h = 12193,1 kWh/a
Jahres-Heizwärmebedarf / A_N				vorh. Q_h'' = 57,75 kWh/(m² a)
Jahres-Warmwasserbedarf/A_N				vorh. Q_W = 12,50 kWh/(m² a)

Tabelle 28 Erforderliche Nachweise nach EnEV [5] und Zusammenfassung der wesentlichen Kenngrößen, Varianten A und B (Fortsetzung)

Jahres-Endenergiebedarf	vorh. Q_E	= 19254,2 kWh/a	= Σ Wärme	
		= 567,9 kWh/a	= Σ Hilfsenergie	
Jahres-Endenergiebedarf (gesamt)	vorh. Q_E''	= 93,89 kWh/(m² a)	= $\Sigma Q_E / A_N$	
auf ΣQ_E bez. Anlagenaufwandszahl	e_E	= 1,34 [–]	= $\Sigma Q_E'' / (Q_h'' + Q_W)$	
Jahres-Primärenergiebedarf	vorh. Q_P	= 22883,2 kWh/a		
auf Q_P bez. Anlagenaufwandszahl	e_P	= 1,54 [–]	= $Q_P'' / (Q_h'' + Q_W)$	
	Endergebnisse Variante B			
	Nachweise nach EnEV [5]			
Nachweis: Gebäudehülle	vorh. H_T' =	0,51 W/(m² K) <	0,52 W/(m² K)	= zul. H_T'
Nachweis: Primärenergiebedarf	vorh. Q_P'' =	110,37 kWh/(m² a) ≈	110,05 kWh/(m² a)	= zul. Q_P''
	wesentliche Kenngrößen			
Jahres-Heizwärmebedarf	vorh. Q_h	= 15385,2 kWh/a		
Jahres-Heizwärmebedarf/A_N	vorh. Q_h''	= 72,87 kWh/(m² a)		
Jahres-Warmwasserbedarf/A_N	vorh. Q_W	= 12,50 kWh/(m² a)		
Jahres-Endenergiebedarf	vorh. Q_E	= 20098,6 kWh/a	= Σ Wärme	
		= 396,9 kWh/a	= Σ Hilfsenergie	
Jahres-Endenergiebedarf (gesamt)	vorh. Q_E''	= 97,08 kWh/(m² a)	= $\Sigma Q_E / A_N$	
auf ΣQ_E bez. Anlagenaufwandszahl	e_E	= 1,14 [–]	= $\Sigma Q_E'' / (Q_h'' + Q_W)$	
Jahres-Primärenergiebedarf	vorh. Q_P	= 23301,2 kWh/a		
auf Q_P bez. Anlagenaufwandszahl	e_P	= 1,29 [–]	= $Q_P'' / (Q_h'' + Q_W)$	

[1] Ab dem Inkrafttreten der EnEV [5] gilt für 5 Jahre, daß beim Einbau von Niedertemperaturkesseln in Ein- und Zweifamilienhäusern mit Systemtemperaturen über 55/45 °C und monolithischer Außenwandkonstruktion der Höchstwert des zulässigen Jahres-Primärenergiebedarfs Q_P'' um drei Prozent erhöht werden darf. Hier gilt dann: zul. Q_P'' = 110,05(nach Formel) · 1.03 = 113,35 kWh/(m² a).

Energiebedarfsausweis nach § 13 Energieeinsparverordnung
für ein Gebäude mit normalen Innentemperaturen

I. Objektbeschreibung

Bezeichnung *Einfamilienhaus*		Nutzungsart ☒ Wohngebäude ☐	
Postleitzahl	Ort	Straße	Hausnummer ....
Gemarkung	Flurstück Nr.		Baujahr ....
Geometrische Eigenschaften des Gebäudes:			
Wärmeübertragende Umfassungsfläche A 444,73..............m²			
Wohngebäudenutzfläche A_N 211,12....m²	beheiztes Volumen V_e 659,76............. m³		Verhältnis A/V_e 0,67 .... m⁻¹
Überwiegend eingesetzte Energieträger: *Erdgas H*			
Art der Warmwasserbereitung:			
Nutzung erneuerbarer Energien durch: ...., *0 %* des Jahres-Primärenergiebedarfs des Gebäudes			

II. Energiebedarf

Jahres-Primärenergiebedarf

Höchstwert für das Gebäude nach § 3 Abs. 1 i.V.m. Anhang 1 Nr. 1 EnEV:	Für das Gebäude berechneter Wert nach § 3 Abs. 2 i.V.m. Anhang 1 Nr. 2 oder 3 EnEV:
113,35 kWh/(m²a)	*108,39 kWh/(m²a)*

Endenergiebedarf für die eingesetzten Energieträger
berechnet nach Anhang 1 Nr. 2 oder 3 EnEV i.V.m. DIN V 4701-10

Energieträger	Endenergiebedarf in kWh/(m³.a) oder kWh/(m².a)
1. *Erdgas H*	*91,20 kWh/(m²a)*
2. *Strom*	*2,69 kWh/(m²a)*
3.	....
4.	....

Hinweise:

- Die in diesem Energiebedarfsausweis angegebenen Werte des Jahres-Primärenergiebedarfs und des Endenergiebedarfs sind vornehmlich für die überschlägig vergleichende Beurteilung von Gebäuden und Gebäudeentwürfen vorgesehen. Sie erlauben nur bedingt Rückschlüsse auf den tatsächlichen Energieverbrauch, weil der Berechnung dieser Werte auch normierte Randbedingungen etwa hinsichtlich des Klimas, der Heizdauer, der Innentemperaturen, des Luftwechsels, der solaren und internen Wärmegewinne und des Warmwasserbedarfs zugrunde liegen. Die normierten Randbedingungen sind für die Anlagentechnik in DIN V 4701-10 Nr. 5 und im Übrigen in DIN V 4108-6 Anhang D festgelegt.

- Vereinfachend gilt: 10 kWh Endenergie entsprechen etwa 1 m³ Erdgas oder 1 l Heizöl.

Bild 50 Energiebedarfsausweis für die Variante A

III. Weitere energiebezogene Merkmale

Spezifischer, auf die wärmeübertragende Umfassungsfläche bezogener Transmissionswärmeverlust

Höchstwert für das Gebäude nach § 3 Abs. 1 i.V.m. Anhang 1 Nr. 1 EnEV:	Für das Gebäude berechneter Wert nach § 3 Abs. 2 i.V.m. Anhang 1 Nr. 2 oder 3 EnEV:
$0{,}52\ W/(m^2 \cdot K)$	$0{,}41\ W/(m^2 \cdot K)$

Anlagentechnik

Anlagenaufwandszahl e_p nach Anhang 1 Nr. 2 oder 3 EnEV i.V.m. DIN V 4701-10 Nr. 4.2.6	1,54	☒ Berechnungsblätter sind als Anlage beigefügt

☒ Die Wärmeabgabe der Wärme- und Warmwasserverteilungsleitungen ist gem. § 12 Abs. 5 i.V.m. Anhang 5 EnEV begrenzt

Ansatz zur Berücksichtigung von Wärmebrücken

☐ pauschal mit 0,10 W/(m²·K)	☒ pauschal mit 0,05 W/(m²·K) bei Verwendung von Planungsbeispielen nach DIN 4108 Beiblatt 2	☐ mit differenziertem Nachweis ☐ Berechnungen sind als Anlage beigefügt

Dichtheit des Gebäudes und Lüftungskonzept

☐ ohne Nachweis	☒ mit Nachweis nach Anhang 4 Nr. 2 EnEV
	☐ Messprotokoll ist als Anlage beigefügt

Der Mindestluftwechsel des Gebäudes nach § 5 Abs. 2 EnEV erfolgt durch

☒ Fensterlüftung	☐ mechanische Lüftung	☐ andere Lüftungsart:

Angaben zum sommerlichen Wärmeschutz nach § 3 Abs. 4 EnEV

☐ ein Nachweis über den Wärmeschutz im Sommer ist nicht erforderlich, weil der Fensterflächenanteil 30 % nicht überschreitet	☐ für das Gebäude wurde ein Nachweis der Begrenzung des Sonneneintragskennwertes geführt (gemäß Anhang 1 Nr. 2.9.1 EnEV)	☐ das Nichtwohngebäude ist mit Anlagen nach Anhang 1 Nr. 2.9.2 ausgestattet. Die innere Kühllast wird minimiert.
	☐ Berechnungen zum sommerlichen Wärmeschutz sind als Anlage beigefügt	

Name, Anschrift und Funktion des Aufstellers	Datum und Unterschrift, ggf. Stempel / Firmenzeichen

Bild 50 Energiebedarfsausweis für die Variante A (Fortsetzung)

4.3.7 Sommerlicher Wärmeschutz

Ein Nachweis des sommerlichen Wärmeschutzes wird hier nicht geführt.

4.4 Heizperiodenbilanzverfahren

4.4.1 Randbedingungen zur Berechnung

Beide Gebäudevarianten werden auch nach dem Heizperiodenbilanzverfahren berechnet. Das Heizperiodenbilanzverfahren kann hier angewendet werden, da es sich um ein Wohngebäude handelt und der Fensterflächenanteil kleiner als 30% [f = $A_W/(A_W + A_{AW} + A_D)$ = 37,51/306,94 = 0,12] ist. In Tabelle 29 sind die Randbedingungen zur Berechnung nach dem Heizperiodenbilanzverfahren und in Tabelle 30 die verwendeten Korrekturfaktoren aufgeführt.

Tabelle 29 Randbedingungen zum Gebäude und zur Berechnung nach dem Heizperiodenbilanzverfahren

Heizperiodenbilanzverfahren Einfamilienhaus	
Randbedingungen	
Variablen	Angaben
Hüllfläche	A = 444,73 m² (siehe Flächenberechnung, Tabelle 2)
Volumen A/V_e-Verhältnis	V_e = 659,76 m³ (Bruttovolumen, siehe Volumenberechnung in Tabelle 3) V = 527,81 m³ (Nettovolumen: V = 0,8 · V_e generell im HP-Verfahren) A/V_e = 0,67 m⁻¹
Nutzfläche	A_N = 211,12 m² (A_N = 0,32 · V_e, gemäß DIN V 4108-6 [7], Tabelle D.1)
Fassadenausrichtung	Die Orientierungen der Fassaden weichen um 22° < 45° von den Hauptrichtungen ab, daher werden die Fassaden den Himmelsrichtungen zugeordnet.
Klimadaten	mittlerer Standort Deutschland gemäß DIN V 4108-6 [7], Tab. D.5
Innenlufttemperatur	θ_i = 19 °C
Wärmebrücken	ΔU_{WB} = 0,05 W/(m²K): pauschal nach DIN V 4108-6 [7] mit Außenmaßbezug, unter prinzipieller Beachtung von DIN 4108 Beiblatt 2 [19] und aufgrund von Vergleichsberechnungen (Variante B)
Korrekturfaktoren	siehe Tabelle 30
Nachtabschaltung: Faktor F_{GT}	siehe Tabelle 30
Lüftung	H_V [W/K] = 0,163 · V_e [0,163 W/(m³ K) ≈ 0,6 (1/h) · 0,34 Wh/(m³ K) · 0,8(=V/V_e)] Dieses Ergebnis entspricht freier Lüftung mit Luftdichtheitsprüfung n = 0,6 1/h.
Interne Wärmegewinne	Q_i [kWh/HP] = 22 · A_N [(22 kWh/(m² HP) ≈ 5 W/m² · 185 d · 0,024 kWh/(W d)]
Ausnutzungsgrad η_P	η_P = 0,95 (Ausnutzungsfaktor für die Wärmegewinne des Gebäudes)
Heizungsanlage	siehe Anlagenbeschreibung in Tabelle 33

Tabelle 30 Übersicht über die wesentlichen Korrekturfaktoren im Heizperiodenbilanzverfahren

Heizperiodenbilanzverfahren Einfamilienhaus			
Übersicht über die wesentlichen Korrekturfaktoren F_X [–]			
Bauteil bzw. Betrieb	Bemerkungen	Faktor	Wert [–]
Unterer Gebäudeabschluß	Temperaturkorrekturfaktor gemäß DIN V 4108-6 [7], Tabelle D.2 – Kellerdecke zum unbeheiztem Keller – Fußboden auf Erdreich – Flächen des beheizten Kellers gegen Erdreich	F_G	= 0,60
Außenwand	Temperaturkorrekturfaktor gemäß DIN V 4108-6 [7], Tabelle D.2	F_{AW}	= 1,00
Dach als Systemgrenze	Temperaturkorrekturfaktor gemäß DIN V 4108-6 [7], Tabelle D.2	F_D	= 1,00
Abseitenwand (Drempelw.)	Temperaturkorrekturfaktor gemäß DIN V 4108-6 [7], Tabelle D.2	F_u	= 0,80
Wände und Decken zu unbeheizten Räumen	Temperaturkorrekturfaktor gemäß DIN V 4108-6 [7], Tabelle D.2	F_u	= 0,50
Fenster	Korrekturfaktor für den Rahmenanteil	F_F	= 0,70
	Korrekturfaktor infolge nicht senkrechter Einstrahlung	F_W	= 0,90
	Korrekturfaktor für Sonnenschutzvorrichtung	F_C	= 1,00
	Korrekturfaktor für Verschattung	F_S	= 0,90
ohne Nachtabschaltung	Gradtagzahlfaktor	$F_{Gt,o.NA}$	= 69,60
mit Nachtabschaltung	Gradtagzahlfaktor: $F_{Gt} \approx F_{Gt,o.NA} \cdot 0,95$	F_{Gt}	= 66,00

4.4.2 Berechnung des Heizwärmebedarfs

In den Tabellen 31 und 32 wird für beide Varianten der Heizwärmebedarf des Gebäudes ermittelt.

Aus den ermittelten Werten wird im Vergleich zum Monatsbilanzverfahren deutlich, daß die Berechnung nach dem Heizperiodenbilanzverfahren ungünstigere Ergebnisse liefert, obwohl nicht einmal Sondereffekte durch unbeheizte Glasvorbauten oder transparente Wärmedämmung vorliegen und somit im MB-Verfahren auch nicht berücksichtigt werden konnten.

Tabelle 31 Ermittlung des Heizwärmebedarfs mit dem Heizperiodenbilanzverfahren für Variante A des Einfamilienhauses

Heizperiodenbilanzverfahren Einfamilienhaus, Variante A					
Bruttovolumen:	V_e [m³] = 659,76 m³				
Nutzfläche (0,32 · V_e):	A_N [m²] = 211,12 m²				
Spezifischer Transmissionswärmeverlust:					
Bauteil	Orientierung	A [m²]	U-Wert [W/(m² K)]	U · A [W/K]	F_X [-]	U · A · F_X [W/K]
AW an Erdreich	Norden	5,39	0,31	1,67	0,60	1,00
	Osten	4,64	0,31	1,44	0,60	0,86
	Süden	6,07	0,31	1,88	0,60	1,13
	Westen	4,64	0,31	1,44	0,60	0,86
AW an Außenluft	Norden	56,54	0,30	16,96	1,00	16,96
	Osten	48,75	0,30	14,63	1,00	14,63
	Süden	54,81	0,30	16,44	1,00	16,44
	Westen	47,21	0,30	14,16	1,00	14,16
Bodenplatte		83,76	0,36	30,15	0,60	18,09
Dach	Norden	28,75	0,20	5,75	1,00	5,75
	Süden	28,75	0,20	5,75	1,00	5,75
Kehlebene		33,29	0,20	6,66	0,80	5,33
Haustür		4,62	2,09	9,67	1,00	9,67
Fenster, 90°	Norden	2,97	1,40	4,16	1,00	4,16
	Osten	9,62	1,40	13,47	1,00	13,47
	Süden	8,64	1,40	12,10	1,00	12,10
	Westen	11,16	1,40	15,62	1,00	15,62
Fenster, 36°	Norden	2,56	1,40	3,58	1,00	3,58
	Süden	2,56	1,40	3,58	1,00	3,58
Hüllfläche	A [m²] =	444,73		$H_{T,o,WB}$ [W/K] =		163,14
Wärmebrückenzuschlag (ΔU_{WB} · A):			0,05	22,24	1,00	22,24
Spezifischer Transmissionswärmeverlust:					H_T [W/K] =	185,38
Spezifischer, auf die Umfassungsfläche (Hüllfläche) bezogener Transmissionswärmeverlust (H_T/A):					H_T' [W/(m² K)] =	0,42
Spezifischer Lüftungswärmeverlust ($n_{50} < = 3,0$ 1/h: 0,163 · V_e):					H_V [W/K] =	107,54
Spezifische Wärmeverluste ($H_T + H_V$):					H [W/K] =	292,92
Wärmeverluste (mit Nachtabschaltung: 66,0 · H):					Q_l [kWh/HP] =	19332,72
Solare Wärmegewinne:		$\Sigma(I_s t)_{j,HP}$ [kWh/(m² HP)]	$F_F · F_W · F_C · F_S$ [-]	g [-]	A [m²]	Q_S [kWh/HP]
Fenster, Norden, 90°	$Q_{S,Fe,N,90°}$	100	0,567	0,60	2,97	101,04
Fenster, Osten, 90°	$Q_{S,Fe,O,90°}$	155	0,567	0,60	9,62	507,27

Tabelle 31 Ermittlung des Heizwärmebedarfs mit dem Heizperiodenbilanzverfahren für Variante A des Einfamilienhauses (Fortsetzung)

Solare Wärmegewinne:		$\Sigma(I_s t)_{j,HP}$ [kWh/(m² HP)]	$F_F \cdot F_W \cdot F_C \cdot F_S$ [-]	g [-]	A [m²]	Q_S [kWh/HP]
Fenster, Süden, 90°	$Q_{S,Fe,S,90°}$	270	0,567	0,60	8,64	793,62
Fenster, Westen, 90°	$Q_{S,Fe,W,90°}$	155	0,567	0,60	11,16	588,48
Fenster, Norden, 36°	$Q_{S,Fe,N,36°}$	100	0,567	0,60	2,56	87,09
Fenster, Süden, 36°	$Q_{S,Fe,S,36°}$	270	0,567	0,60	2,56	235,15
Summe der solaren Wärmegewinne:					Q_s [kWh/HP] =	2312,65
Interne Wärmegewinne (22 · A_N):					Q_i [kWh/HP] =	4644,64
Wärmegewinne (η_P(= 0,95) · ($Q_s + Q_i$)):					Q_g [kWh/HP] =	6609,43
Heizwärmebedarf ($Q_l - Q_g$):					Q_h [kWh/HP] =	12723,29
Heizwärmebedarf, auf die Nutzfläche bezogen ($Q_l - Q_g$)/A_N:					Q_h'' [kWh/(m² HP)] =	60,27

4.4 Heizperiodenbilanzverfahren

Tabelle 32 Ermittlung des Heizwärmebedarfs mit dem Heizperiodenbilanzverfahren für Variante B des Einfamilienhauses

Heizperiodenbilanzverfahren Einfamilienhaus, Variante B					
Bruttovolumen:	V_e [m³] =	659,76 m³			
Nutzfläche (0,32 · V_e):	A_N [m²] =	211,12 m²			
Spezifischer Transmissionswärmeverlust:					
Bauteil	Orientierung	A [m²]	U-Wert [W/(m² K)]	U · A [W/K]	F_x [-]	U · A · F_x [W/K]
AW an Erdreich	Norden	5,39	0,42	2,26	0,60	1,36
	Osten	4,64	0,42	1,95	0,60	1,17
	Süden	6,07	0,42	2,55	0,60	1,53
	Westen	4,64	0,42	1,95	0,60	1,17
AW an Außenluft	Norden	56,54	0,41	23,18	1,00	23,18
	Osten	48,75	0,41	19,99	1,00	19,99
	Süden	54,81	0,41	22,47	1,00	22,47
	Westen	47,21	0,41	19,36	1,00	19,36
Bodenplatte		83,76	0,44	36,85	0,60	22,11
Dach	Norden	28,75	0,25	7,19	1,00	7,19
	Süden	28,75	0,25	7,19	1,00	7,19
Kehlebene		33,29	0,25	8,32	0,80	6,66
Haustür		4,62	2,09	9,66	1,00	9,66
Fenster, 90°	Norden	2,97	1,80	5,35	1,00	5,35
	Osten	9,62	1,80	17,32	1,00	17,32
	Süden	8,64	1,80	15,55	1,00	15,55
	Westen	11,16	1,80	20,09	1,00	20,09
Fenster, 36°	Norden	2,56	1,80	4,61	1,00	4,61
	Süden	2,56	1,80	4,61	1,00	4,61
Hüllfläche	A [m²] =	444,73		$H_{T,o.WB}$ [W/K] =		210,57
Wärmebrückenzuschlag (ΔU_{WB} · A):			0,05	22,24	1,00	22,24
Spezifischer Transmissionswärmeverlust:				H_T [W/K] =		232,81
Spezifischer, auf die Umfassungsfläche (Hüllfläche) bezogener Transmissionswärmeverlust (H_T/A):				H_T' [W/(m²K)] =		0,52
Spezifischer Lüftungswärmeverlust (n_{50} < = 3,0 1/h: 0,163 · V_e):				H_V [W/K] =		107,54
Spezifische Wärmeverluste ($H_T + H_V$):				H [W/K] =		340,35
Wärmeverluste (mit Nachtabschaltung: 66,0 · H):				Q_l [kWh/HP] =		22463,10
Solare Wärmegewinne:		$\Sigma(I_s t)_{j,HP}$ [kWh/(m² HP)]	$F_F · F_W · F_C · F_S$ [-]	g [-]	A [m²]	Q_S [kWh/HP]
Fenster, Norden, 90°	$Q_{S,Fe,N,90°}$	100	0,567	0,60	2,97	101,04
Fenster, Osten, 90°	$Q_{S,Fe,O,90°}$	155	0,567	0,60	9,62	507,27

Tabelle 32 Ermittlung des Heizwärmebedarfs mit dem Heizperiodenbilanzverfahren für Variante B des Einfamilienhauses (Fortsetzung)

Solare Wärmegewinne:		$\Sigma(I_s t)_{j,HP}$ [kWh/(m² HP)]	$F_F \cdot F_W \cdot F_C \cdot F_S$ [–]	g [–]	A [m²]	Q_S [kWh/HP]
Fenster, Süden, 90°	$Q_{S,Fe,S,90°}$	270	0,567	0,60	8,64	793,62
Fenster, Westen, 90°	$Q_{S,Fe,W,90°}$	155	0,567	0,60	11,16	588,48
Fenster, Norden, 36°	$Q_{S,Fe,N,36°}$	100	0,567	0,60	2,56	87,09
Fenster, Süden, 36°	$Q_{S,Fe,S,36°}$	270	0,567	0,60	2,56	235,15
Summe der solaren Wärmegewinne:					Q_s [kWh/HP] =	2312,65
Interne Wärmegewinne (22 · A_N):					Q_i [kWh/HP] =	4644,64
Wärmegewinne (η_P(= 0,95) · ($Q_s + Q_i$)):					Q_g [kWh/HP] =	6609,43
Heizwärmebedarf (Q_l–Q_g):					Q_h [kWh/HP] =	15853,67
Heizwärmebedarf, auf die Nutzfläche bezogen (Q_l–Q_g)/A_N:					Q_h'' [kWh/(m² HP)] =	75,09

4.4.3 Anlagentechnik

Die Anlagentechnik der Varianten A und B entspricht fast genau jener, die auch bei der Berechnung nach dem MB-Verfahren für die jeweiligen Varianten verwendet wurde. Bei Variante A wurden lediglich die Thermostatregelventile der Heizkörper auf eine Toleranz von 1 K (vorher 2 K) verbessert. Bei Variante B wird eine elektronische Regelung mit Optimierung für die Heizkörper verwendet. Die Anlagenbewertung erfolgt in den Tabellen 33 und 34. Dort sind auch die Änderungen in der Anlagenbeschreibung jeweils grau unterlegt.

4.4.4 Nachweise nach EnEV [5]

Die geforderten Nachweise für die beiden Varianten erfolgen in Tabelle 35. Auf die Auswertung weiterer Kennwerte und die Erstellung des Energiebedarfsausweises wird an dieser Stelle verzichtet.

Es ist hier nur anzumerken, daß trotz Optimierung bei Variante B mit der vorliegenden Anlagentechnik der zulässige Primärenergiebedarf um knapp 2% überschritten wird. Um weitere anlagentechnische Verbesserungen zu erzielen, wäre zum Beispiel der Einbau einer Lüftungsanlage oder einer Solaranlage zur Trinkwassererwärmung oder ein detaillierter Nachweis erforderlich. An Variante B wird aber auch deutlich, daß eine Berechnung nach dem Monatsbilanzverfahren lohnend sein kann, da dort die Anforderungen noch erfüllt werden.

4.4 Heizperiodenbilanzverfahren

Tabelle 33 Bewertung der Anlagentechnik des Einfamilienhauses, Variante A

Tabellenverfahren (nach DIN V 4701-10 [8]) Einfamilienhaus, Variante A			
Anlagenbewertung			
I. Eingaben			
A_N = 211,12 m²	Nutzfläche des Gebäudes nach DIN V 4108-6 [7], es gilt: $A_N = 0,32 \cdot V_e$		
t_{hp} = 185 d	Dauer der Heizperiode gemäß DIN V 4701-10 [8]		
	Trinkwassererwärmung	Heizung	Lüftung
absoluter Bedarf	Q_{tw} = 2639,00 kWh/a	Q_h = 12723,30 kWh/a	–
bezogener Bedarf	q_{tw} = 12,50 kWh/(m²a)	q_h = 60,27 kWh/(m²a)	–
II. System-beschreibung			
Übergabe	–	– Heizkörper überwiegend an AW – Thermostatregelventile: 1 K	–
Verteilung	– innerhalb der thermischen Hülle – mit Zirkulation	– innerhalb der thermischen Hülle – Stränge innen, Pumpe ungeregelt	–
Speicherung	– indirekt beheizter Speicher – Aufstellung im beheizten Bereich	–	–
Erzeugung	Erzeuger 1 / Erzeuger 2 / Erzeuger 3	Erzeuger 1 / Erzeuger 2 / Erzeuger 3	Erzeuger 1 / Erzeuger 2 / Erzeuger 3
Deckungsanteil	1,00 / – / –	1,00 / – / –	– / – / –
Erzeuger	NT-Kessel G, 70/55 °C / – / –	NT-Kessel G, 70/55 °C / – / –	– / – / –
III. Ergebnisse			
	Deckung von Q_h		
Deckung von Q_h	$q_{h,TW}$ = 12,50 kWh/(m²a)	$q_{h,H}$ = 60,27 kWh/(m²a)	$q_{h,L}$ = – kWh/(m²a)
	Endenergie		
Σ Wärme Σ Hilfsenergie	$Q_{TW,E}$ = 6004,3 kWh/a = 194,2 kWh/a	$Q_{H,E}$ = 13321,7 kWh/a = 373,7 kWh/a	$Q_{L,E}$ = – kWh/a = – kWh/a
	Primärenergie		
Σ Primärenergie	$Q_{TW,P}$ = 7186,5 kWh/a	$Q_{H,P}$ = 15774,8 kWh/a	$Q_{L,P}$ = – kWh/a
IV. Auswertung			
	Endenergie	Q_E = 19326,0 kWh/a = 567,9 kWh/a	Σ Wärme Σ Hilfsenergie
	Primärenergie	Q_P = 22961,3 kWh/a Q_P'' = 108,76 kWh/(m²a)	Σ Primärenergie Σ Primärenergie/A_N
	Anlagenaufwandszahl	e_P = 1,49 [–]	Σ Primärenergie/($Q_h + Q_{tw}$)

Tabelle 34 Bewertung der Anlagentechnik des Einfamilienhauses, Variante B

Tabellenverfahren (nach DIN V 4701-10 [8]) Einfamilienhaus, Variante B			
Anlagenbewertung			
I. Eingaben			
A_N = 211,12 m²	Nutzfläche des Gebäudes nach DIN V 4108-6 [7], es gilt: $A_N = 0,32 \cdot V_e$		
t_{hp} = 185 d	Dauer der Heizperiode gemäß DIN V 4701-10 [8]		
	Trinkwassererwärmung	Heizung	Lüftung
absoluter Bedarf	Q_{tw} = 2639,00 kWh/a	Q_h = 15853,70 kWh/a	–
bezogener Bedarf	q_{tw} = 12,50 kWh/(m²a)	q_h = 75,09 kWh/(m²a)	–
II. System-beschreibung			
Übergabe	–	– Heizkörper überwiegend an AW – elektron. Regeleinr. mit Optimier.	–
Verteilung	– innerhalb der thermischen Hülle – ohne Zirkulation	– innerhalb der thermischen Hülle – Stränge innen, Pumpe geregelt	–
Speicherung	– indirekt beheizter Speicher – Aufstellung im beheizten Bereich	–	–
Erzeugung	Erzeuger 1 / Erzeuger 2 / Erzeuger 3	Erzeuger 1 / Erzeuger 2 / Erzeuger 3	Erzeuger 1 / Erzeuger 2 / Erzeuger 3
Deckungsanteil	1,00 / – / –	1,00 / – / –	– / – / –
Erzeuger	BW-Kessel G, 55/45 °C / – / –	BW-Kessel G, 55/45 °C / – / –	– / – / –
III. Ergebnisse			
	Deckung von Q_h		
Deckung von Q_h	$q_{h,TW}$ = 12,50 kWh/(m²a)	$q_{h,H}$ = 75,09 kWh/(m²a)	$q_{h,L}$ = – kWh/(m²a)
	Endenergie		
Σ Wärme Σ Hilfsenergie	$Q_{TW,E}$ = 4634,1 kWh/a = 59,1 kWh/a	$Q_{H,E}$ = 15787,6 kWh/a = 337,8 kWh/a	$Q_{L,E}$ = – kWh/a = – kWh/a
	Primärenergie		
Σ Primärenergie	$Q_{TW,P}$ = 5275,8 kWh/a	$Q_{H,P}$ = 18380,1 kWh/a	$Q_{L,P}$ = – kWh/a
IV. Auswertung			
	Endenergie	Q_E = 20421,7 kWh/a = 396,9 kWh/a	Σ Wärme Σ Hilfsenergie
	Primärenergie	Q_P = 23655,9 kWh/a Q_P'' = 112,05 kWh/(m²a)	Σ Primärenergie Σ Primärenergie/A_N
	Anlagenaufwandszahl	e_P = 1,28 [–]	Σ Primärenergie/($Q_h + Q_{tw}$)

Tabelle 35 Nachweise nach EnEV [5] und Zusammenfassung der wesentlichen Kenngrößen, Varianten A und B

Heizperiodenbilanzverfahren Einfamilienhaus, Varianten A und B			
Ausgangsgrößen			
Größe/Einheit	Wert Var.-A	Var.-B	Erläuterung
vorh. H_T' [W/K] =	0,42	0,52	vorhandener spezifischer, auf die wärmeübertragende Hüllfläche bezogener Transmissionswärmeverlust des Gebäudes
zul. H_T' [W/K] =	0,52		zulässiger spezifischer, auf die wärmeübertragende Hüllfläche bezogener Transmissionswärmeverlust des Gebäudes, A/V_e [1/m] = 211,12 / 444,73 = 0,67, es gilt: H_T' = 0,3 + 0,15/(A/V_e)
vorh. Q_P'' [kWh/(m² a)] =	108,76	112,05	vorhandener, auf die Nutzfläche bezogener Jahres-Primärenergiebedarf des Gebäudes, es gilt: vorh. Q_P'' = Q_P/A_N
zul. Q_P'' [kWh/(m² a)] =	113,35	110,05	zulässiger, auf die Nutzfläche bez. Jahres-Primärenergiebedarf des Gebäudes nach EnEV [5], es gilt: zul. Q_P'' = 50,94 + 75,29 · A/V_e + 2600/(100 + A_N) (bei zentraler Warmwasserbereitung)
Endergebnisse Variante A			
Nachweise nach EnEV [5]			
Nachweis: Gebäudehülle	vorh. H_T' =	0,42 W/(m² K) < 0,52 W/(m² K)	= zul. H_T'
Nachweis: Primärenergiebedarf	vorh. Q_P'' =	108,76 kWh/(m² a) < 113,35 kWh/(m² a)[1]	= zul. Q_P''
Endergebnisse Variante B			
Nachweise nach EnEV [5]			
Nachweis: Gebäudehülle	vorh. H_T' =	0,52 W/(m² K) < 0,52 W/(m² K)	= zul. H_T'
Nachweis: Primärenergiebedarf	vorh. Q_P''[2] =	112,05 kWh/(m² a) ≈ 110,05 kWh/(m² a)	= zul. Q_P''

[1] Ab dem Inkrafttreten der EnEV [5] gilt für 5 Jahre, daß beim Einbau von Niedertemperaturkesseln in Ein- und Zweifamilienhäusern mit Systemtemperaturen über 55/45 °C und monolithischer Außenwandkonstruktion der Höchstwert des zulässigen Jahres-Primärenergiebedarfs Q_P'' um drei Prozent erhöht werden darf. Hier gilt dann: zul. Q_P'' = 110,05 (nach Formel) · 1.03 = 113,35 kWh/(m² a).

[2] Der vorhandene Jahres-Primärenergiebedarf überschreitet den zulässigen Wert um 1,8 %. Um mit Hilfe der Anlagentechnik eine weitere Reduktion des Primärenergiebedarfs zu erreichen, wäre die Verwendung des genauen Verfahrens oder eine grundlegende Verbesserung der Anlagentechnik erforderlich (Lüftungsanlage, Solaranlage, Wärmepumpe).

4.5 Berechnungsergebnisse der Varianten A und B nach dem MB- und dem HP-Verfahren

In Bild 51 sind die Ergebnisse der Berechnungen des Heiz- und Warmwasserwärmebedarfs der Varianten A und B nach dem Monats- und dem Heizperiodenbilanzverfahren jeweils im linken Balken jeder Rubrik dargestellt. Es ist deutlich zu erkennen, daß mit dem Monatsbilanzverfahren für beide Varianten ein etwas geringerer Heizwärmebedarf ermittelt wird. Dies ist im wesentlichen auf die genauere Berücksichtigung der Nachtabschaltung und die günstigeren Temperaturkorrekturfaktoren im Bereich der erdberührten Bauteile beim Monatsbilanzverfahren zurückzuführen.

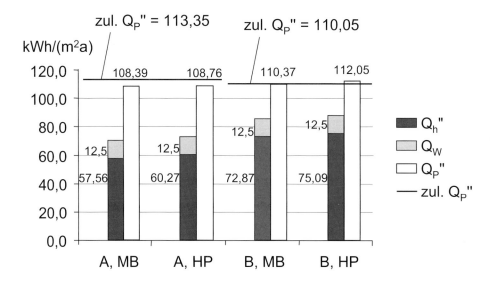

Bild 51 Graphische Darstellung des Heizwärme-, Warmwasserwärme- und Primärenergiebedarfs der Varianten A und B

Zur Ermittlung des Primärenergiebedarfs (jeweils rechter Balken in Bild 51) der Varianten A und B wird die Anlagentechnik so variiert, daß der zulässige Wert eingehalten wird. Bei Verwendung des HP-Verfahrens für Variante B ist es jedoch nicht mehr möglich, den zulässigen Primärenergiebedarf lediglich mit einer Verbesserung der Heizungsanlage und einer Warmwasserverteilung ohne Zirkulation zu erfüllen. Hier wird der zulässige Wert um ca. 2% überschritten. Es sei noch darauf hingewiesen, daß aufgrund einer Sonderregelung in der EnEV [5] sich die zulässigen Werte des Primärenergiebedarfs von Variante A und B unterscheiden. Denn für Gebäude mit monolithischen Außenwänden und Niedertemperaturkesseln mit Systemtemperaturen über 55/45°C darf in den ersten 5 Jahren nach dem Inkrafttreten der EnEV (01. Februar 2002) der zulässige Primärenergiebedarf um 3% erhöht werden.

4.6 Weitere Berechnungen unter Variation verschiedener Parameter

In diesem Abschnitt soll der Einfluß verschiedener Berechnungsverfahren und Annahmen auf den berechneten Primärenergiebedarf am Beispiel des Einfamilienhauses untersucht werden. Dabei wird überwiegend die Grundvariante A (entspricht Variante A aus den Kapiteln 4.1 bis 4.3) variiert. In Einzelfällen werden die Berechnungen auch für die Grundvariante B (entspricht Variante B aus den Kapiteln 4.1 bis 4.3) durchgeführt. Die Berechnungsparameter und –resultate der Varianten A und B finden sich in Tabelle 43 unter der Rubrik Grundvarianten. Im weiteren werden diese Varianten auch als Grundvarianten A (A-G) und B (B-G) bezeichnet.

Betrachtet werden folgende Parameter:

- Monats- oder Heizperiodenbilanzverfahren;
- Strahlungswärmegewinne über opake Bauteile;
- Nachtabschaltung;
- Luftdichtheit;
- Berücksichtigung von Wärmebrücken;
- Trinkwasserverteilung mit und ohne Zirkulation;
- Güte des verwendeten Kessels;
- Solaranlagen;
- Lüftungsanlagen und
- Berechnungsverfahren nach DIN V 4701-10 [8].

Die Auswertung der Berechnungsergebnisse folgt anhand der wesentlichen Kennwerte kompakt in Tabelle 43.

Für die weitere Variantenberechnung wird die in Tabelle 36 beschriebene Grundanlage verwendet. Dabei wird als Heizungskessel entweder ein Brennwertkessel oder ein Niedertemperaturkessel mit den Auslegungstemperaturen 55/45°C bzw. als schlechtester Kessel ein Konstanttemperaturkessel mit den Auslegungstemperaturen 90/70°C verwendet. Bei welcher Berechnung die Lüftungsanlage und/oder die Solaranlage zur Trinkwassererwärmung ergänzt werden sowie welcher Kessel verwendet wird, ist in der Auswertung in Tabelle 43 vermerkt.

Tabelle 36 Beschreibung der Anlagentechnik der Grundanlage und der Sondervarianten 1 und 2 für die Variantenberechnungen

Monatsbilanzverfahren Einfamilienhaus		
Anlagentechnik der Grundanlage		
Anlagenteil	Verluste bei	Angaben
Trinkwasser	Übergabe	– keine Übergabeverluste
	Verteilung	– innerhalb der thermischen Hülle, ohne Zirkulation
	Speicherung	– indirekt beheizter Speicher, Aufstellung innerhalb der thermischen Hülle
	Erzeugung	– Gas: Konstt.- 90/70 °C bzw. NT- oder BW-Kessel 55/45 °C, innerh., ev. Solaranl.
Lüftung $n_A = 0,4$ (1/h)	Übergabe	– Wohnungslüftungsanlage mit Lufttemperaturen < 20 °C
	Verteilung	– innerhalb der thermischen Hülle oder außerhalb der thermischen Hülle im Dach
	Speicherung	– keine Speicherung
	Erzeugung	– Wärmerückgew. durch Wärmeübertrager, DC-Ventila., $\eta'_{WRG} = 0,8$, innen/außen
Heizung	Übergabe	– Heizkörper überwiegend an AW angeordnet, Thermostatregelventile: 1 K
	Verteilung	– innerhalb der thermischen Hülle, Pumpe geregelt
	Speicherung	– keine Speicherung der Heizwärme
	Erzeugung	– Gas: Konstanttemperaturk. 90/70 °C bzw. NT- oder BW-Kessel 55/45 °C, innerh.
Sondervariante 1[1)]		
Anlagenteil	Verluste bei	Angaben
Lüftung		– Einbau einer reinen Abluftanlage mit DC-Ventilatoren und $n_A = 0,4$ (1/h)
Sondervariante 2[1), 2)]		
Anlagenteil	Verluste bei	Angaben
Trinkwasser	Erzeugung	– BW-Kessel 55/45 °C, Aufstellung außerhalb der thermischen Hülle
Heizung	Verteilung	– Verteilung innerhalb der thermischen Hülle

[1)] Es werden nur Angaben zu Änderungen gegenüber der Grundanlage gemacht.
[2)] Diese Variante dient nur zur Verdeutlichung, welchen Einfluß eine Aufstellung der Heizungsanlage und des Trinkwasserspeichers außerhalb der wärmeübertragenden Umfassungsfläche hat. Für das vorhandene Einfamilienhaus ist das nur eine theoretische Betrachtung, da das gesamte Gebäude beheizt ist.

4.6 Weitere Berechnungen unter Variation verschiedener Parameter

4.6.1 Optionaler Einbau einer Solar- und/oder einer Lüftungsanlage

Die Anlagentechnik des Gebäudes soll durch den Einbau einer Lüftungsanlage und einer Solaranlage zur Unterstützung der Trinkwassererwärmung verbessert werden, um die Möglichkeiten der Beeinflussung des rechnerischen Primärenergiebedarfs durch die Anlagentechnik abzuschätzen. Zur Berechnung der Grundvarianten A (im weiteren als A-G bezeichnet) und B (im weiteren als B-G bezeichnet) in Tabelle 43 wurde die in Tabelle 36 beschriebene Grundanlage mit Brennwertkessel ohne Lüftungs- und Solaranlage verwendet. Optional kann eine Lüftungsanlage mit Wärmerückgewinnung (Wirkungsgrad 80%) eingebaut werden, die entweder außerhalb oder innerhalb der thermischen Hülle liegt. Ebenfalls optional ist eine Solaranlage zur Unterstützung der Trinkwassererwärmung vorgesehen, die einen innerhalb der thermischen Hülle liegenden bivalenten Warmwasserspeicher speist. Bei dem Großteil der Parametervariationen wird der in Kapitel 4.3 mit dem Monatsbilanzverfahren berechnete Heizwärmebedarf der Anlagenvariante A (in Tabelle 43 mit A-G bezeichnet) von 57,75 kWh/(m² a) zugrunde gelegt. Die übrigen Variationen werden mit der Variante B (in Tabelle 43 mit B-G bezeichnet) nach Kapitel 4.3 berechnet.

4.6.2 Optimierung der Grundvariante A-G durch Einbau einer Lüftungsanlage und einer Solaranlage

Die Grundvariante A-G wird verbessert, indem eine Lüftungsanlage mit Wärmerückgewinnung durch Wärmeübertrager innerhalb der thermischen Hülle und eine Solaranlage zur Unterstützung der Trinkwassererwärmung eingebaut werden. In den Tabellen 37 bis 40 ist die Anlage kurz beschrieben und ausgewertet. Durch diese anlagentechnischen Verbesserungen kann die Anlagenaufwandszahl e_P von 1,33 auf 0,97 reduziert werden. Dies entspricht einer Reduktion des rechnerischen Primärenergiebedarfs von fast 30%. Diese Reduktion ist im wesentlichen auf zwei Ursachen zurückzuführen.

Die von der Solaranlage eingespeiste Energie zur Trinkwassererwärmung wird in der Energiebilanz nicht berücksichtigt, da es sich hierbei um den Einsatz regenerativer Energien handelt. Lediglich die benötigte Hilfsenergie wird in der Energiebilanz erfaßt.

Mit Hilfe der Lüftungsanlage mit einem Wärmerückgewinnungsgrad von 80% gelingt es, die Lüftungswärmeverluste wesentlich zu senken. Auch hier wird nur die zum Betrieb der Lüftungsanlage verwendete Hilfsenergie in der Energiebilanz erfaßt. Die zurückgewonnene Wärme der ausgetauschten Luft wird vollständig als Heizwärmegutschrift berücksichtigt, da die Lüftungsanlage mit Wärmerückgewinnung innerhalb der wärmedämmenden Umfassungsfläche aufgestellt wird. Eine Nachheizung der Zuluft erfolgt nicht. Die Lufttemperaturen innerhalb der Wohnungslüftungsanlage liegen damit unter 20°C. Die Korrektur der Bruttowärmegewinne der Lüftungsanlage in nutzbare Nettowärmegewinne für das Gebäude ist im Wert für die flächenbezogene Heizarbeit $q_{L.g.WE.WRG}$ [kWh/(m² a)], der in DIN V 4701-10 [8] Tabelle C.2-3a abhängig vom Wärmerückgewinnungsgrad η'_{WRG} und dem Anlagenluftwechsel angegeben wird, berücksichtigt.

Tabelle 37 Energiebedarf für die Trinkwassererwärmung im Einfamilienhaus, Variante A optimiert

Tabellenverfahren (nach DIN V 4701-10 [8]) Einfamilienhaus, Variante A optimiert							
Trinkwassererwärmung							
Ausgangsgrößen							
A_N	[m²]	=	211,12	DIN V 4108-6 [7], gilt: $A_N = 0{,}32 \cdot V_e$		Bereich:	1
q_{tw}	[kWh/(m²a)]	=	12,50	Trinkwasserwärmebedarf nach EnEV [5]		TW-Strang:	1
Q_{tw}	[kWh/a]	=	2639,00	Trinkwasserwärmebedarf: $Q_{tw} = q_{tw} \cdot A_N$			
Wärme (WE)							
Nr.	Größe	Berechnung/Quelle	Dimension		Werte		
1	q_{tw}	aus EnEV	[kWh/(m²a)]		12,50		
2	$q_{TW,ce}$	Tab. C.1.1	[kWh/(m²a)]		0,00	Heizwärmegutschriften [kWh/m²a]	
3	$q_{TW,d}$	Tab. C.1.2a bzw. C.1.2c	[kWh/(m²a)]	+	3,74	$q_{h,TW,d} = 1{,}68$	Tab. C.1.2a
4	$q_{TW,s}$	Tab. C.1.3a	[kWh/(m²a)]		2,03	$q_{h,TW,s} = 0{,}87$	Tab. C.1.3a
5	Σq_{TW}	(1 + 2 + 3 + 4)	[kWh/(m²a)]		18,27	$q_{h,TW} = 2{,}55$	$\Sigma q_{h,TW,d} + q_{h,TW,s}$
				Erzeuger 1	Erzeuger 2	Erzeuger 3	
6	$\alpha_{TW,g}$	Tab. C.1.4a	[–]	0,41	0,59	–	
7	$e_{TW,g}$	Tab. C.1.4b,c,d,e oder f	[–]	1,14	0,00	–	
8	$q_{TW,E}$	$(5 \cdot (6_i \cdot 7_i))$	[kWh/(m²a)]	8,54	0,00	–	8,54 kWh/(m²a) Endenergie
9	f_{Pi}	Tab. C.4.1	[–]	1,10	0,00	–	
10	$q_{TW,P}$	$(8_i \cdot 9_i)$	[kWh/(m²a)]	9,39	0,00	–	9,39 kWh/(m²a) Primärenergie
Hilfsenergie (HE)							
Nr.	Größe	Berechnung/Quelle	Dimension		Werte		
11	$q_{TW,ce,HE}$	Tab. C.1.1	[kWh/(m²a)]		0,00		
12	$q_{d,HE}$	Tab. C.1.2b	[kWh/(m²a)]	+	0,00		
13	$q_{s,HE}$	Tab. C.1.3b	[kWh/(m²a)]		0,07		
				Erzeuger 1	Erzeuger 2	Erzeuger 3	
14	$\alpha_{TW,g}$	Tab. C.1.4a	[–]	0,41	0,59	–	
15	$q_{TW,g,HE}$	Tab. C.1.4b,c,d,e oder f	[kWh/(m²a)]	0,21	1,00	–	
16		$(14_i \cdot 15_i)$	[kWh/(m²a)]	0,09	0,59	–	
17	$\Sigma q_{TW,HE,E}$	(11 + 12 + 13 + Σ 16)	[kWh/(m²a)]		0,75		0,75 kWh/(m²a) Endenergie
18	f_P	Tab. C.4.1	[–]		3,00		
19	$\Sigma q_{TW,HE,P}$	(17 · 18)	[kWh/(m²a)]		2,25		2,25 kWh/(m²a) Primärenergie
Ergebnisse							
20	$Q_{TW,E} = \Sigma q_{TW,E} \cdot A_N$		$= (8 \cdot A_N)$	$=$	1803,0 kWh/a		Endenergie	(Wärme)
21	$\Sigma q_{TW,HE,E} \cdot A_N$		$= (17 \cdot A_N)$	$=$	158,3 kWh/a		Endenergie	(Hilfsenergie)
22	$Q_{TW,P} = \Sigma (q_{TW,P} + q_{TW,HE,P}) \cdot A_N$			$= (10 + 19) \cdot A_N =$	2457,4 kWh/a		Primärenergie	

4.6 Weitere Berechnungen unter Variation verschiedener Parameter

Tabelle 38 Energiebedarf für die Lüftungsanlage im Einfamilienhaus, Variante A optimiert

Tabellenverfahren (nach DIN V 4701-10 [8]) Einfamilienhaus, Variante A optimiert							
Lüftung							
Ausgangsgrößen							
A_N	[m²]	=	211,12	DIN V 4108-6 [7], es gilt: $A_N = 0{,}32 \cdot V_e$		Bereich:	1
F_{GT}	[kKh/a]	=	69,60	DIN V 4701-10 [8], Tabellenverfahren		Lüftungs-Strang:	1
n_A	[1/h]	=	0,40	Anlagenluftwechsel			
f_g	[–]	=	0,91	Tab. 5.2-3 (Korrekturfaktor für Wärmeg.)			
Wärme (WE)							
Nr.	Größe	Berechnung/Quelle	Dimension	Erzeuger WRG mit WÜT	Erzeuger L/L – WP	Erzeuger Heizregister	
1	$q_{L,g}$	Abschnitt C.2.3.1	[kWh/(m²a)]	17,20	–	–	$\Sigma\, q_{L,g,i} = 17{,}20$ Σ Zeile 1
2	$e_{L,g}$	Abschnitt C.2.3.1	[–]	0,00	–	–	$q_{L,ce} = 0{,}00$ Tab. C.2-1
3							$q_{L,d} = 0{,}00$ Tab. C.2-2
4							$q_{h,n} = 0{,}00$ Tab. C.2-4
5							$q_{h,L} = 17{,}20$ (Σ 1 – 2 – 3 – 4)
6	$q_{L,g,E}$	$(1_i \cdot 2_i)$	[kWh/(m²a)]	–	–		0,00 kWh/(m²a) Endenergie
7	f_P	Tab. C.4-1	[–]	–	–		
8	$q_{L,P}$	$(6_i \cdot 7_i)$	[kWh/(m²a)]	–	–		0,00 kWh/(m²a) Primärenergie
Hilfsenergie (HE)							
Nr.	Größe	Berechnung/Quelle	Dimension	Erzeuger WRG mit WÜT	Erzeuger L/L – WP	Erzeuger Heizregister	
9	$q_{L,g,HE}$	Abschnitt C.2.3.1	[kWh/(m²a)]	2,10	–	–	
10	$q_{L,ce,HE}$	Abschnitt C.2.1	[kWh/(m²a)]		0,00		
11	$q_{L,d,HE}$	Abschnitt C.2.2	[kWh/(m²a)]		0,00		
12	$q_{L,HE,E}$	($\Sigma\, 9_i$ + 10 + 11)	[kWh/(m²a)]		2,10		2,10 kWh/(m²a) Endenergie
13	f_P	Tab. C.4-1	[–]		3,00		
14	$q_{L,HE,P}$	(12 · 13)	[kWh/(m²a)]		6,30		6,30 kWh/(m²a) Primärenergie
Ergebnisse							
15	$Q_{L,E} = \Sigma\, q_{L,E} \cdot A_N$		= ($\Sigma 6_i \cdot A_N$)	=	0,0 kWh/a	Endenergie	(Wärme)
16	= $\Sigma\, q_{L,HE,E} \cdot A_N$		= (12 · A_N)	=	443,3 kWh/a	Endenergie	(Hilfsenergie)
17	$Q_{L,P} = \Sigma q_{L,P} + \Sigma q_{L,HE,P}) \cdot A_N$		= ($\Sigma 8_i$ + 14) · A_N =		1330,1 kWh/a	Primärenergie	

Tabelle 39 Energiebedarf für die Beheizung des Einfamilienhauses, Variante A optimiert

Tabellenverfahren (nach DIN V 4701-10 [8]) Einfamilienhaus, Variante A optimiert							
Heizung							
Ausgangsgrößen							
A_N [m²]	=	211,12	DIN V 4108-6 [7], es gilt: $A_N = 0,32 \cdot V_e$			Bereich:	1
q_h [kWh/(m²a)]	=	57,75	Heizwärmebedarf nach DIN V 4108-6 [7]			Heiz-Strang:	1
Q_h [kWh/a]	=	12193,10	Heizwärmebedarf: $Q_h = q_h \cdot A_N$				
Wärme (WE)							
Nr.	Größe	Berechnung/Quelle	Dimension	Werte			
1	q_h	nach Abschnitt 4.1	[kWh/(m²a)]		57,75		
2	$q_{h,TW}$	aus Ber.-blatt TW-Erw.	[kWh/(m²a)]	–	2,55		
3	$q_{h,L}$	aus Ber.-blatt Lüftung	[kWh/(m²a)]		17,20		
4	q_{ce}	Tab. C.3.1	[kWh/(m²a)]		1,10		
5	q_d	Tab. C.3.2a, b oder d	[kWh/(m²a)]	+	1,59		
6	q_s	Tab. C.3.3	[kWh/(m²a)]		0,00		
7	Σ	(1 – 2 – 3 + 4 + 5 + 6)	[kWh/(m²a)]		40,69		
				Erzeuger 1	Erzeuger 2	Erzeuger 3	
8	α_g	Tab. C.3.4a	[-]	1,00	–	–	
9	e_g	Tab. C.3.4b,c,d oder e	[-]	1,01	–	–	
10	q_E	$(7 \cdot (8_i \cdot 9_i))$	[kWh/(m²a)]	41,10	–	–	41,10 kWh/(m²a) Endenergie
11	f_P	Tab. C.4.1	[-]	1,10	–	–	
12	q_P	$(10_i \cdot 11_i)$	[kWh/(m²a)]	45,21	–	–	45,21 kWh/(m²a) Primärenergie
Hilfsenergie (HE)							
Nr.	Größe	Berechnung / Quelle	Dimension	Werte			
13	$q_{ce,HE}$	Tab. C.3.1	[kWh/(m²a)]		0,00		
14	$q_{d,HE}$	Tab. C.3.2c	[kWh/(m²a)]	+	1,03		
15	$q_{s,HE}$	Tab. C.3.3	[kWh/(m²a)]		0,00		
				Erzeuger 1	Erzeuger 2	Erzeuger 3	
16	α_g	Tab. C.3.4a	[-]	1,00	–	–	
17	$q_{g,HE}$	Tab. C.3.4b–e	[kWh/(m²a)]	0,57	–	–	
18		$(16_i \cdot 17_i)$	[kWh/(m²a)]	0,57	–	–	
19	Σ $q_{HE,E}$	$(13 + 14 + 15 + Σ (18_i))$	[kWh/(m²a)]		1,60			1,60 kWh/(m²a) Endenergie
20	f_P	Tab. C.4.1	[-]		3,00		
21	Σ $q_{HE,P}$	$(19 \cdot 20)$	[kWh/(m²a)]		4,80			4,80 kWh/(m²a) Primärenergie
Ergebnisse							
22	$Q_{H,E} =$	Σ $q_E \cdot A_N$	$= (10 \cdot A_N)$	= 8677,0 kWh/a		Endenergie	(Wärme)
23		Σ $q_{HE,E} \cdot A_N$	$= (19 \cdot A_N)$	= 337,8 kWh/a		Endenergie	(Hilfsenergie)
24	$Q_{H,P} =$	$(Σ q_P + Σ q_{HE,P}) \cdot A_N$	$= (12 + 21) \cdot A_N$	= 10558,1 kWh/a		Primärenergie	

Tabelle 40 Bewertung der Anlagentechnik des Einfamilienhauses, Variante A optimiert

Tabellenverfahren (nach DIN V 4701-10 [8]) Einfamilienhaus, Variante A optimiert			
Anlagenbewertung			
I. Eingaben			
A_N = 211,12 m²	Nutzfläche des Gebäudes nach DIN V 4108-6 [7], es gilt: $A_N = 0,32 \cdot V_e$		
t_{hp} = 185 d	Dauer der Heizperiode gemäß DIN V 4701-10 [8]		
	Trinkwassererwärmung	Heizung	Lüftung
absoluter Bedarf	Q_{tw} = 2639,00 kWh/a	Q_h = 12193,10 kWh/a	–
bezogener Bedarf	q_{tw} = 12,50 kWh/(m²a)	q_h = 57,75 kWh/(m²a)	–
II. System-beschreibung			
Übergabe	–	– Heizkörper überwiegend an AW – Thermostatregelventile: 1 K	– Wohnungslüftungsanlage mit Lufttemperaturen < 20°
Verteilung	– innerhalb der thermischen Hülle – ohne Zirkulation	– innerhalb der thermischen Hülle – Stränge innen, Pumpe geregelt	– innerhalb der thermischen Hülle
Speicherung	– bivalenter Solarspeicher – Aufstellung im beheizten Bereich	–	–
Erzeugung	Erzeuger 1 / Erzeuger 2 / Erzeuger 3	Erzeuger 1 / Erzeuger 2 / Erzeuger 3	Erzeuger 1 / Erzeuger 2 / Erzeuger 3
Deckungsanteil	0,41 / 0,59 / –	1,00 / – / –	– / – / –
Erzeuger	BW-Kessel G, 55/45 °C / Soaranl. (Flachkol.) / –	BW-Kessel G, 55/45 °C / – / –	WRG/WÜT η_{WRG} = 0,8 DC-Ventil. / – / –
III. Ergebnisse			
Deckung von Q_h			
Deckung von Q_h	$q_{h,TW}$ = 2,55 kWh/(m²a)	$q_{h,H}$ = 38,00 kWh/(m²a)	$q_{h,L}$ = 17,20 kWh/(m²a)
Endenergie			
Σ Wärme Σ Hilfsenergie	$Q_{TW,E}$ = 1803,0 kWh/a = 158,3 kWh/a	$Q_{H,E}$ = 8677,0 kWh/a = 337,8 kWh/a	$Q_{L,E}$ = 0,0 kWh/a = 443,4 kWh/a
Primärenergie			
Σ Primärenergie	$Q_{TW,P}$ = 2457,4 kWh/a	$Q_{H,P}$ = 10558,1 kWh/a	$Q_{L,P}$ = 1330,1 kWh/a
IV. Auswertung			
	Endenergie	Q_E = 10480,0 kWh/a = 939,5 kWh/a	Σ Wärme Σ Hilfsenergie
	Primärenergie	Q_P = 14345,6 kWh/a Q_P'' = 67,95 kWh/(m²a)	Σ Primärenergie Σ Primärenergie/A_N
	Anlagenaufwandszahl	e_P = 0,97 [–]	Σ Primärenergie/($Q_h + Q_{tw}$)

4.6.3 Berücksichtigung von Wärmebrücken

In den Berechnungen des Heizwärmebedarfs in Kapitel 4.3 und 4.4 werden die zusätzlichen Transmissionswärmeverluste durch Wärmebrücken pauschal mit einem ΔU_{WB}-Wert von 0,05 W/(m² K) berücksichtigt. Dabei müssen die Konstruktionen im Bereich von Wärmebrücken mindestens DIN 4108 Beiblatt 2 [19] entsprechen. Das Heizperiodenbilanzverfahren bietet keine andere Möglichkeit. Das Monatsbilanzverfahren erlaubt es jedoch auch, die zusätzlichen Transmissionswärmeverluste infolge von Wärmebrücken genau zu berechnen. Dazu werden für das Einfamilienhaus zunächst die längenbezogenen Wärmedurchgangskoeffizienten Ψ_i, die auf die Innenmaße bezogen sind, mit Hilfe eines Wärmebrückenprogramms für alle zu berücksichtigenden Wärmebrücken ermittelt. Längenbezogene Wärmedurchgangskoeffizienten werden wie hier auch von Wärmebrückenprogrammen in der Regel innenmaßbezogen berechnet. Da die Berechnungen für den Energieeinsparungsnachweis jedoch außenmaßbezogen durchzuführen sind, müssen die Werte noch auf den Außenmaßbezug umgerechnet werden. Dies soll hier für die in den Bildern 52 bis 54 dargestellten drei Wärmebrücken exemplarisch vorgeführt werden. In diesen Bildern sind die innenmaßbezogenen Ψ_i-Werte angegeben.

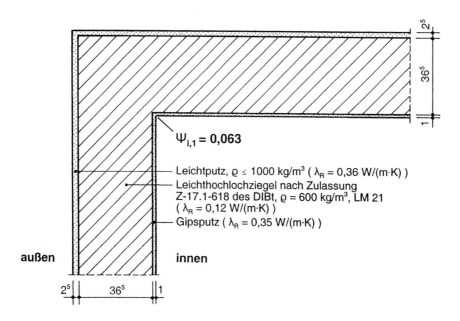

Bild 52 Außenecke des Gebäudes, Variante A

4.6 Weitere Berechnungen unter Variation verschiedener Parameter

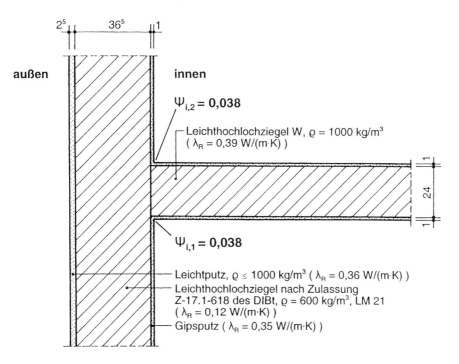

Bild 53 Innenwandanschluß an die Außenwand, Variante A

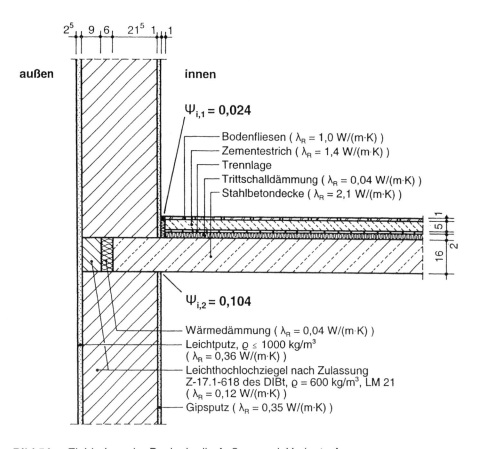

Bild 54 Einbindung der Decke in die Außenwand, Variante A

Die längenbezogenen Wärmedurchgangskoeffizienten mit Außenmaßbezug Ψ_e ergeben sich für diese Wärmebrücken zu:

- Außenecke (Bild 52): $\Psi_e = \Psi_{i,1} - 2 \cdot U_{AW} \cdot d_{AW}$ = -0,177 W/(m K)
- Innenwandanschluß (Bild 53): $\Psi_e = \Psi_{i,1} + \Psi_{i,2} - U_{AW} \cdot d_{IW}$ = -0,002 W/(m K)
- Deckeneinbindung (Bild 54): $\Psi_e = \Psi_{i,1} + \Psi_{i,2} - U_{AW} \cdot d_{Decke}$ = 0,057 W/(m K)

Für die beiden ersten Wärmebrücken ergeben sich negative Ψ_e-Werte für den Außenmaßbezug. Diese Bereiche führen also nicht zu zusätzlichen Transmissionswärmeverlusten sondern durch die Berechnung der Transmissionswärmeverluste mit Außenmaßbezug werden hier zu große Transmissionswärmeverluste berechnet. Dieser Fehler wird mit dem negativen Ψ_e-Wert korrigiert. Dagegen kommt es im Bereich der Deckeneinbindung auch beim Außenmaßbezug zu zusätzlichen Transmissionswärmeverlusten, die berücksichtigt werden müssen.

4.6 Weitere Berechnungen unter Variation verschiedener Parameter

Tabelle 41 Genaue Ermittlung des ΔU_{WB}-Wertes zur Berechnung der spezifischen Transmissionswärmeverluste infolge von Wärmebrücken, Variante A

Monatsbilanzverfahren Einfamilienhaus, Variante A		
Ausgangsgrößen		
Größe/Einheit	Wert	Erläuterung
L [m] =	siehe unten	Länge der linienförmigen Wärmebrücke
ψ_i [W/(m K)] =	siehe unten	längenbezogener Wärmedurchgangskoeffizient mit Innenmaßbezug
ψ_e [W/(m K)] =	siehe unten	längenbezogener Wärmedurchgangskoeffizient mit Außenmaßbezug
F_X [-] =	siehe unten	Temperaturkorrekturfaktor
A [m²] =	444,73	gesamte wärmedämmende Hüllfläche des Gebäudes
ΔU_{WB} [W/(m² K)] =	siehe unten	Wärmebrückenzuschlag zur Berücksichtigung der zusätzlichen Transmissionswärmeverluste im Bereich von Wärmebrücken
Berechnung		
ΔU_{WB} [W/(m² K)] = 0,05		= pauschaler Zuschlag, Konstruktion unter Beachtung von DIN 4108, Beibl. 2 [19]
ΔU_{WB} [W/(m² K)] = 0,10		= pauschaler Zuschlag, Konstruktion ohne Beachtung von DIN 4108, Beibl. 2 [19]
ΔU_{WB} [W/(m² K)] = L · ψ_e · F_X/A		= genaue Ermittlung des Zuschlages mittels Berechnung der Wärmebrücken
Ergebnisse Variante A		
Spezifischer Transmissionswärmeverlust der Wärmebrücken ΔU_{WB} [W/(m² K)]		

Nr.	Wärmebrücke	L [m]	ψ_i [W/(m K)]	ψ_e [W/(m K)]	F_X [-]	L · ψ_e · F [W/K]	ΔU_{WB} [W/(m² K)]
1	Außenwandecke an Außenluft	24,88	0,063	-0,1770	1,00	-4,4038	-0,009902
2	Außenwandecke an Erdreich	1,68	0,063	-0,1850	0,60	-0,1865	-0,000419
3	Wandeinbindung 26 cm (Außenl.)	12,68	0,038	-0,0020	1,00	-0,0254	-0,000057
4	Wandeinbindung 26 cm (Erdreich)	1,26	0,038	-0,0046	0,60	-0,0035	-0,000008
5	Wandeinbindung 19,5 cm (Außenl.)	2,36	0,029	-0,0005	1,00	-0,0012	-0,000003
6	Wandeinbindung 19,5 cm (Erdreich)	0,42	0,029	-0,0025	0,60	-0,0006	-0,000001
7	Wandeinbindung 13.5 cm (Außenl.)	12,94	0,020	-0,0005	1,00	-0,0065	-0,000015
8	Wandeinbindung 13.5 cm (Erdreich)	0,84	0,020	-0,0019	0,60	-0,0010	-0,000002
9	Wandeinbindung 10 cm (Außenl.)	12,16	0,015	-0,0008	1,00	-0,0097	-0,000022
10	Wandeinbindung 10 cm (Erdreich)	0,42	0,015	-0,0018	0,60	-0,0005	-0,000001
11	Innenwand 26 cm an Bodenplatte	12,03	0,082	0,0704	0,45	0,3811	0,000857
12	Innenwand 19,5 cm an Bodenplatte	4,48	0,066	0,0618	0,45	0,1246	0,000280
13	Innenwand 13,5 cm an Bodenplatte	5,69	0,050	0,0514	0,45	0,1316	0,000296
14	Innenwand 10 cm an Bodenplatte	2,29	0,011	-0,0132	0,45	-0,0136	-0,000031
15	Innenwand 10 cm an Dach	11,32	0,009	-0,0030	1,00	-0,0340	-0,000076
16	Innenwand 10 cm an Kehlebene	11,43	0,009	-0,0030	0,80	-0,0274	-0,000062
17	Kellertürschwelle	1,10	0,300	0,1150	1,00	0,1265	0,000284
18	Kellerwand an Bodenplatte	35,84	0,357	0,1650	0,60	3,5482	0,007978

Tabelle 41 Genaue Ermittlung des ΔU_{WB}-Wertes zur Berechnung der spezifischen Transmissionswärmeverluste infolge von Wärmebrücken, Variante A (Fortsetzung)

Nr.	Wärmebrücke	L [m]	ψ_i [W/(m K)]	ψ_e [W/(m K)]	F_x [-]	$L \cdot \psi_e \cdot F$ [W/K]	ΔU_{WB} [W/(m² K)]
20	Deckeneinbindung	51,18	0,130	0,0570	1,00	2,9173	0,006560
21	Fensterlaibung	46,40	0,041	0,0300	1,00	1,3920	0,003130
22	Fensterbrüstung	21,40	0,090	0,0680	1,00	1,4552	0,003272
23	Fensterbrüstung (Wohnzimmerf.)	2,00	0,231	0,1590	2,00	0,6360	0,001430
24	Haustürschwelle	1,10	0,251	0,1790	1,00	0,1969	0,000443
25	Türlaibungen	8,40	-0,022	-0,0400	1,00	-0,3360	-0,000756
26	Türstürze	2,20	-0,257	0,2110	1,00	0,4642	0,001044
27	Fensterstürze KG und EG	17,40	-0,036	0,2220	1,00	3,8628	0,008686
28	Dachanschluß Ortgang	11,96	0,123	-0,0380	1,00	-0,4545	-0,001022
29	Anschluß Kehlebene an Außenw.	2,40	0,155	-0,0060	1,00	-0,0144	-0,000032
30	Fensterstürze DG	6,00	-0,215	0,0200	1,00	0,1200	0,000270
31	Dachanschluß Traufe (Gefachber.)	19,06	0,058	0,0018	1,00	0,0343	0,000077
33	Dachanschluß Traufe (Rippenber.)	1,88	0,088	-0,0391	1,00	-0,0735	-0,000165
32	Dachfensterlaibungen	19,20	0,028	0,0160	1,00	0,3072	0,000691
33	Kehlbalkenanschluß an Dach	20,94	0,012	-0,0180	1,00	-0,3769	-0,000847
Wärmebrückenzuschlag bezogen auf die wärmedämmende Hüllfläche A:						$\Sigma \Delta U_{WB}$ =	0,021877

Alle zu berücksichtigenden Wärmebrücken des Einfamilienhauses in der Variante A mit den jeweiligen Längen sind in Tabelle 41 aufgelistet. Für diese wurden die zusätzlichen Wärmeverluste berechnet und auf die wärmeübertragende Umfassungsfläche bezogen, um einen Vergleich zu dem ansonsten anzunehmenden ΔU_{WB}-Wert von 0,05 W/(m² K) zu ermöglichen. Hierbei ergab sich ein ΔU_{WB}-Wert von 0,022 W/(m² K). Anhand des Ergebnisses zeigt sich, daß der tatsächliche Maluswert zur Berücksichtigung der Wärmebrückenwirkung in diesem Fall nicht einmal halb so groß ist wie der pauschal anzusetzende Wert. Um wieviel sich der rechnerische Primärenergiebedarf des Gebäudes dadurch reduziert, ist in Tabelle 43 vergleichend dargestellt. Kritisch anzumerken ist aber, daß der Arbeitsaufwand zur Erfassung und besonders zur Berechnung aller gemäß DIN V 4108-6 [7] zu erfassenden Wärmebrücken schon bei diesem kleinen Gebäude sehr groß ist.

4.6.4 Detailliertes Verfahren nach DIN V 4701-10 [8]

Bei der Berechnung nach dem detaillierten Verfahren der DIN V 4701-10 [8] werden die in der Tabelle 42 angegebenen Anlagenkennwerte für Brennwert- und Niedertemperaturkessel verwendet. Diese Werte wurden von einem Heizkesselhersteller erfragt. An dieser Stelle ist darauf hinzuweisen, daß diese Werte hier nur unter Vorbehalt verwendet werden, da es derzeit noch keine festgelegten bzw. genormten Verfahren gibt, wie die benötigten Kenn-

4.6 Weitere Berechnungen unter Variation verschiedener Parameter

Tabelle 42 Anlagentechnische Kennwerte für die Bewertung der Anlagentechnik nach dem detaillierten Verfahren

	Monatsbilanzverfahren Einfamilienhaus
	Anlagentechnische Kennwerte zur detaillierten Berechnung nach DIN V 4701-10 [8] Brennwertkessel 55/45 °C
Anlagenteil	Verluste bei	Angaben[1]
Trinkwasser	Übergabe	– keine Übergabeverluste
	Verteilung	– innerhalb der thermischen Hülle, ohne Zirkulation – Kennwerte: 15 m Leitungen, $U_{Leitung}$ = 0,2 W/(m K)
	Speicherung	– indirekt beheizter Speicher, Aufstellung innerhalb der thermischen Hülle – Kennwerte: Speicher-Nenninhalt V = 170 l, Bereitschaftswärmeverlust bei $\Delta\theta$ = 45 °C: 1,06 kWh/d, elekt. Leistungsaufnahme der Pumpe = 56,46 W
	Erzeugung	– Gas-BW-Kessel 55/45 °C – Kennwerte: Nennwärmeleistung = 18 kW, Wirkungsgrad bei 100 % Last = 105 % Wirkungsgrad bei 30 % Last 109 %, Bereitschaftswärmeverlust bei 70 °C = 1,26 % mittlere Rücklauftemperatur bei 30 % Nennwärmeleistung: 35 °C, mittlere elektrische Leistungsaufnahme = 0,30 kW (bei 100 %)
Lüftung		– keine Lüftungsanlage
Heizung	Übergabe	– Heizkörper überw. an AW angeordnet, Thermostatregelventile: 1 K (nach Tab.)
	Verteilung	– innerhalb der thermischen Hülle, Pumpe geregelt – Kennwerte: 162 m Leitungen, $U_{Leitung}$ = 0,255 W/(m K) mittlere Leistungsaufnahme der Zirkulationspumpe = 55,75 W
	Speicherung	– keine Speicherung der Heizwärme
	Erzeugung	– Gas-BW-Kessel 55/45 °C – Kennwerte: Nennwärmeleistung = 18 kW, Wirkungsgrad bei 100 % Last = 105 % Wirkungsgrad bei 30 % Last 109 %, Bereitschaftswärmeverlust bei 70 °C = 1,26 % mittlere Rücklauftemperatur bei 30 % Nennwärmeleistung: 35 °C, mittlere elektrische Leistungsaufnahme = 0,10 kW (bei 30 %)

[1] Wenn keine Kennwerte angegeben wurden, wurden die Eingangswerte für das Tabellenverfahren verwendet.

werte zu ermitteln sind. Dies bedeutet, daß das detaillierte Verfahren unter Berücksichtigung der tatsächlichen Kennwerte der Heizkessel zur Zeit für den öffentlich rechtlichen Energieeinsparungsnachweis nicht angewendet werden kann, da die benötigten Kennwerte seitens der Heizkesselhersteller nicht zur Verfügung gestellt werden können. Hierzu müssen zunächst genormte Prüfverfahren zur Ermittlung dieser Kennwerte festgelegt werden, um für alle Heizkessel bei der Ermittlung der Kennwerte gleiche Prüfbedingungen sicherzustellen.

Die Leitungsführung für Warmwasser und Heizung ist in den Bildern 55 bis 57 schematisch dargestellt. Vorlaufleitungen sind durchgezogen und Rücklaufleitungen gestrichelt dargestellt. Die Ergebnisse der Vergleichsberechnungen mit den von einem Heizkesselhersteller angegebenen Kennwerten sind in Tabelle 43 aufgelistet.

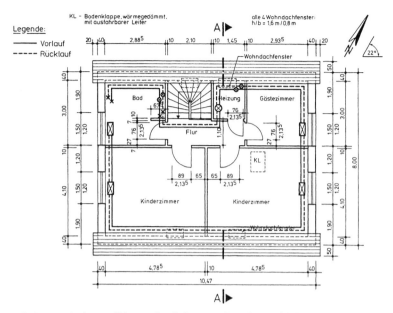

Bild 55 Leitungsführung im DG ausgehend vom Heizungsraum

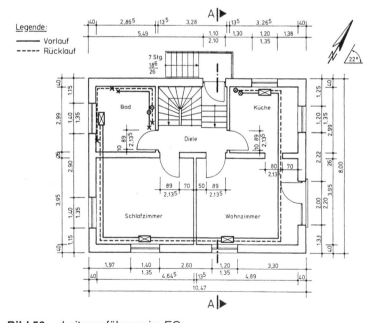

Bild 56 Leitungsführung im EG

4.6 Weitere Berechnungen unter Variation verschiedener Parameter

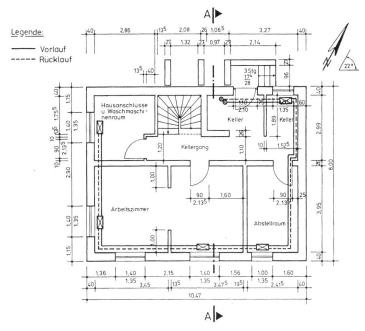

Bild 57   Leitungsführung im KG

4.6.5 Auswertung der Ergebnisse der Variantenberechnungen

Die Ergebnisse der Variantenberechnungen werden in Tabelle 43 zusammengefaßt. Ausgewertet werden lediglich die Kennwerte H_T', Q_h'', e_P und Q_P''. Zudem wird angegeben, welche Variablen wie berücksichtigt werden. In den Bildern 58 bis 62 sind die wesentlichen Ergebnisse graphisch dargestellt.

Der Kennwert H_T' ändert sich nur, wenn sich der spezifische Transmissionswärmeverlust verändert. Dies ist lediglich bei der Variation des Zuschlages ΔU_{WB} der Fall (siehe Bild 58). In der Grundvariante A wird ein ΔU_{WB}-Wert von 0,05 W/(m² K) verwandt. Bei Berücksichtigung von $\Delta U_{WB} = 0,10$ W/(m² K) ergibt sich eine Erhöhung von H_T' um 12%, wohingegen die Berechnung mit dem genau ermittelten ΔU_{WB}-Wert von 0,022 W/(m² K) eine Verringerung um 7% zur Folge hat.

Auf die primärenergiebezogene Anlagenaufwandszahl e_P haben die Kesselart sowie der Einbau von Solar- bzw. Lüftungsanlagen großen Einfluß (siehe Bild 59). Der Einbau von Konstanttemperaturkesseln führt zu einem wesentlich höheren e_P-Wert, wohingegen die Verwendung von Solaranlagen zur Unterstützung der Trinkwassererwärmung oder Lüftungsanlagen mit Wärmerückgewinnung e_P erheblich vermindert. Eine detaillierte Berechnung der Anlagentechnik mit tatsächlichen Anlagenkennwerten führt bei diesem Beispiel zu einer vergleichbar großen Reduktion von e_P und somit von Q_P'', wie der Einbau von Solar- oder Lüftungsanlagen.

Tabelle 43 Ergebnisse bei Variation verschiedener Parameter, Anlagentechnik gemäß Tabelle 36 (Abweichungen davon werden in dieser Tabelle vermerkt)

Monatsbilanz- und Heizperiodenbilanzverfahren Einfamilienhaus	
Erläuterungen zu den Parametern	
Var.	= Angabe, welche wärmedämmtechnische Variante verwendet wird
HP/MB-Verf.	= Berechnung des Jahres-Heizwärmebedarfs mit dem Heizperioden- oder Monatsbilanzverfahren
Opak	= Berücksichtigung der Strahlungswärmegewinne über opake Bauteile: ja oder nein
NA	= Berücksichtigung der Nachtabschaltung: ja oder nein
Lüftung	= Luftwechselrate mit oder ohne Luftdichtheitsprüfung
WB	= Berücksichtigung der Wärmebrücken pauschal oder durch genaue Berechnung
TW	= Trinkwasser mit Zirkulation (m. Zir.) oder ohne Zirkulation (o. Zir.)
Solar[1]	= Unterstützung der Trinkwassererwärmung durch eine Solaranlage: ja oder nein
Kessel	= Verwendung eines Konstanttemperatur-, Niedertemperatur- oder Brennwertkessels
Lü.-Anl.	= Einbau einer Abluftanlage bzw. einer Lüftungsanlage mit Wärmerückgewinnung durch Wärmeübertrager innerhalb oder außerhalb der thermischen Hülle
Anlage	= Berechnung von Heizung und Trinkwassererwärmung mit dem Tabellenverfahren (Tab.) oder z. T. detailliert (detaillierte Berechnung der Heizung u. der Trinkwassererwärmung durch die Heizanlage)

Kenngrößen		
Größe/Einheit	Wert	Erläuterung
vorh. H_T' [W/K]	= siehe unten	vorhandener spezifischer, auf die wärmeübertragende Hüllfläche bezogener Transmissionswärmeverlust des Gebäudes
zul. H_T' [W/K]	= 0,52	zulässiger spezifischer, auf die wärmeübertragende Hüllfläche bezogener Transmissionswärmeverlust des Gebäudes, A/V_e [1/m] = 211,12 / 444,73 = 0,67, es gilt: H_T' = 0,3 + 0,15/(A/V$_e$)
Q_h'' [kWh/(m² a)]	= siehe unten	auf die Nutzfläche bezogener Jahres-Heizwärmebedarf des Gebäudes
vorh. Q_P'' [kWh/(m² a)]	= siehe unten	vorhandener, auf die Nutzfläche bezogener Jahres-Primärenergiebedarf des Gebäudes, es gilt: vorh. Q_P'' = Q_P/A_N
e_P [–]	= siehe unten	primärenergiebezogene Anlagenaufwandszahl
zul. Q_P'' [2] [kWh/(m2 a)] =	110,05 bzw. 113,35	zulässiger, auf die Nutzfläche bez. Jahres-Primärenergiebedarf des Gebäudes nach EnEV [5], es gilt: zul. Q_P'' = 50,94 + 75,29 · A/V$_e$ + 2600/(100 + A_N) (bei zentraler Warmwasserbereitung)

Ergebnisse der Varianten A und B gemäß Kapitel 4.3 und 4.4

Parameter										Kenngrößen			
Var.	HP/MB	Opak	NA	Lüftung	WB	TW	Kessel	Solar	Lü.-Anl.	Anlage	H_T'	Q_h''	e_P	Q_P''
A	MB	ja	ja	0,6	0,05	m. Zir.	Tab. 21	nein	nein	Tab.	0,41	57,75	1,54	108,39
A	HP	ja	ja	0,6	0,05	m. Zir.	Tab. 33	nein	nein	Tab.	0,42	60,27	1,49	108,76
B	MB	ja	ja	0,6	0,05	o. Zir.	Tab. 21	nein	nein	Tab.	0,51	72,87	1,29	110,37
B	HP	ja	ja	0,6	0,05	o. Zir.	Tab. 34	nein	nein	Tab.	0,52	75,09	1,28	112,05

4.6 Weitere Berechnungen unter Variation verschiedener Parameter

Tabelle 43 Ergebnisse bei Variation verschiedener Parameter (Fortsetzung)

			Grundvarianten (Anlagentechnik gemäß Tabelle 36)										
				Parameter							Kenngrößen		
Var.	HP/MB	Opak	NA	Lüftung	WB	TW	Kessel	Solar	Lü.-Anl.	Anlage	H_T'	Q_h''	e_P	Q_P''
A-G	MB	ja	ja	0,60	0,05	o. Zir.	BW	nein	nein	Tab.	0,41	57,75	1,33	93,56
B-G	MB	ja	ja	0,60	0,05	o. Zir.	BW	nein	nein	Tab.	0,51	72,87	1,29	110,37
			Ergebnisse der Parametervariation (Anlagentechnik gemäß Tabelle 36)											
				Einzelbetrachtung der Parameter							Kenngrößen			
Var.	HP/MB	Opak	NA	Lüftung	WB	TW	Kessel	Solar[1]	Lü.-Anl.	Anlage	H_T'	Q_h''	e_P	Q_P''
A-01	MB	nein	ja	0,60	0,050	o. Zir.	BW	nein	nein	Tab.	0,41	57,81	1,33	93,62
A-02	MB	ja	nein	0,60	0,050	o. Zir.	BW	nein	nein	Tab.	0,41	61,39	1,32	97,61
A-03	MB	ja	ja	0,70	0,050	o. Zir.	BW	nein	nein	Tab.	0,41	63,17	1,32	99,59
A-04	MB	ja	ja	0,60	0,100	o. Zir.	BW	nein	nein	Tab.	0,46	64,98	1,31	101,60
A-05	MB	ja	ja	0,60	0,022	o. Zir.	BW	nein	nein	Tab.	0,38	53,74	1,35	89,10
A-06	MB	ja	ja	0,60	0,050	m. Zir.	BW	nein	nein	Tab.	0,41	57,75	1,41	99,13
A-07	MB	ja	ja	0,60	0,050	o. Zir.	NT	nein	nein	Tab.	0,41	57,75	1,41	98,82
A-08	MB	ja	ja	0,60	0,050	o. Zir.	KT	nein	nein	Tab.	0,41	57,75	1,68	118,20
A-09	MB	ja	ja	0,60	0,050	o. Zir.	BW	ja[1]	nein	Tab.	0,41	57,75	1,15	80,76
A-10	MB	ja	ja	0,60	0,050	o. Zir.	BW	nein	außerh.	Tab.	0,41	57,75	1,20	84,44
A-11	MB	ja	ja	0,60	0,050	o. Zir.	BW	nein	innerh.	Tab.	0,41	57,75	1,15	80,75
A-12	MB	ja	ja	0,60	0,050	o. Zir.	BW	nein	nein	detail.	0,41	57,75	1,14	80,09
			Verschlechterung fast aller Parameter								Kenngrößen			
Var.	HP/MB	Opak	NA	Lüftung	WB	TW	Kessel	Solar	Lü.-Anl.	Anlage	H_T'	Q_h''	e_P	Q_P''
A-13	MB	nein	nein	0,70	0,100	m. Zir.	NT	nein	nein	Tab.	0,46	75,53	1,43	125,56
A-14	MB	nein	nein	0,70	0,100	m. Zir.	KT	nein	nein	Tab.	0,46	75,53	1,70	149,57
B-15	MB	nein	nein	0,70	0,100	m. Zir.	NT	nein	nein	Tab.	0,56	92,57	1,39	145,80
B-16	MB	nein	nein	0,70	0,100	m. Zir.	KT	nein	nein	Tab.	0,56	92,57	1,64	172,25
			Variation des Heizwärmebedarfs bei Verbesserung der Anlagentechnik								Kenngrößen			
Var.	HP/MB	Opak	NA	Lüftung	WB	TW	Kessel	Solar	Lü.-Anl.	Anlage	H_T'	Q_h''	e_P	Q_P''
A-17	MB	ja	ja	0,60	0,050	o. Zir.	BW	ja[1]	innerh.	Tab.	0,41	57,75	0,97	67,95
B-18	MB	ja	ja	0,60	0,050	o. Zir.	BW	ja[1]	innerh.	Tab.	0,51	72,87	0,99	84,75
A-19	MB	nein	nein	0,70	0,100	o. Zir.	BW	ja[1]	innerh.	Tab.	0,46	75,53	1,00	87,70
B-20	MB	nein	nein	0,70	0,100	o. Zir.	BW	ja[1]	innerh.	Tab.	0,56	92,57	1,01	106,64
			Verbesserung aller Parameter, Verwendung des Tabellenverfahrens								Kenngrößen			
Var.	HP/MB	Opak	NA	Lüftung	WB	TW	Kessel	Solar	Lü.-Anl.	Anlage	H_T'	Q_h''	e_P	Q_P''
A-21	MB	ja	ja	0,60	0,022	o. Zir.	NT	ja[1]	innerh.	Tab.	0,38	53,74	1,01	66,64
A-22	MB	ja	ja	0,60	0,022	o. Zir.	BW	ja[1]	innerh.	Tab.	0,38	53,74	0,96	63,50

Tabelle 43 Ergebnisse bei Variation verschiedener Parameter (Fortsetzung)

| Ergebnisse der Sondervarianten (siehe Tabelle 36) ||||||||||||||
| Sondervariante 1: reine Abluftanlage (siehe Tabelle 36) |||||||||| Kenngrößen ||||
Var.	HP/MB	Opak	NA	Lüftung	WB	TW	Kessel	Solar	Lü.-Anl.	Anlage	H_T'	Q_h''	e_P	Q_P''
A-23	MB	ja	ja	0,55	0,050	o. Zir.	BW	nein	Ablufta.	Tab.	0,41	55,06	1,39	93,88
Sondervariante 2: Heizung, TW außerhalb (siehe Tabelle 36)										Kenngrößen			
Var.	HP/MB	Opak	NA	Lüftung	WB	TW	Kessel	Solar	Lü.-Anl.	Anlage	H_T'	Q_h''	e_P	Q_P''
A-24	MB	ja	ja	0,60	0,050	o. Zir.	BW	nein	nein	Tab.	0,41	57,75	1,39	97,85

[1] Tabelle C.1-3a (Aufstellung innerhalb der thermischen Hülle), Bivalenter Solarspeicher: die in der Tabelle angegebenen Werte für die Verluste infolge Speicherung des Trinkwassers erscheinen ab einer Nutzfläche von 300 m² nicht mehr sinnvoll, da die Verluste gegenüber der kleineren Nutzfläche 200 m² zunächst zunehmen. Zudem sind die Werte ab 300 m² Nutzfläche für eine Aufstellung innerhalb der thermischen Hülle ungünstiger als bei einer Aufstellung des Trinkwasserspeichers außerhalb der thermischen Hülle. Dies erscheint nicht sinnvoll. Dennoch wird hier mit den in der Tabelle angegebenen Werten gerechnet, der Fehler bei der vorhandenen Nutzfläche von 211,11 m² ist vernachlässigbar klein.

[2] Ab dem Inkrafttreten der EnEV [1] gilt für 5 Jahre, daß beim Einbau von Niedertemperaturkesseln in Ein- und Zweifamilienhäusern mit Systemtemperaturen über 55/45 °C und monolithischer Außenwandkonstruktion der Höchstwert des zulässigen Jahres-Primärenergiebedarfs Q_P'' um drei Prozent erhöht werden darf. Hier gilt dann: zul. $Q_P'' = 110,05$ (nach Formel) · 1.03 = 113,35 kWh/(m² a).

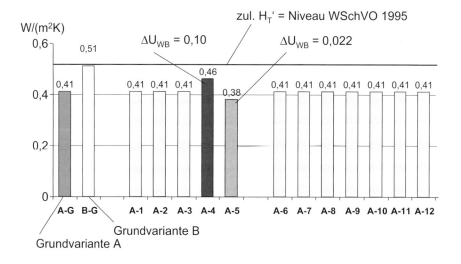

Bild 58 Auswirkung der Parametervariation auf den Kennwert H_T': Veränderung je eines Parameters (siehe auch Tabelle 43)

4.6 Weitere Berechnungen unter Variation verschiedener Parameter

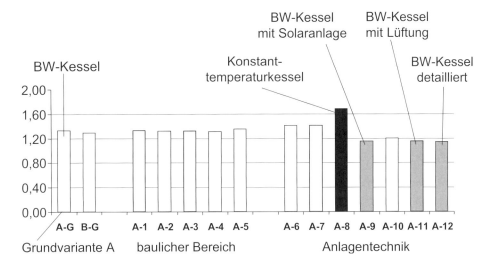

Bild 59 Auswirkung der Parametervariation auf den Kennwert e_P: Veränderung je eines Parameters (siehe auch Tabelle 43)

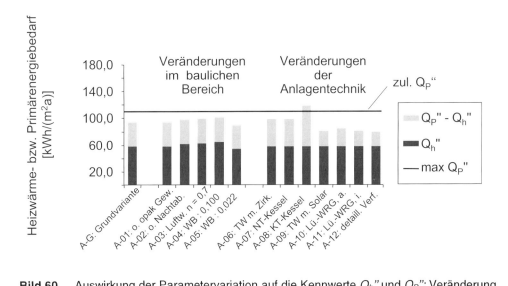

Bild 60 Auswirkung der Parametervariation auf die Kennwerte Q_h'' und Q_P'': Veränderung je eines Parameters (siehe auch Tabelle 43)

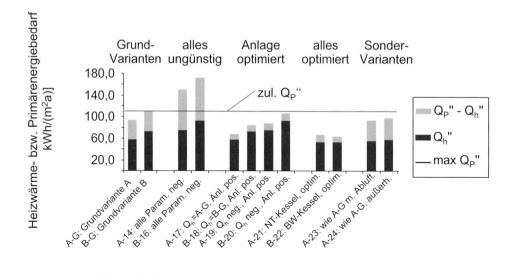

Bild 61 Auswirkung der Parametervariation auf die Kennwerte Q_h'' und Q_P'': Extremaluntersuchungen (siehe auch Tabelle 43)

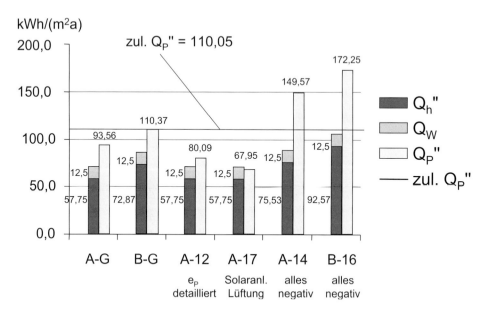

Bild 62 Graphische Darstellung des Heizwärme-, Warmwasserwärme- und Primärenergiebedarfs bei ausgesuchten Varianten (siehe auch Tabelle 43)

4.6 Weitere Berechnungen unter Variation verschiedener Parameter 147

In den Bildern 60 und 61 werden Q_h'' und Q_P'' für die Einzelparametervariation und ausgesuchte Parameterkombinationen ausgewertet. In Bild 60 wird lediglich die Grundvariante A betrachtet, während in Bild 61 auch die Grundvariante B untersucht wird. Auffällig ist auch hier der große Einfluß der Anlagentechnik auf die Kenngrößen. Geringere Bedeutung haben die Annahmen für den Wärmebrückenzuschlag, die Luftwechselrate und die Umsetzung der Nachtabschaltung. In Bild 62 sind nochmals in den jeweils linken Balken der Heizwärme- und Warmwasserwärmebedarf sowie in den rechten Balken der Primärenergiebedarf einiger markanter Varianten dargestellt. Auffällig ist die große Bandbreite der Ergebnisse abhängig von den Annahmen für den Wärmebrückenzuschlag, den Luftwechsel, die Nachtabschaltung und die verwendete Anlagentechnik. Dabei schwanken die e_P-Werte zwischen 1,70 (Variante A-14) und 0,97 (Variante A-17) oder sogar 0,96 (Variante A-22, siehe Tabelle 43). Für die letzten beiden Varianten ist demzufolge der Primärenergiebedarf geringer als die Summe aus Heiz- und Warmwasserwärmebedarf, was im wesentlichen auf die Nutzung regenerativer Energien zurückzuführen ist, die in der Energiebilanz nicht berücksichtigt werden.

4.6.6 Zusammenfassung der Berechnungsergebnisse zum Einfamilienhaus

Zunächst wird das Einfamilienhaus mit einem relativ guten Dämmstandard (Variante A) und einem schlechteren Wärmedämmstandard (Variante B, entspricht ca. den Anforderungen der WSchVO 1995 [3]) nach dem Monatsbilanzverfahren berechnet. Die Anlagentechnik wird für die beiden Varianten jeweils so konzipiert, daß der Nachweis des Primärenergiebedarfs gerade so erfüllt wird. Anschließend wird der Heizwärmebedarf des Gebäudes für beide Varianten auch noch mit dem Heizperiodenbilanzverfahren berechnet. Dabei wird deutlich, daß in diesem Fall die Berechnung mit dem Monatsbilanzverfahren etwas günstiger ist. Für Variante A liegt der Heizwärmebedarf bei 57,75 kWh/(m² a) gegenüber 60,27 kWh/(m² a) beim HP-Verfahren. Für Variante B liegt der Heizwärmebedarf bei 72,87 kWh/(m² a) gegenüber 75,09 kWh/(m² a) beim HP-Verfahren. Auch die H_T'-Werte unterscheiden sich bei der Berechnung der Varianten zwischen beiden Verfahren (siehe Tabelle 43). Dies wird durch die geringeren Temperaturkorrekturfaktoren im erdberührten Bereich bewirkt. Weitere Unterschiede hinsichtlich des Heizwärmebedarfs sind auf die genauere Berücksichtigung der Nachtabschaltung und auf die Berücksichtigung der Strahlungswärmegewinne über opake Bauteile im Monatsbilanzverfahren zurückzuführen.

In Kapitel 4.6 werden anschließend für die Grundvarianten A-G und B-G einzelne Parameter bei der Berechnung des Heizwärmebedarfs und der Anlagentechnik variiert, um deren Einfluß herauszufiltern. Die Grundvarianten A-G und B-G entsprechen hinsichtlich des baulichen Wärmeschutz jeweils den Varianten A bzw. B aus den Kapiteln 4.1 bis 4.3. Für beide Grundvarianten wird jedoch dieselbe, etwas bessere Anlagentechnik (siehe Tabellen 36 und 43) vorgesehen.

Hinsichtlich des Heizwärmebedarfs stellt sich heraus, daß bei dem vorliegenden Beispielgebäude die Lüftung und die Berücksichtigung der Wärmebrücken einen besonders großen Einfluß haben. Etwas geringer ist der Einfluß der Nachtabschaltung. Vernachlässigbar klein hingegen ist die Reduktion des Heizwärmebedarfs, wenn die Strahlungswärmegewinne über opake Bauteile berücksichtigt werden.

Aus der Variation der verwendeten Heizungskessel – es wird der Primärenergiebedarf für einen Konstanttemperaturkessel (90/70°C) sowie einen Niedertemperatur- und einen Brennwertkessel (55/45°C) ermittelt – ergibt sich insbesondere für den Konstanttemperaturkessel ein deutlich höherer Bedarf gegenüber dem Brennwertkessel. Die Zunahme beim Niedertemperaturkessel ist hingegen relativ gering. Dies erklärt sich aufgrund der unterschiedlichen Nutzungsgrade der einzelnen Kesseltypen. Besonders der Konstanttemperaturkessel hat bei geringerer Auslastung einen wesentlich geringeren Nutzungsgrad als ein Brennwert- oder Niedertemperaturkessel (vergleiche Bild 15).

Weiterhin ist zu erkennen, daß der Einbau einer Solaranlage zur Unterstützung der Trinkwassererwärmung und/oder einer Lüftungsanlage mit Wärmerückgewinnung den rechnerischen Primärenergiebedarf erheblich senkt. Durch den Einbau einer reinen Abluftanlage jedoch erhält man aufgrund der erforderlichen Hilfsenergie sogar einen geringfügig höheren Jahres-Primärenergiebedarf als bei natürlicher Belüftung. Das heißt, die Ersparnisse aus dem etwas geringer ansetzbaren Gesamtluftwechsel von $n = 0,55$ (1/h) gegenüber $n = 0,6$ (1/h) bei natürlicher Lüftung werden durch die erforderliche Hilfsenergie zum Betrieb der Abluftanlage wieder mehr als aufgezehrt.

Die Anlagenvariante A-09 aus Tabelle 43 wird mit einer Solaranlage zur Unterstützung der Trinkwassererwärmung ausgestattet. Mit dem Tabellenverfahren ergibt sich für diese Variantenberechnung die Anlagenaufwandszahl zu $e_P = 1,15$. Im Diagrammverfahren ist eine identische Anlage ausgewertet worden. Aus dem Diagramm kann eine Anlagenaufwandszahl von $e_P = 1,14$ abgelesen werden. Dies zeigt, daß für identische Anlagen die Resultate dieser beiden Verfahren nahezu gleich sind, da beide Verfahren auf den gleichen Berechnungsgrundlagen beruhen. Kleine Unterschiede im Ergebnis ergeben sich hier aus Rundungen, die bei den Tabellenwerten vorgenommen wurden oder durch Rundungsfehler bei der Berechnung der Anlagenaufwandszahl nach dem Tabellenverfahren.

Als weiteres Ergebnis für das vorliegende Beispielgebäude ergibt sich, daß bei der Berücksichtigung der tatsächlichen Kennwerte von Heizungs- und Trinkwasseranlage bei diesem Beispiel eine ca. 15% geringere Anlagenaufwandszahl errechnet wird als nach dem Tabellenverfahren. Dies ist darauf zurückzuführen, daß dem Tabellenverfahren nach DIN V 4701-10 [8] Anlagenkennwerte zugrundegelegt wurden, die dem unteren Niveau der derzeit üblichen Anlagen entsprechen.

Zur Beurteilung des Grenzwertes H_T' wird bei der Variante B das Wärmedämmniveau des Gebäudes so weit gesenkt, daß der Grenzwert H_T' (spezifischer, auf die wärmeübertragende Umfassungsfläche bezogener Transmissionswärmeverlust) gerade noch eingehalten wird. Durch den Einbau einer durchaus gängigen Brennwerttechnik ohne zusätzliche Solaranlage oder Lüftungsanlage kann auch für dieses Gebäude der zulässige Primärenergiebedarf eingehalten werden. Das bedeutet zumindest für dieses Beispiel, daß auch mit einem Wärmedämmstandard, der jenem der WSchVO 1995 entspricht, die Anforderungen der EnEV ohne große zusätzliche Ausgaben im Bereich der Anlagentechnik erfüllt werden können.

Zusammenfassend ist festzustellen, daß der Primärenergiebedarf mit der Anlagentechnik sehr stark beeinflußt werden kann und auch Gebäude mit einer Wärmedämmung, die dem Standard der WSchVO von 1995 entspricht (das heißt der Grenzwert H_T' wird gerade eben eingehalten), den zulässigen Primärenergiebedarf durchaus unterschreiten können. Hinsichtlich der Sicherstellung eines guten baulichen Wärmeschutzes ist der Grenzwert H_T' daher unbedingt erforderlich. Zudem werden durch einen guten baulichen Wärmeschutz auch der Ausfall von Oberflächentauwasser sowie als eventuelle Folge das Wachstum von Schimmelpilzen verhindert und ein behagliches Innenraumklima sichergestellt. Diese Tatsachen nehmen bei der Beurteilung des Gebäudes durch den Nutzer ebenfalls einen hohen Stellenwert ein.

5 Berechnungsbeispiel 2: Mehrfamilienhaus

Nachfolgend wird als weiteres Beispiel der Energiesparnachweis für ein Mehrfamilienhaus geführt. Auch bei diesem Beispiel wird zunächst eine Grundvariante ausführlich behandelt. Daran anschließend erfolgt die Betrachtung des Einflusses einer transparenten Wärmedämmung und einer Nachtabsenkung der Heizanlage. Die Methodik des Nachweises soll wiederum anhand der ausführlich dokumentierten Berechnungstabellen sowie anhand ergänzender Kommentare erläutert werden. Die Berechnungsgrößen sind eingangs in den Tabellen übersichtlich dargestellt. Daher wird bei diesem und dem folgenden Beispiel auch auf umfangreiche zusätzliche Erläuterungen verzichtet und der Schwerpunkt auf das eigentliche Nachweisverfahren gelegt.

Um die Übersichtlichkeit zu verbessern erfolgt die Ermittlung sämtlicher Werte nach dem gleichen Schema wie beim Einfamilienhaus. Dies gilt auch für Kennwerte, die erst im Abschnitt 5.5 im Rahmen der Variation einiger Randbedingungen benötigt werden.

5.1 Beschreibung des Gebäudes

Die Bauplanungsunterlagen des betrachteten Mehrfamilienhauses mit allen für die Nachweisführung erforderlichen Angaben sind in den Bildern 63 bis 72 dargestellt. Die in den Grundrißzeichnungen angegebenen Maße entsprechen den Ausbaumaßen; dies erleichtert die Flächenberechnung, da hierbei die Außenmaße angesetzt werden müssen. Das Kellergeschoß bindet an der Nordseite des Gebäudes voll in das Erdreich ein. Aufgrund einer Hanglage befindet sich der südliche Teil des Kellergeschosses jedoch ebenerdig. Der nach Süden orientierte Teil des Kellergeschosses liegt ebenso wie das Treppenhaus im beheizten Gebäudebereich. Lediglich die Kellerräume im Norden sind unbeheizt (in der Zeichnung mit „n.b." gekennzeichnet).

Auf einige Besonderheiten wird nachfolgend hingewiesen:

– In den Zeichnungen sind bis auf die Fensteröffnungen die Ausbaumaße angegeben, das heißt die Wanddicken der Außenwände werden inklusive Wärmedämmung und Putz angeben. Die Hüllfläche und das Volumen werden somit anhand der Außenmaße ermittelt.
– Die Höhe des Kellergeschosses wird bei der Flächenberechnung im gesamten Grundrißbereich bis zur Oberkante der Kellerdecke angenommen; das Treppenhaus wird in dieser Ebene gedanklich getrennt.
– Die Kellertüren werden bei der Flächenberechnung vernachlässigt.
– Die Wärmeverluste über erdberührte Bauteile werden unter Berücksichtigung der aus Tabelle 3 der DIN V 4108-6 [7] ermittelbaren Temperaturfaktoren berechnet.

152 5 Berechnungsbeispiel 2: Mehrfamilienhaus

Bild 63 Nordansicht des Mehrfamilienhauses

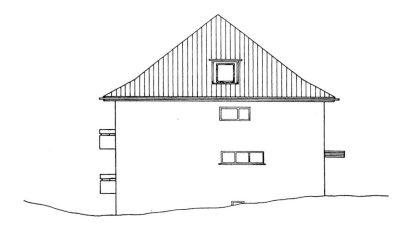

Bild 64 Ostansicht des Mehrfamilienhauses

5.1 Beschreibung des Gebäudes 153

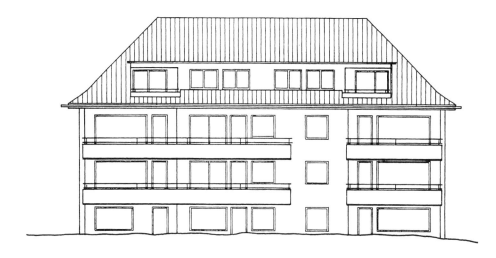

Bild 65 Südansicht des Mehrfamilienhauses

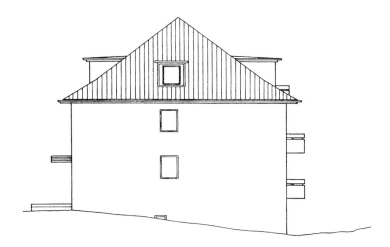

Bild 66 Westansicht des Mehrfamilienhauses

5 Berechnungsbeispiel 2: Mehrfamilienhaus

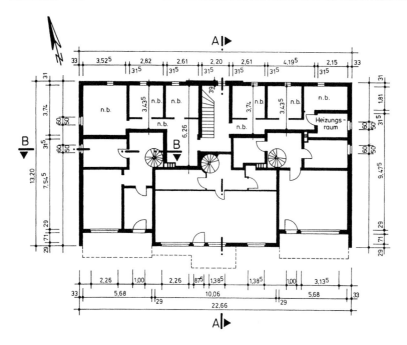

Bild 67 Grundriß KG des Mehrfamilienhauses

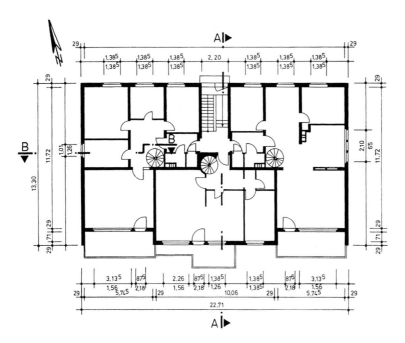

Bild 68 Grundriß EG des Mehrfamilienhauses

5.1 Beschreibung des Gebäudes

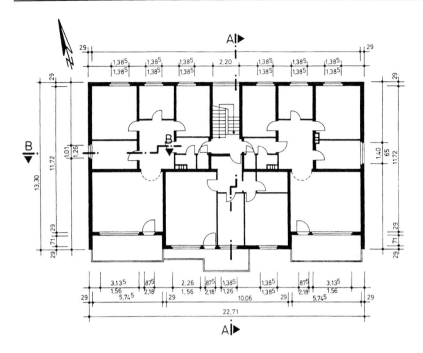

Bild 69 Grundriß OG des Mehrfamilienhauses

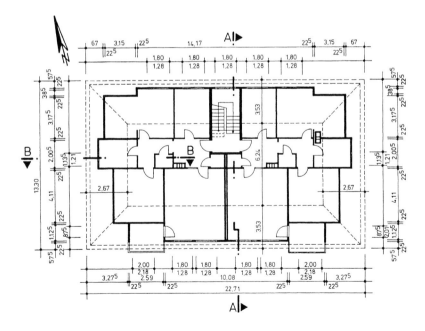

Bild 70 Grundriß DG des Mehrfamilienhauses

5 Berechnungsbeispiel 2: Mehrfamilienhaus

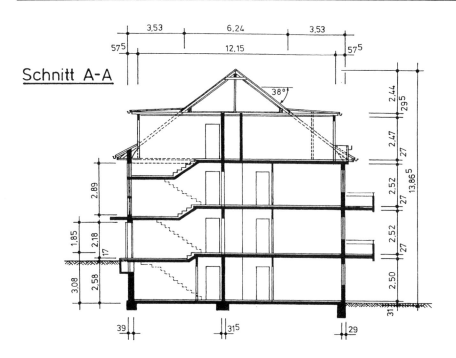

Bild 71   Schnitt A-A durch das Mehrfamilienhaus

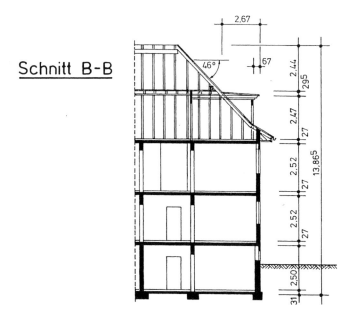

Bild 72   Schnitt B-B durch das Mehrfamilienhaus

5.2 Gebäudespezifische Kenngrößen

Weitere Erläuterungen zu den Berechnungen werden in den jeweiligen Tabellen gegeben. Im folgenden werden zunächst die gebäudespezifischen Kenngrößen angegeben.

5.2 Gebäudespezifische Kenngrößen

In diesem Abschnitt werden alle wesentlichen Kenngrößen des Gebäudes, die zur Berechnung des Heizwärmebedarfs nach dem Monatsbilanz- bzw. dem Heizperiodenbilanzverfahren erforderlich sind, berechnet. Die Flächen- und Volumenberechnungen finden sich in den Tabellen 44 bis 45. Die einzelnen Außenbauteile sind in den Bildern 73 bis 83 dargestellt. In Tabelle 46 sind die U-Werte der einzelnen Bauteile zusammengestellt.

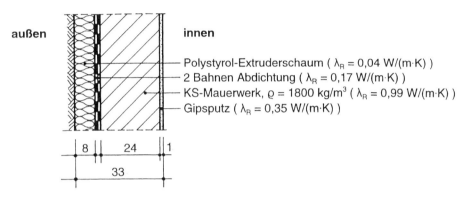

Bild 73 Kellerwand erdberührt (zum beheizten Bereich)

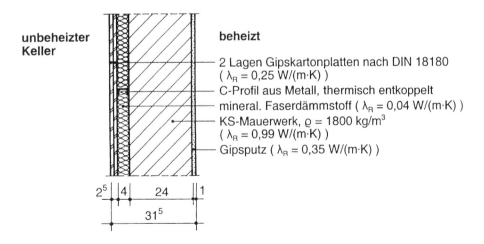

Bild 74 Innenwand zum unbeheizten Keller (Horizontalschnitt)

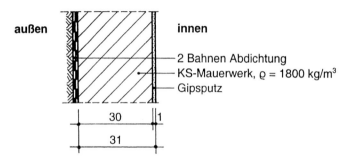

Bild 75 Kellerwand erdberührt (zum unbeheizten Bereich: nur informativ)

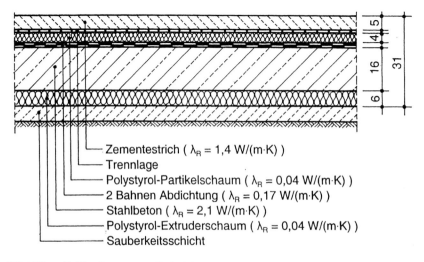

Bild 76 Fußboden gegen Erdreich

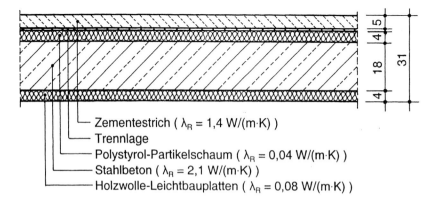

Bild 77 Decke über KG zum unbeheizten Kellerbereich

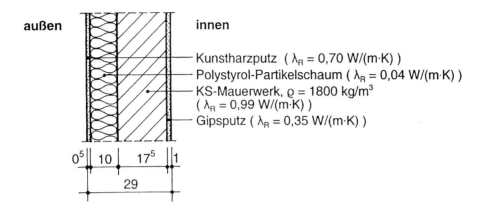

Bild 78 Außenwand an Außenluft

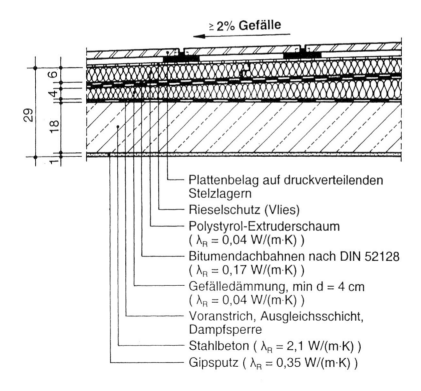

Bild 79 Fußboden der Balkone im DG

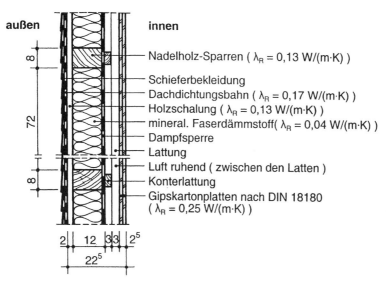

Bild 80   Außenwand der Gauben (Horizontalschnitt)

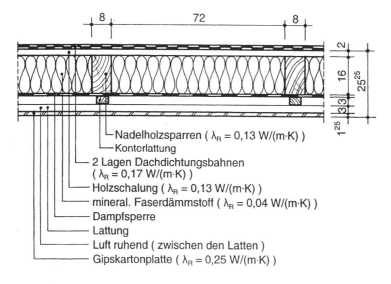

Bild 81   Dachkonstruktion der Gauben

5.2 Gebäudespezifische Kenngrößen

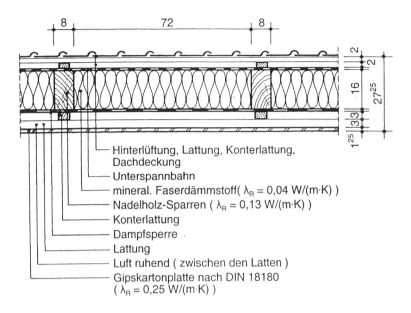

Bild 82 Schrägdachkonstruktion

- Hinterlüftung, Lattung, Konterlattung, Dachdeckung
- Unterspannbahn
- mineral. Faserdämmstoff ($\lambda_R = 0{,}04$ W/(m·K))
- Nadelholz-Sparren ($\lambda_R = 0{,}13$ W/(m·K))
- Konterlattung
- Dampfsperre
- Lattung
- Luft ruhend (zwischen den Latten)
- Gipskartonplatte nach DIN 18180 ($\lambda_R = 0{,}25$ W/(m·K))

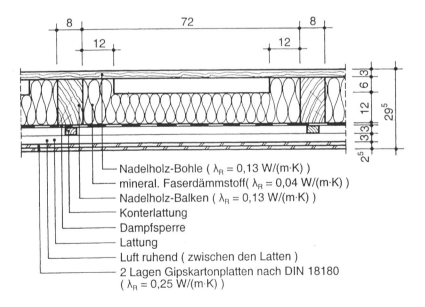

Bild 83 Decke zum unbeheizten Dachraum

- Nadelholz-Bohle ($\lambda_R = 0{,}13$ W/(m·K))
- mineral. Faserdämmstoff ($\lambda_R = 0{,}04$ W/(m·K))
- Nadelholz-Balken ($\lambda_R = 0{,}13$ W/(m·K))
- Konterlattung
- Dampfsperre
- Lattung
- Luft ruhend (zwischen den Latten)
- 2 Lagen Gipskartonplatten nach DIN 18180 ($\lambda_R = 0{,}25$ W/(m·K))

Tabelle 44 Berechnung der Hüllfläche für das Mehrfamilienhaus

Mehrfamilienhaus					
Hüllfläche [m²]					
Bauteile der wärmedämmenden Hüllfläche					
Bauteil	Nr.	Orientierung	Flächenberechnung		Fläche
Bodenplatte	1		22,66 · 13,20 − 2 · (0,33 + 5,68) · (0,29 + 0,71) − (0,33 + 3,525) · (0,31 + 3,74) − (0,315 + 2,82 + 0,315) · (0,31 + 3,435) − 2,61 · (0,31 + 6,26) + (0,315 + 2,20 + 0,315) · 0,08 − 2,61 · (0,31 + 3,74) − (0,315 + 4,195) · (0,31 + 3,435) − (0,315 + 2,15 + 0,33) · (0,31 + 1,81)		208,25 m²
Fenster (KG)	2	Norden, 90°[1]	0,60 · 0,50		0,30 m²
	3	Norden (Tür)[2]	2,20 · (0,31 + 2,50 + 0,27 − 2,58 − 0,17)		0,73 m²
	4	Westen, 90°	0,60 · 0,50		0,30 m²
	5	Süden, 90°	2,26 · 1,385 + 1,00 · 2,18 + 2,26 · 1,385 + 0,875 · 2,18 + 1,385 · 1,385 · 2 + 1,00 · 2,18 + 3,135 · 1,56		21,25 m²
	6	Osten, 90°	2 · 0,60 · 0,50		0,60 m²
AW erdberührt (KG)	7	Norden	(0,315 + 2,20 + 0,315) · 2,58 − 0,30 [Fenster]		7,00 m²
	8	Westen	0,5 · 2,58 · ((0,315 + 7,545 + 0,29 + 0,71 + 0,29)/13,20) · (0,315 + 7,545 + 0,29 + 0,71 + 0,29) − 0,5 · 2,58 · ((0,71 + 0,29) / 13,20) · (0,71 + 0,29)		8,08 m²
	9	Osten	0,5 · 2,58 · ((0,315 + 9,475 + 0,29 + 0,71 + 0,29) / 13,20) · (0,315 + 9,475 + 0,29 + 0,71 + 0,29) − 0,5 · 2,58 · ((0,71 + 0,29)/13,20) · (0,71 + 0,29)		11,90 m²
AW luftberührt (KG)	10	Norden	(0,315 + 2,20 + 0,315) · (0,31 + 2,50 + 0,27 − 2,58) − 0,73 [Fenstertür]		0,69 m²
	11	Westen[3]	(0,315 + 7,545 + 0,29) · (0,31 + 2,50 + 0,27) − 8,08 [erdberührter Bereich] − 0,30 [Fenster] + (0,71 + 0,29) · (0,31 + 2,50 + 0,27)		19,80 m²
	12	Süden	((0,33 + 5,68 + 0,29) · 2 + 10,06) · (0,31 + 2,50 + 0,27) − 21,25 [Fenster]		48,54 m²
	13	Osten[3]	(0,315 + 9,475 + 0,29) · (0,31 + 2,50 + 0,27) − 11,90 [erdberührter Bereich] − 0,60 [Fenster] + (0,71 + 0,29) · (0,31 + 2,50 + 0,27)		21,63 m²
IW zum unbeheizten Kellerbereich	14	[4] [5]	(0,33 + 3,525 + (3,74 − 3,435) + 0,315 + 2,82 + 0,315 + (6,26 − 3,435) + 2,61 + 6,26 + 0,39 + 0,39 + 3,74 + 2,61 + (3,74 − 3,435) + 0,315 + 4,195 + (3,435 − 1,81) + 0,315 + 2,15 + 0,33) · (0,31 + 2,50 + 0,27)		109,86 m²
Kellerdecke über unbeheizt. Bereich	15		22,66 · 13,20 − 2 · (0,33 + 5,68) · (0,29 + 0,71) − 208,25 [Bodenplatte]		78,84 m²
Fenster (EG und OG)	16	Norden, 90°	12 · 1,385 · 1,385 + 2,20 · 1,85 + 2,20 · 2,89		33,45 m²
	17	Westen, 90°	2 · 1,01 · 1,26		2,55 m²
	18	Süden, 90°	4 · 3,135 · 1,56 + 6 · 0,875 · 2,18 + 2 · 2,26 · 1,56 + 2 · 1,385 · 1,26 + 2 · 1,385 · 1,385		45,39 m²

5.2 Gebäudespezifische Kenngrößen

Tabelle 44 Berechnung der Hüllfläche für das Mehrfamilienhaus (Fortsetzung)

Bauteil	Nr.	Orientierung	Flächenberechnung	Fläche
	19	Osten, 90°	2,10 · 0,65 + 1,40 · 0,65	2,28 m²
AW (EG und OG)	20	Norden	22,71 · (2 · 2,52 + 2 · 0,27) − 33,45 [Fenster]	93,27 m²
	21	Westen	13,30 · (2 · 2,52 + 2 · 0,27) − 2,55 [Fenster] + (0,71 + 0,29) · (2 · 2,52 + 2 · 0,27)	77,24 m²
	22	Süden	22,71 · (2 · 2,52 + 2 · 0,27) − 45,39 [Fenster]	81,33 m²
	23	Osten	13,30 · (2 · 2,52 + 2 · 0,27) − 2,28 [Fenster] + (0,71 + 0,29) · (2 · 2,52 + 2 · 0,27)	77,51 m²
Balkonboden (DG)	24	[6]	2 · (0,225 + 2,59) · (0,575 + 0,225 + 1,125)	10,84 m²
Schrägdach	25	Norden, 38°	(22,71 − 2 · 2,67) · 3,53/cos 38° + 2,67 · 3,53/cos 38° − (2 · 0,225 + 14,17) · (3,53 − 0,575)/cos 38°	34,95 m²
	26	Westen, 46°	6,24 · 2,67/cos 46° + 3,53 · 2,67/cos 46° − (2 · 0,225 + 2,005) · (2,67 − 0,67)/cos 46°	30,48 m²
	27	Süden, 38°	(22,71 − 2 · 2,67) · 3,53/cos 38° + 2,67 · 3,53/cos 38° − (2 · 0,225 + 10,08) · (3,53 − 0,575)/cos 38° − (2 · 0,225 + 2 · 2,59) · 3,53/cos 38°	25,07 m²
	28	Osten, 46°	6,24 · 2,67/cos 46° + 3,53 · 2,67/cos 46° − (2 · 0,225 + 2,005) · (2,67 − 0,67)/cos 46°	30,48 m²
Fenster (DG)	29	Norden, 90°	5 · 1,80 · 1,28	11,52 m²
	30	Westen, 90°	1,135 · 1,21 + 0,875 · 2,01	3,13 m²
	31	Süden, 90°	4 · 1,80 · 1,28 + 2 · 2,00 · 2,18	17,94 m²
	32	Osten, 90°	1,135 · 1,21 + 0,875 · 2,01	3,13 m²
AW Gaube (DG)	33	Norden, 90°	(2 · 0,225 + 14,17) · (2,47 + 0,295 − 0,575 · 2,765 / 3,53) − 11,52 [Fenster] + 2 · 0,5 · (2,67 − 0,67) · (2,47 + 0,295 − 0,67 · 2,765/2,67)	26,46 m²
	34	Westen, 90°	(2 · 0,225 + 2,005) · (2,47 + 0,295 − 0,67 · 2,765/2,67) + (0,225 + 1,125) · (2,47 + 0,295) − 3,13 [Fenster] + 0,5 · (3,53 − 0,575 − 0,225 − 1,125) · (2,47 + 0,295 − (0,575 + 0,225 + 1,125) · 2,765/3,53) + 0,5 · (3,53 − 0,575) · (2,47 + 0,295 − 0,575 · 2,765/3,53)	10,12 m²
	35	Süden, 90°	(0,225 + 10,08 + 0,225) · (2,47 + 0,295 − 0,575 · 2,765/3,53) + 2 · (0,225 + 2,59) · (2,47 + 0,295) − 17,94 [Fenster] + 2 · 0,5 · (2,67 − 0,67) · (2,47 + 0,295 − 0,67 · 2,765/2,67)	26,14 m²
	36	Osten, 90°	(2 · 0,225 + 2,005) · (2,47 + 0,295 − 0,67 · 2,765/2,67) + (0,225 + 1,125) · (2,47 + 0,295) − 3,13 [Fenster] + 0,5 · (3,53 − 0,575 − 0,225 − 1,125) · (2,47 + 0,295 − (0,575 + 0,225 + 1,125) · 2,765/3,53) + 0,5 · (3,53 − 0,575) · (2,47 + 0,295 − 0,575 · 2,765/3,53)	10,12 m²
Dachfläche über Gauben (horizontal)	37		(0,225 + 14,17 + 0,225) · (3,53 − 0,575) [Nordgaube] + (0,225 + 2,005 + 0,225) · (2,67 − 0,67) [Westgaube] + (22,71 − 2 · 2,67) · (3,53 − 0,575) − 2 · (2,59 + 0,225) · (0,225 + 1,125) [Südgaube] + (0,225 + 2,005 + 0,225) · (2,67 − 0,67) [Ostgaube]	96,75 m²
Kehlebene	38		6,24 · (22,71 − 2 · 2,67)	108,39 m²
Hüllfläche gesamt:			Σ =	1396,31 m²

[1] Dieses Fenster ist baulich bedingt immer verschattet und wird daher nicht bei der Berechnung der solaren Wärmegewinne durch transparente Bauteile angesetzt.
[2] Die Grenze KG/EG wird bei der Flächenberechnung an der Oberkante Kellerdecke angesetzt.
[3] Die Wandabmessungen des erdberührten Bereichs werden vereinfacht auch im luftberührten Bereich angesetzt.
[4] Die Wand wird im Bereich des Treppenraumes vereinfacht ebenfalls geschosshoch betrachtet.
[5] Die Türen werden vereinfacht dem Wandbereich zugerechnet.
[6] Das höhere Niveau des Balkonbodens wird vernachlässigt.

Tabelle 45 Volumenberechnung für das Mehrfamilienhaus

Mehrfamilienhaus			
Volumen			
Baukörper	Nr.	Volumenberechnung	Volumen
KG	1	208,25 · (0,31 + 2,50 + 0,27)	641,41 m³
EG und OG	2	(22,71 · 13,30 – 2 · (0,29 + 5,745) · (0,29 + 0,71)) · (2,52 + 0,27) · 2	1618,05 m³
DG[1]	3	(22,71 – 2,67) · (13,30 – 3,53) · (2,47 + 0,295) [Walmdach] + 0,5 · (3,53 – 0,575) · (2,47 + 0,295 – 0,575 · 2,765/3,53) · (0,225 + 14,17 + 0,225) [Gauben Nord] + 0,5 · (3,53 – 0,575) · (2,47 + 0,295 – 0,575 · 2,765/3,53) · (0,225 + 10,08 + 0,225) + 2 · 0,5 · (3,53 – 0,575 – 0,225 – 1,125) · (2,47 + 0,295 – (0,575 + 0,225 + 1,125) · 2,765/3,53) · (0,225 + 2,59) [Gauben Süd] + 2 · 0,5 · (2,67 – 0,67) · (2,47 + 0,295 – 0,67 · 2,765/2,67) · (0,225 + 2,005 + 0,225) [Gauben West/Ost]	642,88 m³
Gebäudevolumen:		Σ =	2902,34 m³

[1] Die Berechnung des Volumens unterhalb der Walmdachfläche erfolgt in guter Näherung vereinfacht.

Tabelle 46 Übersicht über die U-Werte der wärmedämmenden Hüllfläche

Monatsbilanzverfahren Mehrfamilienhaus		
Übersicht über die Wärmedurchgangskoeffizienten der wärmedämmenden Hüllfläche U [W/(m² K)]		
Bauteil	U [W/(m² K)]	Bemerkungen
Bodenplatte	0,35	
Außenwand an Erdreich	0,41	
Wand zum unbeheizten Keller	0,61	Türen vernachlässigt
Kellerdecke	0,51	
Außenwand an Außenluft	0,35	
Außenwand an Außenluft (mit TWD)	0,62	Berücksichtigung in Variante
Fenster	1,20	
Balkonboden Dachgeschoß	0,36	
Außenwand Gaube	0,32	
Schrägdach	0,27	hinterlüftet
Gaubendach	0,26	
Kehlebene	0,29	

Die Berechnung der wirksamen Speicherfähigkeit $C_{wirk,\eta}$ zur Bestimmung des Ausnutzungsgrades η der Wärmegewinne des Gebäudes erfolgt ebenso wie die Berechnung der wirksamen Speicherfähigkeit $C_{wirk,NA}$ zur Berücksichtigung der Nachtabschaltung pauschal.

5.3 Monatsbilanzverfahren

5.3.1 Randbedingungen zur Berechnung

In Tabelle 47 sind die wesentlichen Randbedingungen zum Gebäude und zur Berechnung sowie in Tabelle 48 die wesentlichen Korrekturfaktoren für den Nachweis nach dem Monatsbilanzverfahren zusammengefaßt. Tabelle 49 enthält die Klimarandbedingungen für den mittleren Standort Deutschland nach DIN V 4108-6 [7] Tabelle D.5, die für den öffentlich-rechtlichen Nachweis zu verwenden sind.

Tabelle 47 Randbedingungen zum Gebäude und zur Berechnung nach dem Monatsbilanzverfahren

Monatsbilanzverfahren Mehrfamilienhaus		
Randbedingungen		
Variablen	Angaben	
Hüllfläche	A = 1396,31 m² (siehe Flächenberechnung in Tabelle 44)	
Volumen	V_e = 2902,34 m³ (Bruttovolumen, siehe Volumenberechnung in Tabelle 45) V = 2321,87 m³ (Nettovolumen: $V = 0{,}80 \cdot V_e$)	
A/V_e-Verhältnis	A/V_e = 0,48 m⁻¹	
Nutzfläche	A_N = 928,75 m² ($A_N = 0{,}32 \cdot V_e$ gemäß DIN 4108-6 [7], Tabelle D.3)	
Fassadenausrichtung	Die Orientierungen der Fassaden weichen nur minimal von den Hauptrichtungen ab, daher werden die Fassaden den Himmelsrichtungen zugeordnet.	
Klimadaten	Mittlerer Standort Deutschland, siehe Tabelle 49	
Innenlufttemperatur	θ_i = 19 °C	
Wärmebrücken	pauschal nach DIN V 4108-6 bzw. Beiblatt 2	
Korrekturfaktoren	siehe Tabelle 48	
Nachtabschaltung	siehe Tabelle 67	
Lüftung	freie Lüftung mit Luftdichtheitsprüfung: n = 0,6 1/h	
Interne Wärmegewinne	q_i = 5 W/m² (für Wohngebäude gemäß DIN 4108-6 [7], Tabelle D.3)	
Solare Wärmegewinne	Solare Wärmegewinne über transp. Bauteile werden nach Abminderung mit dem Nutzungsgrad in der Gesamtbilanzierung als nutzbare Gewinne berücksichtigt.	
	Solare Strahlungswärmegewinne über opake Bauteile werden nur in Varianten berücksichtigt. Sie werden von den Wärmeverlusten voll abgezogen ($\eta = 1$).	
Absorptionskoeffizienten	α = 0,5 : Wände	
	α = 0,9 : Transparente Wärmedämmung (Variante)	
Emissionsgrad	ε = 0,8 : Emissionsgrad der Außenfläche für Wärmestrahlung	
Heizungsanlage	siehe Anlagenbeschreibung	

Tabelle 48 Übersicht über die wesentlichen Korrekturfaktoren

Monatsbilanzverfahren Mehrfamilienhaus			
Ausgangsgrößen			
Größe/Einheit		Wert	Erläuterung
A_G [m²]	=	208,25	Grundfläche der Bodenplatte (beheizter Bereich)
P [m]	=	81,39	Umfang der Bodenplatte (beheizter Bereich)
B' [m]	=	5,12	Beiwert zur Berechnung der Korrekturfaktoren F_{bf} und F_{bw}
F_{bf} [-]	=	siehe unten	Temperaturkorrekturfaktor zur Ermittlung der Transmissionswärmeverluste der Bodenplatte
F_{bw} [-]	=	siehe unten	Temperaturkorrekturfaktor zur Ermittlung der Transmissionswärmeverluste der erdberührten Kellerwände
R_f [m² K/W]	=	2,83	Wärmedurchlaßwiderstand der Bodenplatte
R_w [m² K/W]	=	2,45	Wärmedurchlaßwiderstand der erdberührten A_w

Übersicht über die wesentlichen Korrekturfaktoren F_X [-]			
Bauteil	Bemerkungen	Faktor	Wert [-]
Bodenplatte	A_G = 208,25 m² P = (0,315 + 7,545 + 0,29 + 0,71 + 0,29) + 22,66 + (0,29 + 0,71 + 0,29 + 9,475 + 0,315) + 22,66 + (3,435 − 1,81) + (3,74 − 3,435) + (3,74 + 0,39) + (0,39 + 6,26) + (6,26 − 3,435) + (3,74 − 3,435) = 81,39 m B' = A_G/(0,5 P) = 5,12 m > 5 m R_f = (siehe U-Werte) = 2,83 (m² K/W) > 1 (m² K/W)	F_{bf} =	0,40
Außenwand an Erdreich	A_G, P, B': wie oben; R_w = (siehe U-Werte) = 2,45 (m² K/W) > 1 (m² K/W)	F_{bw} =	0,60
Außenwand an Außenluft	Temperaturkorrekturfaktor	F_{AW} =	1,00
Dachfläche	Temperaturkorrekturfaktor	F_D =	1,00
Kellerdecke	Temperaturkorrekturfaktor	F_U =	0,50
Wand zum unbeheizten Keller	Temperaturkorrekturfaktor	F_U =	0,50
Kehlebene	Temperaturkorrekturfaktor	F_U =	0,80
Fenster	Korrekturfaktor für den Rahmenanteil	F_F =	0,70
	Korrekturfaktor infolge nicht senkr. Einstrahlung	F_W =	0,90
	Korrekturfaktor für Sonnenschutzvorrichtung	F_C =	1,00
	Korrekturfaktor für Verschattung	F_S =	0,90
Transparente Wärmedämmung	Formfaktor zw. dem Bauteil und dem Himmel (45°–90°: F_f = 0,5)	F_f =	0,50

5.3 Monatsbilanzverfahren

Tabelle 49 Anzahl der Tage je Monat sowie Temperaturen und Strahlungsintensitäten für den „mittleren Standort Deutschland"

Parameter		Monatsbilanzverfahren Mehrfamilienhaus											
		Klimarandbedingungen für das Monatsbilanzverfahren											
		Jan.	Feb.	Mrz.	Apr.	Mai	Jun.	Jul.	Aug.	Sep.	Okt.	Nov.	Dez.
		Anzahl der Tage [d]											
t_M	[d/M]	31	28	31	30	31	30	31	31	30	31	30	31
		Temperaturen[1] [°C]											
θ_e	[°C]	−1,3	0,6	4,1	9,5	12,9	15,7	18,0	18,3	14,4	9,1	4,7	1,3
θ_i	[°C]	19	19	19	19	19	19	19	19	19	19	19	19
		Strahlungsintensitäten I_{si}[1] [W/m²]											
Nord	90°	14,0	23,0	34,0	64,0	81,0	99,0	100,0	70,0	48,0	33,0	18,0	10,0
West/Ost	90°	25,0	37,0	53,0	125,0	131,0	150,0	156,0	115,0	90,0	51,0	28,0	15,0
Süd	90°	56,0	61,0	80,0	137,0	119,0	130,0	135,0	112,0	115,0	81,0	54,0	33,0
Horizontal	0°	33,0	52,0	82,0	190,0	211,0	256,0	255,0	179,0	135,0	75,0	39,0	22,0

[1] Werte gemäß DIN V 4108-6 [7], Tabelle D.5;

5.3.2 Wärmeverluste des Mehrfamilienhauses

In diesem Abschnitt erfolgt die Bestimmung der spezifischen und anschließend der absoluten Wärmeverluste des Gebäudes für jeden Monat. Die Monatswerte werden dann zu einem Jahreswert zusammengefaßt.

Bestimmung der spezifischen Wärmeverluste

Zunächst wird der spezifische Transmissionswärmeverlust H_T (Tabelle 50) ermittelt. Dividiert man den spezifischen Transmissionswärmeverlust durch die wärmedämmende Hüllfläche des Gebäudes, erhält man den spezifischen, auf die wärmeübertragende Umfassungsfläche bezogenen Transmissionswärmeverlust H_T', der ein Maß für das Wärmedämmniveau des Gebäudes darstellt. Diese Kenngröße darf einen in der EnEV [5] festgelegten und vom Verhältnis Hüllfläche/Bruttovolumen A/V_e abhängigen Grenzwert nicht überschreiten. Damit wird sichergestellt, daß das Gebäude zumindest das in der WSchVO geforderte Wärmedämmniveau aufweist. Der Nachweis wird in Kapitel 5.3.6 geführt.

In Tabelle 51 werden die spezifischen Lüftungswärmeverluste H_V ermittelt. Die spezifischen Wärmeverluste zwischen Innenluft und wärmespeichernden Bauteilen H_{ic} werden in diesem Beispiel pauschal angesetzt. Die Berechnung der spezifischen Wärmeverluste der leichten Bauteile H_w erfolgt in Tabelle 52. Die beiden letzten Größen werden zur Berechnung der verringerten Wärmeverluste infolge Nachtabschaltung im Abschnitt 5.5 benötigt.

Tabelle 50 Spezifischer Transmissionswärmeverlust

Monatsbilanzverfahren Mehrfamilienhaus					
Ausgangsgrößen					
Größe/Einheit	Wert			Erläuterung	
V_e [m³]	=			2902,34	Bruttovolumen des Gebäudes
A_N [m²]	=			928,75	Nutzfläche des Gebäudes ($A_N = 0{,}32 \cdot V_e$)
A [m²]	= siehe Tabelle 44				Hüllflächenanteile nach Bauteilen und Orientierung untergliedert
U [W/(m² K)]	= siehe Tabelle 46				Wärmedurchgangskoeffizient
ΔU_{WB} [W/(m² K)]	=			0,05	Wärmebrückenzuschlag zur Berücksichtigung der zusätzlichen Transmissionswärmeverluste durch Wärmebrücken
F_X [–]	= siehe Tabelle 48				Temperaturkorrekturfaktor
$H_{T,o.WB}$ [W/K]	= siehe unten				spezifischer Transmissionswärmeverlust des Gebäudes ohne WB-Zuschlag
$H_{T,WB}$ [W/K]	= siehe unten				spezifischer Transmissionswärmeverlust des Gebäudes infolge Wärmebrücken
Berechnung					
H_T [W/K]	= $\Sigma(A_i \cdot U_i \cdot F_{Xi} + A_i \cdot \Delta U_{WB})$ = spezifischer Transmissionswärmeverlust				
Spezifischer Transmissionswärmeverlust H_T [W/K]					
Bauteil	Orientierung	A [m²]	U-Wert [W/(m² K)]	U · A [W/K]	F_X [–]	U · A · F_X [W/K]
Bodenplatte		208,25	0,35	72,89	0,40	29,16
Fenster KG	Norden	0,30	1,20	0,36	1,00	0,36
	Norden	0,73	1,20	0,88	1,00	0,88
	Westen	0,30	1,20	0,36	1,00	0,36
	Süden	21,25	1,20	25,50	1,00	25,50
	Osten	0,60	1,20	0,72	1,00	0,72
AW erdberührt	Norden	7,00	0,41	2,87	0,60	1,72
	Westen	8,08	0,41	3,31	0,60	1,99
	Osten	11,90	0,41	4,88	0,60	2,93
AW luftberührt (KG)	Norden	0,69	0,35	0,24	1,00	0,24
	Westen	19,80	0,35	6,93	1,00	6,93
	Süden	48,54	0,35	16,99	1,00	16,99
	Osten	21,63	0,35	7,57	1,00	7,57
IW z. unb. Keller		109,86	0,61	67,01	0,50	33,51
Kellerdecke		78,84	0,51	40,21	0,50	20,10
Fenster (EG/OG)	Norden	33,45	1,20	40,14	1,00	40,14
	Westen	2,55	1,20	3,06	1,00	3,06
	Süden	45,39	1,20	54,47	1,00	54,47
	Osten	2,28	1,20	2,74	1,00	2,74

Tabelle 50 Spezifischer Transmissionswärmeverlust (Fortsetzung)

Bauteil	Orientierung	A [m²]	U-Wert [W/(m² K)]	U · A [W/K]	F_x [-]	U · A · F_x [W/K]
AW (EG/OG)	Norden	93,27	0,35	32,64	1,00	32,64
	Westen	77,24	0,35	27,03	1,00	27,03
	Süden	81,33	0,35	28,47	1,00	28,47
	Osten	77,51	0,35	27,13	1,00	27,13
Balkonboden DG		10,84	0,36	3,90	1,00	3,90
Schrägdach	Norden	34,95	0,27	9,44	1,00	9,44
	Westen	30,48	0,27	8,23	1,00	8,23
	Süden	25,07	0,27	6,77	1,00	6,77
	Osten	30,48	0,27	8,23	1,00	8,23
Fenster (DG)	Norden	11,52	1,20	13,82	1,00	13,82
	Westen	3,13	1,20	3,76	1,00	3,76
	Süden	17,94	1,20	21,53	1,00	21,53
	Osten	3,13	1,20	3,76	1,00	3,76
AW Gaube	Norden	26,46	0,32	8,47	1,00	8,47
	Westen	10,12	0,32	3,24	1,00	3,24
	Süden	26,14	0,32	8,36	1,00	8,36
	Osten	10,12	0,32	3,24	1,00	3,24
Gaubendach		96,75	0,26	25,16	1,00	25,16
Kehlebene		108,39	0,29	31,43	0,80	25,15
Hüllfläche	A [m²] =	1396,31		$H_{T,o.WB}$ [W/K] =		517,70
Wärmebrückenzuschlag ($\Delta U_{WB} \cdot A$) = $H_{T,WB}$ [W/K]:			0,05	69,82	1,00	69,82
Spezifischer Transmissionswärmeverlust:					H_T [W/K] =	587,52
Spezifischer auf die Umfassungsfläche (Hüllfläche) bezogener Transmissionswärmeverlust (H_T/A):					H_T' [W/(m² K)] =	0,42

Tabelle 51 Spezifischer Lüftungswärmeverlust

Monatsbilanzverfahren Mehrfamilienhaus			
Ausgangsgrößen			
Größe/Einheit		Wert	Erläuterung
V_e [m³]	=	2902,34	Bruttovolumen des Gebäudes
V_L [m³]	=	2321,87	Luftvolumen des Gebäudes (siehe DIN V 4108-6 [7], Tabelle D.3, hier: $0,80 \cdot V_e$)
ρ_L [kg/m³]	≈	1,18	Dichte von Luft bei 1 bar und normalen Innentemperaturen
c_{pl} [Wh/(kg K)]	≈	0,28	spezifische Wärmekapazität von Luft
$\rho_L \cdot c_{pl}$ [Wh/(m³ K)]	=	0,34	gemäß DIN V 4108-6 [7] anzusetzender Wert für das Produkt aus Luftdichte und spezifischer Wärmekapazität bei der Ermittlung der Lüftungswärmeverluste
n [1/h]	=	0,60	Luftwechsel gemäß DIN V 4108-6 [7], Tabelle D.3, hier: n = 0,6 (1/h) (mit Luftdichtheitsprüfung $n_{50} < 3,0$ (1/h) und ohne Lüftungsanlage)
Berechnung			
H_V [W/K]	\multicolumn{3}{l	}{$= n \cdot \rho_L \cdot c_{pl} \cdot V_L$}
Spezifischer Lüftungswärmeverlust des Gebäudes H_V [W/K]			
V_L [m³]	$\rho_L \cdot c_{pl}$ [Wh/(m³ K)]	n [1/h]	H_V [W/K]
2321,87	0,34	0,60	473,66

Tabelle 52 Spezifischer Transmissionswärmeverlust der leichten Bauteile (Fenster, Türen, Paneele, etc.) zur Berechnung der Nachtabschaltung

Monatsbilanzverfahren Mehrfamilienhaus					
Ausgangsgrößen					
Größe/Einheit		Wert	Erläuterung		
V_e [m³]	=	2902,34	Bruttovolumen des Gebäudes		
A_N [m²]	=	928,75	Nutzfläche des Gebäudes ($A_N = 0{,}32 \cdot V_e$)		
A [m²]	=	siehe Tabelle 44	Hüllflächenanteile der leichten Bauteile		
U [W/(m² K)]	=	siehe Tabelle 46	Wärmedurchgangskoeffizient		
ΔU_{WB} [W/(m² K)]	=	0,05	Zuschlag zur Berücksichtigung der Transmissionswärmeverluste durch Wärmebrücken		
F_x [–]	=	siehe Tabelle 48	Temperaturkorrekturfaktor		
Berechnung					
H_w [W/K]	=	$\Sigma (A_i \cdot U_i \cdot F_{x,i})$			
Spezifischer Transmissionswärmeverlust der leichten Bauteile H_w [W/K]					
Bauteil	Orientierung	A [m²]	U-Wert [W/(m² K)]	U · A [W/K]	F_x [–]	U · A · F_x [W/K]
Fenster	Norden	46,00	1,20	55,20	1,00	55,20
	Osten	6,01	1,20	7,22	1,00	7,22
	Süden	84,58	1,20	101,50	1,00	101,50
	Westen	5,98	1,20	7,18	1,00	7,18
Fläche	A [m²] =	142,57			$\Sigma =$	171,10
Wärmebrückenzuschlag ($\Delta U_{WB} \cdot A$):			0,05	7,13	1,00	7,13
Spezifischer Transmissionswärmeverlust der leichten Bauteile:					H_w [W/K] =	178,23

Reduktion der monatlichen Wärmeverluste infolge Nachtabschaltung und Strahlungswärmegewinne über opake Bauteile

Eine Reduktion der monatlichen Wärmeverluste infolge Nachtabschaltung sowie infolge Strahlungsabsorption opaker Bauteile wird bei dieser Berechnung zunächst nicht berücksichtigt.

Zusammenstellung der Wärmeverluste des Gebäudes

In Tabelle 53 werden alle Wärmeverluste des Gebäudes noch einmal zusammengefaßt und zu monatlichen Gesamtverlusten summiert. Informativ sind auch die Jahressummen der einzelnen Anteile und des gesamten Wärmeverlustes angegeben.

Tabelle 53 Ermittlung der monatlichen Wärmeverluste

Monatsbilanzverfahren Mehrfamilienhaus		
Ausgangsgrößen		
Größe/Einheit	Wert	Erläuterung
$H_{T,o.WB}$ [W/K] =	517,70	spezifischer Transmissionswärmeverlust des Gebäudes ohne WB-Zuschlag
$H_{T,WB}$ [W/K] =	69,82	spezifischer Transmissionswärmeverlust des Gebäudes infolge Wärmebrücken
H_V [W/K] =	473,66	spezifischer Lüftungswärmeverlust des Gebäudes (n = 0,6 1/h)
θ_e [°C] =	siehe Tabelle 49	durchschnittliche monatliche Außentemperatur (DIN V 4108-6 [7], Tabelle D.5)
θ_i [°C] =	19,00	Innentemperatur siehe Tabelle 47 (aus DIN V 4108-6 [7], Tabelle D.3)
t_M [d/M] =	siehe Tabelle 49	Anzahl der Tage je Monat
$Q_{T,o.WB,M}$ [kWh/M] =	siehe unten	monatlicher Transmissionswärmeverl. ohne Berücksichtigung der Verluste durch Wärmebrücken, es gilt: $Q_{T,o.WB,M}$ [kWh/M] = $H_{T,o.WB} \cdot (\theta_i - \theta_e) \cdot t_M \cdot 24/1000$
$Q_{T,WB,M}$ [kWh/M] =	siehe unten	monatlicher Transmissionswärmeverlust infolge der Verluste durch Wärmebrücken, es gilt: $Q_{T,WB,M}$ [kWh/M] = $H_{T,WB} \cdot (\theta_i - \theta_e) \cdot t_M \cdot 24/1000$
$Q_{V,M}$ [kWh/M] =	siehe unten	monatlicher Lüftungswärmeverlust, es gilt: $Q_{V,M}$ [kWh/M] = $H_V \cdot (\theta_i - \theta_e) \cdot t_M \cdot 24/1000$
$Q_{NA,M}$ [kWh/M] =	–	monatliche Reduzierung der Wärmeverluste durch Nachtabschaltung
$Q_{S,op,M}$ [kWh/M] =	–	monatliche solare Wärmegewinne über opake Bauteile
Berechnung		
$Q_{T,o.WB,M}$ [kWh/M] = $H_{T,o.WB} \cdot (\theta_i - \theta_e) \cdot t_M \cdot 24/1000$		
$Q_{T,WB,M}$ [kWh/M] = $H_{T,WB} \cdot (\theta_i - \theta_e) \cdot t_M \cdot 24/1000$		
$Q_{V,M}$ [kWh/M] = $H_V \cdot (\theta_i - \theta_e) \cdot t_M \cdot 24/1000$		
$Q_{l,M}$ [kWh/M] = $Q_{T,o.WB,M} + Q_{T,WB,M} + Q_{V,M} - Q_{NA,M} - Q_{S,op,M}$ = monatliche Wärmeverluste		
Ermittlung der monatlichen Wärmeverluste unter Berücksichtigung der Gutschriften infolge Nachtabschaltung und solarer Wärmegewinne über opake Bauteile $Q_{l,M}$ [kWh/M]		

Monat	$Q_{T,o.WB,M}$ [kWh/M]	$Q_{T,WB,M}$ [kWh/M]	$Q_{V,M}$ [kWh/M]	$Q_{NA,M}$ [kWh/M]	$Q_{S,op,M}$ [kWh/M]	$Q_{l,M}$ [kWh/M]
Januar	7818,9	1054,5	7153,8	0,0	0,0	16027,2
Februar	6401,3	863,3	5856,7	0,0	0,0	13121,3
März	5739,0	774,0	5250,8	0,0	0,0	11763,8
April	3541,1	477,6	3239,8	0,0	0,0	7258,5
Mai	2349,5	316,9	2149,7	0,0	0,0	4816,1
Juni	1230,1	165,9	1125,4	0,0	0,0	2521,4
Juli	385,2	51,9	352,4	0,0	0,0	789,5
August	269,6	36,4	246,7	0,0	0,0	552,7
September	1714,6	231,2	1568,8	0,0	0,0	3514,6
Oktober	3813,2	514,3	3488,8	0,0	0,0	7816,3
November	5330,2	718,9	4876,8	0,0	0,0	10925,9
Dezember	6817,5	919,4	6237,5	0,0	0,0	13974,4
	$Q_{T,o.WB}$ [kWh/a]	$Q_{T,WB}$ [kWh/a]	Q_V [kWh/a]	Q_{NA} [kWh/a]	$Q_{S,op}$ [kWh/a]	Q_l [kWh/a]
Jahreswerte	45410,2	6124,3	41547,2	0,0	0,0	93081,7

5.3 Monatsbilanzverfahren

5.3.3 Brutto-Wärmegewinne des Mehrfamilienhauses

Zunächst werden die internen (Tabelle 54) und die solaren Wärmegewinne (Tabelle 55) über transparente Bauteile ermittelt. Wärmegewinne über eine transparente Wärmedämmung werden in dieser Berechnung zunächst nicht berücksichtigt. Die einzelnen Bruttowärmegewinne sind in Tabelle 56 zusammengefaßt.

5.3.4 Ermittlung des Heizwärmebedarfs für das Gebäude

Aus den monatlichen Wärmeverlusten und den Bruttowärmegewinnen wird in Tabelle 57 der monatliche und jährliche Heizwärmebedarf des Mehrfamilienhauses ermittelt. In Tabelle 56 wurden die monatlichen Bruttowärmegewinne $Q_{g,bru,M}$ des Gebäudes dargestellt. Diese werden mit dem Ausnutzungsgrad η multipliziert, um die nutzbaren monatlichen Wärmegewinne $Q_{g,net,M}$ des Gebäudes zu berechnen. In Tabelle 57 wird deutlich, daß in den Wintermonaten der Ausnutzungsgrad der Wärmegewinne sehr groß ist, während in der Übergangsphase und im Sommer nur ein Teil der Wärmegewinne nutzbar ist. Die übrige Wärme muß insbesondere in den Sommermonaten durch Lüften abgeführt werden. Die Wärmeverluste und deren Deckung durch Wärmegewinne und den Heizwärmebedarf des Gebäudes sind in Bild 84 monatsweise dargestellt. Hier ist deutlich ersichtlich, daß die größten nutzbaren Wärmegewinne nicht in den Wintermonaten zur Verfügung stehen, obwohl dort der Ausnutzungsgrad sehr hoch ist. Aufgrund des größeren Strahlungsangebotes in der Übergangszeit sind hier die nutzbaren Wärmegewinne am größten, obwohl der Ausnutzungsgrad hier bereits deutlich absinkt. In Bild 85 sind die Jahreswerte der Bilanzanteile gegenübergestellt.

Tabelle 54 Monatliche interne Wärmegewinne des Gebäudes

Monatsbilanzverfahren Mehrfamilienhaus												
Ausgangsgrößen												
Größe/Einheit	Wert	Erläuterung										
V_e [m³] =	2902,34	Bruttovolumen des Gebäudes										
A_N [m²] =	928,75	Nutzfläche des Gebäudes ($A_N = 0{,}32 \cdot V_e$)										
q_i [W/m²] =	5,00	Interne Wärmeleistung in Gebäuden gemäß DIN V 4108-6 [7], Tabelle D.3, hier für ein Wohngebäude										
t_M [d/M]	= siehe Tabelle 49	Anzahl der Tage je Monat = Dauer des Berechnungszeitraumes										
Berechnung												
$Q_{i,M}$ [kWh/M] = $A_N \cdot q_i \cdot t_M \cdot 24/1000$ = interne Wärmegewinne												
	monatliche interne Wärmegewinne des Gebäudes $Q_{i,M}$ [kWh/M]											
	Jan.	Feb.	Mrz.	Apr.	Mai	Jun.	Jul.	Aug.	Sep.	Okt.	Nov.	Dez.
Monatswerte	3455,0	3120,6	3455,0	3343,5	3455,0	3343,5	3455,0	3455,0	3343,5	3455,0	3343,5	3455,0

Tabelle 55 Solare Wärmegewinne über transparente Bauteile

Monatsbilanzverfahren Mehrfamilienhaus													
Ausgangsgrößen													
Größe/Einheit		Wert	Erläuterung											
A_j	[m²]	= siehe Tabelle 44	Bruttofläche eines verglasten Teiles der Gebäudehülle in der Orientierung j										
F_F	[-]	= 0,70	Abminderungsfaktor für den Rahmenanteil										
F_C	[-]	= 1,00	Abminderungsfaktor für Sonnenschutzvorrichtung										
F_S	[-]	= 0,90	Abminderungsfaktor für Verschattung										
A_{Sj}	[m²]	= $A_j \cdot F_F \cdot F_C \cdot F_S$	Kollektorfläche eines verglasten Teiles der Gebäudehülle in der Orientierung j, hier gilt: A_{Sj} [m²] = $A_j \cdot 0,63$										
F_W	[-]	= 0,90	Abminderungsfaktor für nicht senkrechten Strahlungseinfall										
$g_\perp$	[-]	= 0,62	Gesamtenergiedurchlaßgrad bei senkrechtem Strahlungseinfall										
g	[-]	= $F_W \cdot g_\perp$	wirksamer Gesamtenergiedurchlaßgrad										
I_{Sj}	[W/m²]	= siehe Tabelle 49	globale Sonneneinstrahlung der Orientierung j										
t_M	[d/M]	= siehe Tabelle 49	Anzahl der Tage je Monat = Dauer des Berechnungszeitraumes										
Berechnung													
$Q_{S,tra,M}$ [kWh/M] = $A_j \cdot F_F \cdot F_C \cdot F_S \cdot F_W \cdot g_\perp \cdot I_{Sj} \cdot t_M \cdot 24/1000 = A_j \cdot 0,567 \cdot 0,62 \cdot I_{Sj} \cdot t_M \cdot 24/1000$													
monatliche solare Wärmegewinne über transparente Bauteile $Q_{S,tra,M}$ [kWh/M]													
Bauteil	Jan.	Feb.	Mrz.	Apr.	Mai	Jun.	Jul.	Aug.	Sep.	Okt.	Nov.	Dez.	
Fenster Norden[1]	167,3	248,3	406,4	740,3	968,2	1145,1	1195,3	836,7	555,2	394,4	208,2	119,5	
Fenster Osten	39,3	52,5	83,3	190,1	205,9	228,2	245,2	180,8	136,9	80,2	42,6	23,6	
Fenster Süden	1238,8	1218,8	1769,7	2932,9	2632,5	2783,0	2986,4	2477,6	2461,9	1791,8	1156,0	730,0	
Fenster Westen	39,1	52,3	82,9	189,2	204,9	227,0	244,0	179,9	136,2	79,8	42,4	23,5	
Summe	1484,5	1571,9	2342,3	4052,5	4011,5	4383,3	4670,9	3675,0	3290,2	2346,2	1449,2	896,6	

[1] Das im Kellergeschoß befindliche Fenster befindet sich unter der Geländeoberkante und ist somit verschattet; daher wird dieses Fenster hier nicht angesetzt.

5.3 Monatsbilanzverfahren

Tabelle 56 Ermittlung der monatlichen Bruttowärmegewinne

Monatsbilanzverfahren Mehrfamilienhaus			
\multicolumn{4}{c}{Ausgangsgrößen}			
Größe/Einheit	Wert	Erläuterung	
$Q_{i,M}$ [kWh/M] =	siehe Tabelle 54	monatliche interne Wärmegewinne	
$Q_{S,tra,M}$ [kWh/M] =	siehe Tabelle 55	monatliche solare Wärmegewinne durch transparente Bauteile	
$Q_{S,WG,M}$ [kWh/M] =	–	monatliche solare Wärmegewinne über unbeheizte Glasvorbauten	
$Q_{S,TWD,M}$ [kWh/M] =	–	monatliche solare Wärmegewinne über transparente Wärmedämmung	

Berechnung

$Q_{g,bru,M}$ [kWh/M] = $Q_{i,M} + Q_{S,tra,M} + Q_{S,WG,M} + Q_{S,TWD,M}$ = monatliche Bruttowärmegewinne

Ermittlung der monatlichen Bruttowärmegewinne $Q_{g,bru,M}$ [kWh/M]

Monat	$Q_{i,M}$ [kWh/M]	$Q_{S,tra,M}$ [kWh/M]	$Q_{S,WG,M}$ [kWh/M]	$Q_{S,TWD,M}$ [kWh/M]	$Q_{g,bru,M}$ [kWh/M]
Januar	3455,0	1484,5	0,0	0,0	4939,5
Februar	3120,6	1571,9	0,0	0,0	4692,5
März	3455,0	2342,3	0,0	0,0	5797,3
April	3343,5	4052,5	0,0	0,0	7396,0
Mai	3455,0	4011,5	0,0	0,0	7466,5
Juni	3343,5	4383,3	0,0	0,0	7726,8
Juli	3455,0	4670,9	0,0	0,0	8125,9
August	3455,0	3675,0	0,0	0,0	7130,0
September	3343,5	3290,2	0,0	0,0	6633,7
Oktober	3455,0	2346,2	0,0	0,0	5801,2
November	3343,5	1449,2	0,0	0,0	4792,7
Dezember	3455,0	896,6	0,0	0,0	4351,6
	Q_i [kWh/a]	$Q_{S,tra}$ [kWh/a]	$Q_{S,WG}$ [kWh/a]	$Q_{S,TWD}$ [kWh/a]	$Q_{g,bru}$ [kWh/a]
Bruttojahreswerte	40679,6	34174,1	0,0	0,0	74853,7

Tabelle 57 Zusammenstellung des monatlichen und jährlichen Heizwärmebedarfs

Monatsbilanzverfahren Mehrfamilienhaus		
Ausgangsgrößen		
Größe/Einheit	Wert	Erläuterung
$Q_{g,bru,M}$ [kWh/M]	= siehe Tabelle 56	monatl. Bruttowärmegewinne: $Q_{g,bru,M}$ [kWh/M] = $Q_{i,M}$ + $Q_{S,tra,M}$ + $Q_{S,WG,M}$ + $Q_{S,TWD,M}$
$Q_{l,M}$ [kWh/M]	= siehe Tabelle 53	monatl. Wärmeverluste: $Q_{l,M}$ [kWh/M] = $Q_{T,o.WB,M}$ + $Q_{T,WB,M}$ + $Q_{V,M}$ − $Q_{NA,M}$ − $Q_{S,op,M}$
γ [−]	= siehe unten	Wärmegewinn-/Wärmeverlustverhältnis des Gebäudes: γ [−] = $Q_{g,bru,M}/Q_{l,M}$
$C_{wirk,\eta}$ [Wh/K]	= 145117,0	wirksame Wärmespeicherfähigkeit pauschal: $c_{wirk,h}$ = 50 Wh/(m³K) · V_e
H_T [W/K]	= 587,52	spezifischer Transmissionswärmeverlust des Gebäudes, siehe Tabelle 50
H_V [W/K]	= 473,66	spezifischer Lüftungswärmeverlust des Gebäudes (n = 0,6 1/h), siehe Tabelle 51
H [W/K]	= 1061,18	spezifische Wärmeverluste des Gebäudes, es gilt: H [W/K] = H_T + H_V
τ [h]	= 136,75	Zeitkonstante, es gilt: τ [h] = $C_{wirk,\eta}$/H
a_0 [−]	= 1,00	Parameter zur Berechnung des numerischen Parameters a
τ_0 [h]	= 16,00	Parameter zur Berechnung des numerischen Parameters a
a [−]	= 9,55	Parameter zur Berechnung des Ausnutzungsgrades η: a = a_0 + τ/τ_0
η [−]	= siehe unten	Ausnutzungsgrad der internen Wärmegewinne, es gilt für $\gamma \neq 1$: η = $(1-\gamma^a)/(1-\gamma^{a+1})$; es gilt für $\gamma = 1$: η = a/(a + 1)
$Q_{g,net,M}$ [kWh/M]	= siehe unten	monatl. Nettowärmegewinne: $Q_{g,net,M}$ [kWh/M] = $\eta \cdot Q_{g,bru,M}$
Berechnung		
$Q_{h,M}$ [kWh/M]	= $Q_{l,M}$ − $Q_{g,net,M}$ = $Q_{l,M}$ − $\eta \cdot Q_{g,bru,M}$ = monatlicher Heizwärmebedarf	

Ermittlung des monatlichen Heizwärmebedarfs $Q_{h,M}$ [kWh/M]					
Monat	$Q_{g,bru,M}$ [kWh/M]	$Q_{l,M}$ [kWh/M]	γ [−]	η [−]	$Q_{g,net,M}$ [kWh/M]	$Q_{h,M}$ [kWh/M]
Januar	4939,5	16027,2	0,3082	1,0000	4939,5	11087,7
Februar	4692,5	13121,3	0,3576	1,0000	4692,5	8428,8
März	5797,3	11763,8	0,4928	0,9994	5793,8	5970,0
April	7396,0	7258,5	1,0189	0,8965	6630,5	628,0
Mai	7466,5	4816,1	1,5503	0,6415	4789,8	26,3
Juni	7726,8	2521,4	3,0645	0,3263	2521,3	0,1
Juli	8125,9	789,5	10,2925	0,0972	789,8	0,0
August	7130,0	552,7	12,9003	0,0775	552,6	0,1
September	6633,7	3514,6	1,8875	0,5292	3510,6	4,0
Oktober	5801,2	7816,3	0,7422	0,9844	5710,7	2105,6
November	4792,7	10925,9	0,4387	0,9998	4791,7	6134,2
Dezember	4351,6	13974,4	0,3114	1,0000	4351,6	9622,8
	$Q_{g,bru}$ [kWh/a]	Q_l [kWh/a]	γ [−]	η [−]	$Q_{g,net}$ [kWh/a]	Q_h [kWh/a]
Jahreswerte	74853,7	93081,7	−	−	49074,4	44007,6

5.3 Monatsbilanzverfahren

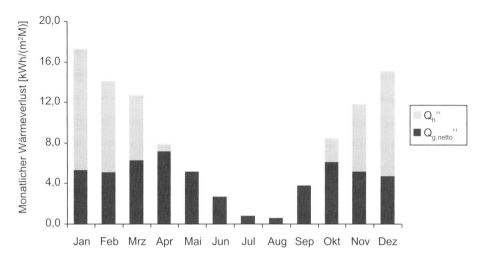

Bild 84 Monatsweise Darstellung der Wärmeverluste und deren Deckung durch die nutzbaren Wärmegewinne und den Heizwärmebedarf des Gebäudes

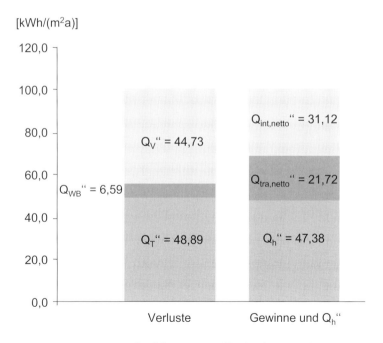

Bild 85 Jahreswerte der Bilanzanteile (flächenbezogen)

Mit der Ermittlung des Jahres-Heizwärmebedarfs ist der bauliche Teil des Energieeinsparungsnachweises abgeschlossen. Nun ist noch eine Bewertung der Anlagentechnik des Gebäudes nach DIN V 4701-10 [8] durchzuführen, um den Primärenergiebedarf zu ermitteln und den Nachweis sowohl für den baulichen Wärmeschutz mit dem Kennwert H_T' und den Primärenergieverbrauch mit dem Kennwert Q_P'' zu führen (siehe Kapitel 5.3.6).

5.3.5 Anlagentechnik

Die Bewertung der Anlagentechnik erfolgt mit dem Tabellenverfahren. In Tabelle 58 ist die in der Berechnung zunächst verwendete Anlage kurz beschrieben. Diese Beschreibung findet sich in Kurzform auch im Tabellenblatt Anlagenbewertung. Bei der Ermittlung der Tabellenwerte wurde nicht interpoliert. Die Abweichungen gegenüber einer Berechnung mit interpolierten Werten betragen etwa bis zu 3%. Die Auswertung der Anlagentechnik erfolgt in den Tabellen 59 bis 61.

Tabelle 58 Beschreibung der Anlagentechnik des Mehrfamilienhauses

Monatsbilanzverfahren Mehrfamilienhaus		
Anlagentechnik		
Anlagenteil	Verluste bei	Angaben
Trinkwasser	Übergabe	– keine Verluste bei der Übergabe
	Verteilung	– Verteilung innenliegend, mit Zirkulation
	Speicherung	– indirekt beheizter Speicher, innenliegend
	Erzeugung	– zentral, Niedertemperaturkessel
Lüftung	–	– keine Lüftungsanlage eingebaut
Heizung	Übergabe	– Heizkörper überwiegend an AW angeordnet, Thermostatregelventile: 2 K
	Verteilung	– innerhalb der thermischen Hülle, Stränge innenliegend, Pumpe ungeregelt
	Speicherung	– keine Speicherung der Heizwärme
	Erzeugung	– mit einem Niedertemperatur-Kessel, Auslegungstemperaturen 70/55 °C

5.3.6 Nachweise nach EnEV [5]

In der EnEV werden zwei Nachweise für den Energieeinsparungsnachweis gefordert. Zum einen ist anhand des spezifischen, auf die wärmeübertragende Umfassungsfläche bezogenen Transmissionswärmeverlustes H_T' der ausreichende bauliche Wärmeschutz nachzuweisen und zum anderen wird der auf die Nutzfläche bezogene Primärenergiebedarf des Gebäudes Q_P'' auf einen Maximalwert beschränkt. Diese Nachweise werden in Tabelle 62 geführt. Zudem ist dort auch der Endenergiebedarf des Gebäudes aufgeteilt nach Wärme- und Hilfsenergie aufgeführt. Exemplarisch wird für das Mehrfamilienhaus in Bild 86 der in der EnEV [5] geforderte Energiebedarfsausweis ausgestellt.

Tabelle 59 Energiebedarf für die Trinkwassererwärmung im Mehrfamilienhaus

Tabellenverfahren (nach DIN V 4701-10 [8]) Mehrfamilienhaus					
Trinkwassererwärmung					
Ausgangsgrößen					
A_N [m²]	=	928,75	aus DIN V 4108-6 [7], es gilt: $A_N = 0{,}32 \cdot V_e$	Bereich:	1
q_{tw} [kWh/(m²a)]	=	12,50	Trinkwasserwärmebedarf nach EnEV [5]	TW-Strang:	1
Q_{tw} [kWh/a]	=	11609,40	Trinkwasserwärmebedarf: $Q_{tw} = q_{tw} \cdot A_N$		
Wärme (WE)					
Nr.	Größe	Berechnung/Quelle	Dimension	Werte	
1	q_{tw}	aus EnEV	[kWh/(m²a)]	12,50	
2	$q_{TW,ce}$	Tab. C.1.1.	[kWh/(m²a)]	0,00	Heizwärmegutschriften [kWh/(m²a)]
3	$q_{TW,d}$	Tab. C.1.2a bzw. C.1.2c	[kWh/(m²a)] +	6,50	$q_{h,TW,d} = 2{,}90$ Tab. C.1.2a
4	$q_{TW,s}$	Tab. C.1.3a	[kWh/(m²a)]	0,90	$q_{h,TW,s} = 0{,}40$ Tab. C.1.3a
5	Σq_{TW}	(1 + 2 + 3 + 4)	[kWh/(m²a)]	19,90	$q_{h,TW} = 3{,}30$ $\Sigma q_{h,TW,d} + q_{h,TW,s}$
				Erzeuger 1 / Erzeuger 2 / Erzeuger 3	
6	$\alpha_{TW,g}$	Tab. C.1.4a	[-]	1,00 - -	
7	$e_{TW,g}$	Tab. C.1.4b,c,d,e oder f	[-]	1,14 - -	
8	$q_{TW,E}$	$(5 \cdot (6_i \cdot 7_i))$	[kWh/(m²a)]	22,70 - -	22,70 kWh/(m²a) Endenergie
9	$f_{P,i}$	Tab. C.4.1	[-]	1,10 - -	
10	$q_{TW,P}$	$(8_i \cdot 9_i)$	[kWh/(m²a)]	25,00 - -	25,00 kWh/(m²a) Primärenergie
Hilfsenergie (HE)					
Nr.	Größe	Berechnung / Quelle	Dimension	Werte	
11	$q_{TW,ce,HE}$	Tab. C.1.1	[kWh/(m²a)]	0,00	
12	$q_{TW,d,HE}$	Tab. C.1.2b	[kWh/(m²a)] +	0,22	
13	$q_{TW,s,HE}$	Tab. C.1.3b	[kWh/(m²a)]	0,03	
				Erzeuger 1 / Erzeuger 2 / Erzeuger 3	
14	$\alpha_{TW,g}$	Tab. C.1.4a	[-]	1,00 - -	
15	$q_{TW,g,HE}$	Tab. C.1.4b,c,d,e oder f	[kWh/(m²a)]	0,10 - -	
16		$(14_i \cdot 15_i)$	[kWh/(m²a)]	0,10 - -	
17	$\Sigma q_{TW,HE,E}$	$(11 + 12 + 13 + \Sigma 16)$	[kWh/(m²a)]	0,35	0,35 kWh/(m²a) Endenergie
18	f_P	Tabelle C.4.1	[-]	1,10	
19	$\Sigma q_{TW,HE,P}$	$(17 \cdot 18)$	[kWh/(m²a)]	0,40	0,40 kWh/(m²a) Primärenergie
Ergebnisse					
20	$Q_{TW,E} = \Sigma q_{TW,E} \cdot A_N$		$= (8 \cdot A_N)$	$= 21082{,}3$ kWh/a	Endenergie (Wärme)
21	$\Sigma q_{TW,HE,E} \cdot A_N$		$= (17 \cdot A_N)$	$= 325{,}1$ kWh/a	Endenergie (Hilfsenergie)
22	$Q_{TW,P} = \Sigma (q_{TW,P} + q_{TW,HE,P}) \cdot A_N$		$= (10 + 19) \cdot A_N$	$= 23590{,}3$ kWh/a	Primärenergie

Tabelle 60 Energiebedarf für die Beheizung des Mehrfamilienhauses

Tabellenverfahren (nach DIN V 4701-10 [8]) Mehrfamilienhaus					
Heizung					
Ausgangsgrößen					
A_N [m²]	=	928,75	DIN V 4108-6 [7], es gilt: $A_N = 0{,}32 \cdot V_e$	Bereich:	1
q_h [kWh/(m²a)]	=	47,38	Heizwärmebedarf nach DIN V 4108-6 [7]	Heiz-Strang:	1
Q_h [kWh/a]	=	44007,6	Heizwärmebedarf: $Q_h = q_h \cdot A_N$		
Wärme (WE)					
Nr.	Größe	Berechnung/Quelle	Dimension	Werte	
1	q_h	nach Abschnitt 4.1	[kWh/(m²a)]	47,38	
2	$q_{h,TW}$	aus Ber.-blatt TW-Erw.	[kWh/(m²a)]	−	3,30
3	$q_{h,L}$	aus Ber.-blatt Lüftung	[kWh/(m²a)]		0,00
4	q_{ce}	Tab. C.3.1	[kWh/(m²a)]		3,30
5	q_d	Tab. C.3.2a, b oder d	[kWh/(m²a)]	+	1,80
6	q_s	Tab. C.3.3	[kWh/(m²a)]		0,00
7	Σ	(1 − 2 − 3 + 4 + 5 + 6)	[kWh/(m²a)]		49,18

				Erzeuger 1	Erzeuger 2	Erzeuger 3
8	α_g	Tab. C.3.4a	[−]	1,00	−	−
9	e_g	Tab. C.3.4b,c,d oder e	[−]	1,10	−	−
10	q_E	$(7 \cdot (8_i \cdot 9_i))$	[kWh/(m²a)]	54,10	−	−
11	f_P	Tab. C.4.1	[−]	1,10		
12	q_P	$(10_i \cdot 11_i)$	[kWh/(m²a)]	59,51		

54,10 kWh/(m²a) Endenergie
59,51 kWh/(m²a) Primärenergie

Hilfsenergie (HE)					
Nr.	Größe	Berechnung / Quelle	Dimension	Werte	
13	$q_{ce,HE}$	Tab. C.3.1	[kWh/(m²a)]		0,00
14	$q_{d,HE}$	Tab. C.3.2c	[kWh/(m²a)]	+	0,46
15	$q_{s,HE}$	Tab. C.3.3	[kWh/(m²a)]		0,00

				Erzeuger 1	Erzeuger 2	Erzeuger 3
16	α_g	Tab. C.3.4a	[−]	1,00	−	−
17	$q_{g,HE}$	Tab. C.3.4b-e	[kWh/(m²a)]	0,27	−	−
18		$(16_i \cdot 17_i)$	[kWh/(m²a)]	0,27	−	−
19	Σ $q_{HE,E}$	$(13 + 14 + 15 + \Sigma(18_i))$	[kWh/(m²a)]	0,73		
20	f_P	Tab. C.4.1	[−]	1,10		
21	Σ $q_{HE,P}$	$(19 \cdot 20)$	[kWh/(m²a)]	0,80		

0,73 kWh/(m²a) Endenergie
0,80 kWh/(m²a) Primärenergie

Ergebnisse					
22	$Q_{H,E} = \Sigma q_E \cdot A_N$	$= (10 \cdot A_N)$	= 50245,4 kWh/a	Endenergie	(Wärme)
23	$\Sigma q_{HE,E} \cdot A_N$	$= (19 \cdot A_N)$	= 678,0 kWh/a	Endenergie	(Hilfsenergie)
24	$Q_{H,P} = (\Sigma q_P + \Sigma q_{HE,P}) \cdot A_N$	$= (12 + 21) \cdot A_N$	= 56012,9 kWh/a	Primärenergie	

5.3 Monatsbilanzverfahren

Tabelle 61 Anlagenbewertung für das Mehrfamilienhaus

Tabellenverfahren (nach DIN V 4701-10 [8]) Mehrfamilienhaus			
Anlagenbewertung			
I. Eingaben			
A_N = 928,75 m²	Nutzfläche des Gebäudes gemäß DIN V 4108-6 [7], es gilt: $A_N = 0{,}32 \cdot V_e$		
	Trinkwassererwärmung	Heizung	Lüftung
absoluter Bedarf	Q_{tw} = 11609,4 kWh/a	Q_h = 44007,6 kWh/a	–
bezogener Bedarf	q_{tw} = 12,5 kWh/(m²a)	q_h = 47,38 kWh/(m²a)	–
II. Systembeschreibung			
Übergabe	–	– Heizkörper überwiegend an AW – Thermostatregelventile: 2 K	–
Verteilung	– Verteilung innenliegend – mit Zirkulation	– innerhalb der thermischen Hülle – Stränge innen, Pumpe ungeregelt	–
Speicherung	– indirekt beheizter Speicher – innenliegend	–	–
Erzeugung	Erzeuger 1 / Erzeuger 2 / Erzeuger 3	Erzeuger 1 / Erzeuger 2 / Erzeuger 3	Erzeuger 1 / Erzeuger 2 / Erzeuger 3
Deckungsanteil	1,00 / – / –	1,00 / – / –	– / – / –
Erzeuger	zentral NT-Kessel / – / –	NT-Kessel 70/55 °C / – / –	– / – / –
III. Ergebnisse			
	Deckung von Q_h		
Deckung von Q_h	$q_{h,TW}$ = 3,30 kWh/(m²a)	$q_{h,H}$ = 44,08 kWh/(m²a)	$q_{h,L}$ = – kWh/(m²a)
	Endenergie		
Σ Wärme Σ Hilfsenergie	$Q_{TW,E}$ = 21082,6 kWh/a = 325,1 kWh/a	$Q_{H,E}$ = 50245,4 kWh/a = 678,0 kWh/a	$Q_{L,E}$ = – kWh/a = – kWh/a
	Primärenergie		
Σ Primärenergie	$Q_{TW,P}$ = 23590,3 kWh/a	$Q_{H,P}$ = 56012,9 kWh/a	$Q_{L,P}$ = – kWh/a
IV. Auswertung			
	Endenergie	Q_E = 71328,0 kWh/a = 1003,1 kWh/a	Σ Wärme Σ Hilfsenergie
	Primärenergie	Q_P = 79603,2 kWh/a	Σ Primärenergie
	Anlagenaufwandszahl	e_P = 1,43 [–]	Σ Primärenergie/$(Q_h + Q_{tw})$

Tabelle 62 Nachweise nach EnEV und Zusammenfassung der wesentlichen Kenngrößen

Monatsbilanzverfahren Mehrfamilienhaus		
Ausgangsgrößen		
Größe/Einheit	Wert	Erläuterung
V_e [m³] =	2902,34	Bruttovolumen des Gebäudes
A [m²] =	1396,31	Hüllfläche des Gebäudes
A_N [m²] =	928,75	Nutzfläche des Gebäudes ($A_N = 0,32 \cdot V_e$)
vorh. H_T' [W/K] =	0,42	vorhandener spezifischer, auf die wärmeübertragende Hüllfläche bezogener Transmissionswärmeverlust des Gebäudes
zul. H_T' [W/K] =	0,61	zulässiger spezifischer, auf die wärmeübertragende Hüllfläche bezogener Transmissionswärmeverlust des Gebäudes, mit A/V_e [1/m] = 1396,31/2902,34 = 0,48
Q_h [kWh/a] =	44007,6	Jahres-Heizwärmebedarf des Gebäudes
Q_h'' [kWh/(m² a)] =	47,38	auf die Nutzfläche bezogener Jahres-Heizwärmebedarf des Gebäudes
Q_W [kWh/(m² a)] =	12,50	auf die Nutzfläche bez. Jahres-Trinkwasserwärmebedarf, nur bei Wohngebäuden
Q_P [kWh/a] =	79603,2	Jahres-Primärenergiebedarf des Gebäudes
vorh. Q_P'' [kWh/(m² a)] =	85,71	vorhandener, auf die Nutzfläche bezogener Jahres-Primärenergiebedarf des Gebäudes, es gilt: vorh. $Q_P'' = Q_P/A_N$
zul. Q_P'' [kWh/(m² a)] =	89,61	zulässiger, auf die Nutzfläche bez. Jahres-Primärenergiebedarf des Gebäudes nach EnEV [5], es gilt: zul. $Q_P'' = 50,94 + 75,29 \cdot A/V_e + 2600/(100 + A_N)$ (bei zentraler Warmwasserbereitung)
e_P [-] =	1,43	primärenergiebezogene Anlagenaufwandszahl, es gilt: e_P [-] = $Q_P''/(Q_h'' + Q_W)$ (sie erfaßt anlagentechnische Verluste und die primärenergetische Bewertung der verwendeten Energieträger)
Q_E [kWh/a] = [kWh/a] = Q_E'' [kWh/(m² a)] =	71328,0 1003,1 77,88	Anteil der Wärme am Jahres-Endenergiebedarf des Gebäudes Anteil der Hilfsenergie am Jahres-Endenergiebedarf des Gebäudes auf die Nutzfläche bezogener Jahres-Endenergiebedarf = ΣQ_E (Wärme + Hilfsenergie)/A_N
e_E [-] =	1,30	endenergiebezogene Anlagenaufwandszahl, es gilt: e_E [-] = $Q_E''/(Q_h'' + Q_W)$ (sie erfaßt anlagentechnische Verluste ohne die primärenergetische Bewertung der verwendeten Energieträger)
Nachweise nach EnEV [5]		
Nachweis: Gebäudehülle	vorh. H_T' =	0,42 W/(m² K) < 0,61 W/(m² K) = zul. H_T'
Nachweis: Primärenergiebedarf	vorh. Q_P'' =	85,71 kWh/(m² a) < 89,61 kWh/(m² a) = zul. Q_P''
wesentliche Kenngrößen		
Jahres-Heizwärmebedarf	vorh. Q_h =	44007,6 kWh/a
Jahres-Heizwärmebedarf / A_N	vorh. Q_h'' =	47,38 kWh/(m² a)
Jahres-Endenergiebedarf Jahres-Endenergiebedarf (gesamt) auf ΣQ_E bez. Anlagenaufwandszahl	vorh. Q_E = = vorh. Q_E'' = e_E =	71328,0 kWh/a = Σ Wärme 1003,1 kWh/a = Σ Hilfsenergie 77,88 kWh/(m² a) = $\Sigma Q_E/A_N$ 1,30 [-] = $\Sigma Q_E''/(Q_h'' + Q_W)$
Jahres-Primärenergiebedarf auf Q_P bez. Anlagenaufwandszahl	vorh. Q_P = e_P =	79603,2 kWh/a 1,43 [-] = $Q_P''/(Q_h'' + Q_W)$

5.3 Monatsbilanzverfahren

Energiebedarfsausweis nach § 13 Energieeinsparverordnung
für ein Gebäude mit normalen Innentemperaturen

I. Objektbeschreibung

Bezeichnung	*Mehrfamilienhaus*		Nutzungsart	☒ Wohngebäude	☐ ....
Postleitzahl	....	Ort	Straße		Hausnummer ....
Gemarkung	....	Flurstück Nr.		Baujahr	

Geometrische Eigenschaften des Gebäudes:			
Wärmeübertragende Umfassungsfläche A 1396,31 .... m² Wohngebäudenutzfläche A_N 928,75... m²	beheiztes Volumen V_e 2902,34 .... m³	Verhältnis A/V_e	0,48 .... m⁻¹

Überwiegend eingesetzte Energieträger: *Erdgas H* ....
Art der Warmwasserbereitung: ....
Nutzung erneuerbarer Energien durch: ...., *0* % des Jahres-Primärenergiebedarfs des Gebäudes

II. Energiebedarf

Jahres-Primärenergiebedarf

Höchstwert für das Gebäude nach § 3 Abs. 1 i.V.m. Anhang 1 Nr. 1 EnEV:	Für das Gebäude berechneter Wert nach § 3 Abs. 2 i.V.m. Anhang 1 Nr. 2 oder 3 EnEV:
89,61 kWh/(m²a)	*85,71 kWh/(m²a)*

Endenergiebedarf für die eingesetzten Energieträger
berechnet nach Anhang 1 Nr. 2 oder 3 EnEV i.V.m. DIN V 4701-10

Energieträger	Endenergiebedarf in kWh/(m³.a) oder kWh/(m².a)
1. Erdgas H	*76,80 kWh/(m²a)*
2. Strom	*1,08 kWh/(m²a)*
3.	....
4.	....

Hinweise:

- Die in diesem Energiebedarfsausweis angegebenen Werte des Jahres-Primärenergiebedarfs und des Endenergiebedarfs sind vornehmlich für die überschlägig vergleichende Beurteilung von Gebäuden und Gebäudeentwürfen vorgesehen. Sie erlauben nur bedingt Rückschlüsse auf den tatsächlichen Energieverbrauch, weil der Berechnung dieser Werte auch normierte Randbedingungen etwa hinsichtlich des Klimas, der Heizdauer, der Innentemperaturen, des Luftwechsels, der solaren und internen Wärmegewinne und des Warmwasserbedarfs zugrunde liegen. Die normierten Randbedingungen sind für die Anlagentechnik in DIN V 4701-10 Nr. 5 und im Übrigen in DIN V 4108-6 Anhang D festgelegt.

- Vereinfachend gilt: 10 kWh Endenergie entsprechen etwa 1 m³ Erdgas oder 1 l Heizöl.

Bild 86 Energiebedarfsausweis für das Mehrfamilienhaus

III. Weitere energiebezogene Merkmale

Spezifischer, auf die wärmeübertragende Umfassungsfläche bezogener Transmissionswärmeverlust

Höchstwert für das Gebäude nach § 3 Abs. 1 i.V.m. Anhang 1 Nr. 1 EnEV: 0,61 W/(m²·K)	Für das Gebäude berechneter Wert nach § 3 Abs. 2 i.V.m. Anhang 1 Nr. 2 oder 3 EnEV: 0,42 W/(m²·K)

Anlagentechnik

Anlagenaufwandszahl e_p nach Anhang 1 Nr. 2 oder 3 EnEV i.V.m. DIN V 4701-10 Nr. 4.2.6	1,43	☒ Berechnungsblätter sind als Anlage beigefügt

☒ Die Wärmeabgabe der Wärme- und Warmwasserverteilungsleitungen ist gem. § 12 Abs. 5 i.V.m. Anhang 5 EnEV begrenzt

Ansatz zur Berücksichtigung von Wärmebrücken

☐ pauschal mit 0,10 W/(m²·K)	☒ pauschal mit 0,05 W/(m²·K) bei Verwendung von Planungsbeispielen nach DIN 4108 Beiblatt 2	☐ mit differenziertem Nachweis ☐ Berechnungen sind als Anlage beigefügt

Dichtheit des Gebäudes und Lüftungskonzept

☐ ohne Nachweis	☒ mit Nachweis nach Anhang 4 Nr. 2 EnEV ☐ Messprotokoll ist als Anlage beigefügt

Der Mindestluftwechsel des Gebäudes nach § 5 Abs. 2 EnEV erfolgt durch

☒ Fensterlüftung   ☐ mechanische Lüftung   ☐ andere Lüftungsart: ....

Angaben zum sommerlichen Wärmeschutz nach § 3 Abs. 4 EnEV

☐ ein Nachweis über den Wärmeschutz im Sommer ist nicht erforderlich, weil der Fensterflächenanteil 30 % nicht überschreitet	☐ für das Gebäude wurde ein Nachweis der Begrenzung des Sonneneintragskennwertes geführt (gemäß Anhang 1 Nr. 2.9.1 EnEV) ☐ Berechnungen zum sommerlichen Wärmeschutz sind als Anlage beigefügt	☐ das Nichtwohngebäude ist mit Anlagen nach Anhang 1 Nr. 2.9.2 ausgestattet. Die innere Kühllast wird minimiert.

Name, Anschrift und Funktion des Aufstellers	Datum und Unterschrift, ggf. Stempel / Firmenzeichen

Bild 86   Energiebedarfsausweis für das Mehrfamilienhaus (Fortsetzung)

5.3.7 Sommerlicher Wärmeschutz

Ein Nachweis des sommerlichen Wärmeschutzes wird hier nicht geführt.

5.4 Heizperiodenbilanzverfahren

5.4.1 Randbedingungen zur Berechnung

Der Fensterflächenanteil des Mehrfamilienhauses beträgt weniger als 30%; insofern darf hier auch das Heizperiodenbilanzverfahren angewendet werden. In Tabelle 63 sind die Randbedingungen zur Berechnung nach dem Heizperiodenbilanzverfahren und in Tabelle 64 die verwendeten Korrekturfaktoren aufgeführt.

Tabelle 63 Randbedingungen zum Gebäude und zur Berechnung nach dem Heizperiodenbilanzverfahren

Heizperiodenbilanzverfahren Mehrfamilienhaus	
Randbedingungen	
Variablen	Angaben
Hüllfläche	A = 1396,31 m² (siehe Flächenberechnung, Tabelle 44)
Volumen A/V$_e$-Verhältnis	V$_e$ = 2902,34 m³ (Bruttovolumen, siehe Volumenberechnung in Tabelle 45) V = 2321,87 m³ (Nettovolumen: V = 0,8 · V$_e$ generell im HP-Verfahren) A/V$_e$ = 0,48 m^{-1}
Nutzfläche	A$_N$ = 928,75 m² (A$_N$ = 0,32 · V$_e$, gemäß DIN V 4108-6 [7], Tabelle D.1)
Fassadenausrichtung	Die Orientierungen der Fassaden weichen nur minimal von den Hauptrichtungen ab, daher werden die Fassaden den Himmelsrichtungen zugeordnet.
Klimadaten	mittlerer Standort Deutschland gemäß DIN V 4108-6 [7], Tab. D.5
Innenlufttemperatur	θ_i = 19 °C
Wärmebrücken	ΔU_{WB} = 0,05 W/(m²K): pauschal nach DIN V 4108-6 [7] mit Außenmaßbezug, unter Beachtung von DIN 4108 Beiblatt 2 [19]
Korrekturfaktoren	siehe Tabelle 64
Nachtabschaltung: Faktor F$_{GT}$	hier mit Nachtabschaltung, also F$_{GT}$ = 66
Lüftung	H$_V$ [W/K] = 0,163 · V$_e$ [0,163 W/(m³ K) ≈ 0,6 (1/h) · 0,34 Wh/(m³ K) · 0,8(=V/V$_e$)] Dieses Ergebnis entspricht freier Lüftung mit Luftdichtheitsprüfung n = 0,6 1/h.
Interne Wärmegewinne	Q$_i$ [kWh/HP] = 22 · A$_N$ [(22 kWh/(m² HP) ≈ 5 W/m² · 185 d · 0,024 kWh/(W d)]
Ausnutzungsgrad η$_P$	η$_P$ = 0,95 (Ausnutzungsfaktor für die Wärmegewinne des Gebäudes)
Heizungsanlage	Unverändert gegenüber der Monatsbilanzberechnung

Tabelle 64 Übersicht über die wesentlichen Korrekturfaktoren im Heizperiodenbilanzverfahren

Heizperiodenbilanzverfahren Mehrfamilienhaus			
Übersicht über die wesentlichen Korrekturfaktoren F_x [–]			
Bauteil bzw. Betrieb	Bemerkungen	Faktor	Wert [–]
Unterer Gebäudeabschluß	Temperaturkorrekturfaktor gemäß DIN V 4108-6 [7], Tabelle D.2 – Kellerdecke zum unbeheiztem Keller – Fußboden auf Erdreich – Flächen des beheizten Kellers gegen Erdreich	F_G	= 0,60
Außenwand	Temperaturkorrekturfaktor gemäß DIN V 4108-6 [7], Tabelle D.2	F_{AW}	= 1,00
Dach als Systemgrenze	Temperaturkorrekturfaktor gemäß DIN V 4108-6 [7], Tabelle D.2	F_D	= 1,00
Abseitenwand (Drempelw.)	Temperaturkorrekturfaktor gemäß DIN V 4108-6 [7], Tabelle D.2	F_u	= 0,80
Wände und Decken zu unbeheizten Räumen	Temperaturkorrekturfaktor gemäß DIN V 4108-6 [7], Tabelle D.2	F_u	= 0,50
Fenster	Korrekturfaktor für den Rahmenanteil	F_F	= 0,70
	Korrekturfaktor infolge nicht senkrechter Einstrahlung	F_W	= 0,90
	Korrekturfaktor für Sonnenschutzvorrichtung	F_C	= 1,00
	Korrekturfaktor für Verschattung	F_S	= 0,90
ohne Nachtabschaltung	Gradtagzahlfaktor	$F_{Gt,o.NA}$	= 69,60
mit Nachtabschaltung	Gradtagzahlfaktor: $F_{Gt} \approx F_{Gt,o.NA} \cdot 0{,}95$	F_{Gt}	= 66,00

5.4.2 Berechnung des Heizwärmebedarfs

In Tabelle 65 wird der Heizwärmebedarf des Gebäudes nach dem Heizperiodenbilanzverfahren ermittelt.

5.4.3 Anlagentechnik

Die Anlagentechnik entspricht genau jener, die auch bei der Berechnung nach dem Monatsbilanzverfahren verwendet wurde.

5.4.4 Nachweise nach EnEV [5]

Die geforderten Nachweise erfolgen in Tabelle 66. Auf die Auswertung weiterer Kennwerte wird verzichtet.

5.4 Heizperiodenbilanzverfahren

Tabelle 65 Ermittlung des Heizwärmebedarfs nach dem Heizperiodenbilanzverfahren

Heizperiodenbilanzverfahren Mehrfamilienhaus						
Bruttovolumen:	V_e [m³]	= 2902,34 m³				
Nutzfläche (0,32 · V_e):	A_N [m²]	= 928,75 m²				
Spezifischer Transmissionswärmeverlust:						
Bauteil	Orientierung	A [m²]	U-Wert [W/(m² K)]	U · A [W/K]	F_x [−]	U · A · F_x [W/K]
AW an Erdreich	Norden	7,00	0,41	2,87	0,60	1,72
	Osten	11,90	0,41	4,88	0,60	2,93
	Westen	8,08	0,41	3,31	0,60	1,99
Bodenplatte		208,25	0,35	72,89	0,60	43,73
IW Keller		109,86	0,61	67,01	0,60	40,21
Decke KG		78,84	0,51	40,21	0,60	24,13
AW an Außenluft	Norden	93,96	0,35	32,89	1,00	32,89
	Osten	99,14	0,35	34,70	1,00	34,70
	Süden	129,87	0,35	45,45	1,00	45,45
	Westen	97,04	0,35	33,96	1,00	33,96
AW Gaube	Norden	26,46	0,32	8,47	1,00	8,47
	Osten	10,12	0,32	3,24	1,00	3,24
	Süden	26,14	0,32	8,36	1,00	8,36
	Westen	10,12	0,32	3,24	1,00	3,24
Schrägdach	Norden	34,95	0,27	9,44	1,00	9,44
	Osten	30,48	0,27	8,23	1,00	8,23
	Süden	25,07	0,27	6,77	1,00	6,77
	Westen	30,48	0,27	8,23	1,00	8,23
Gaubendach		96,75	0,26	25,16	1,00	25,16
Kehlebene		108,39	0,29	31,43	0,80	25,14
Balkon DG		10,84	0,36	3,90	1,00	3,90
Fenster, 90°	Norden	46,00	1,20	55,20	1,00	55,20
	Osten	6,01	1,20	7,21	1,00	7,21
	Süden	84,58	1,20	101,50	1,00	101,50
	Westen	5,98	1,20	7,18	1,00	7,18
Hüllfläche	A [m²] =	1396,31			$H_{T,o.WB}$ [W/K] =	542,98
Wärmebrückenzuschlag ($\Delta U_{WB} \cdot A$):			0,05	69,82	1,00	69,82
Spezifischer Transmissionswärmeverlust:					H_T [W/K] =	612,80
Spezifischer, auf die Umfassungsfläche (Hüllfläche) bezogener Transmissionswärmeverlust (H_T/A):					H_T' [W/(m²K)] =	0,44
Spezifischer Lüftungswärmeverlust ($n_{50} \leq 3{,}0$ 1/h: $0{,}163 \cdot V_e$):					H_V [W/K] =	473,08

Tabelle 65 Ermittlung des Heizwärmebedarfs nach dem Heizperiodenbilanzverfahren (Fortsetzung)

Spezifische Wärmeverluste ($H_T + H_V$):				H [W/K] =	1085,88
Wärmeverluste (mit Nachtabschaltung: 66,0 · H):				Q_l [kWh/HP] =	71668,08
Solare Wärmegewinne:	$\Sigma(I_s t)_{j,HP}$ [kWh/(m² HP)]	$F_F \cdot F_W \cdot F_C \cdot F_S$ [-]	g [-]	A [m²]	Q_S [kWh/HP]
Fenster, Norden, 90° $Q_{S,Fe,N,90°}$	100	0,567	0,62	46,00	1617,08
Fenster, Osten, 90° $Q_{S,Fe,O,90°}$	155	0,567	0,62	6,01	327,48
Fenster, Süden, 90° $Q_{S,Fe,S,90°}$	270	0,567	0,62	84,58	8027,98
Fenster, Westen, 90° $Q_{S,Fe,W,90°}$	155	0,567	0,62	5,98	325,84
Summe der solaren Wärmegewinne:				Q_S [kWh/HP] =	10298,38
Interne Wärmegewinne (22 · A_N):				Q_i [kWh/HP] =	20432,50
Wärmegewinne (η_P(= 0,95) · ($Q_s + Q_i$)):				Q_g [kWh/HP] =	29194,34
Heizwärmebedarf ($Q_l - Q_g$):				Q_h [kWh/HP] =	42473,74
Heizwärmebedarf, auf die Nutzfläche bezogen ($Q_l - Q_g$)/A_N:				Q_h'' [kWh/(m² HP)] =	45,73

Tabelle 66 Nachweise nach EnEV [5] und Zusammenfassung der wesentlichen Kenngrößen

Heizperiodenbilanzverfahren Mehrfamilienhaus		
Ausgangsgrößen		
Größe/Einheit	Wert	Erläuterung
vorh. H_T' [W/K] =	0,44	vorhandener spezifischer, auf die wärmeübertragende Hüllfläche bezogener Transmissionswärmeverlust des Gebäudes
zul. H_T' [W/K] =	0,61	zulässiger spezifischer, auf die wärmeübertragende Hüllfläche bezogener Transmissionswärmeverlust des Gebäudes, mit A/V_e [1/m] = 1396,31/2902,34 = 0,48
vorh. Q_P'' [kWh/(m² a)] =	83,71	vorhandener, auf die Nutzfläche bezogener Jahres-Primärenergiebedarf des Gebäudes, es gilt: vorh. $Q_P'' = Q_P/A_N$
zul. Q_P'' [kWh/(m² a)] =	89,61	zulässiger, auf die Nutzfläche bez. Jahres-Primärenergiebedarf des Gebäudes nach EnEV [5], es gilt: zul. $Q_P'' = Q_P/A_N$ = 50,94 + 75,29 · A/V_e + 2600/(100 + A_N) (bei zentraler Warmwasserbereitung)
Endergebnisse		
Nachweise nach EnEV [5]		
Nachweis: Gebäudehülle	vorh. H_T' =	0,44 W/(m² K) < 0,61 W/(m² K) = zul. H_T'
Nachweis: Primärenergiebedarf	vorh. Q_P'' =	83,71 kWh/(m² a) < 89,61 kWh/(m² a) = zul. Q_P''

Im Vergleich zum Monatsbilanzverfahren liefert die Berechnung nach dem Heizperiodenbilanzverfahren etwas ungünstigere Ergebnisse. Im vorliegenden Fall ist zwar der nach dem HP-Verfahren berechnete Wert des Heizwärmebedarfs etwas kleiner als bei der zuvor durchgeführten monatsweisen Bilanzierung; dies ergibt sich jedoch aufgrund der im MB-Verfahren hier noch nicht berücksichtigten Nachtabschaltung (vgl. Variante V1 in Tabelle 70). Erfolgt im Monatsbilanzverfahren die Berücksichtigung des Einflusses einer transparenten Wärmedämmung oder eines unbeheizten Glasvorbaus, so können sich auch deutlich günstigere Ergebnisse im Vergleich mit dem Heizperiodenbilanzverfahren ergeben, weil hier derartige Einflüsse nicht berücksichtigt werden können.

5.5 Weitere Berechnungen unter Variation verschiedener Parameter

In diesem Abschnitt wird der Einfluß verschiedener Randbedingungen auf den berechneten Primärenergiebedarf am Beispiel des Mehrfamilienhauses untersucht. Betrachtet werden folgende Parameter:

- Monats- oder Heizperiodenbilanzverfahren;
- Nachtabschaltung;
- Wärmegewinne über opake Bauteile;
- Einfluß einer transparenten Wärmedämmung;
- Einfluß eines Kesselstandortes außerhalb des beheizten Gebäudevolumens.

Die Auswertung der Berechnungsergebnisse folgt anhand der wesentlichen Kennwerte kompakt in Tabelle 70.

5.5.1 Berücksichtigung des Einflusses einer Nachtabschaltung

Eine Nachtabschaltung der Heizungsanlage vermindert die Wärmeverluste. Die erforderlichen Annahmen und Randbedingungen für die Nachtabschaltung sind in Tabelle 67 dokumentiert. Die Dauer der Heizungsunterbrechung beträgt für Wohngebäude 7 h.

Bei diesem Mehrfamilienhaus tritt keine Regelphase auf, da die festgelegte Mindestsollinnentemperatur von 15°C nicht unterschritten wird. Während der Heizunterbrechung sinken die minimalen Innentemperaturen auf minimal 15,7°C.

5.5.2 Berücksichtigung der Strahlungsabsorption opaker Bauteile

Ebenso wie die Nachtabschaltung vermindern die Strahlungswärmegewinne über opake Bauteile die Wärmeverluste des Gebäudes. Erfaßt man die Strahlungswärmegewinne in der Wärmebilanz des Gebäudes, so sind auch in einzelnen Monaten auftretende Strahlungswärmeverluste zu berücksichtigen. Diese vergrößern dann die Wärmeverluste in diesen Monaten. Die entsprechenden Werte sind in der Tabelle 68 dokumentiert.

Tabelle 67 Reduktion der Wärmeverluste durch Nachtabschaltung der Heizung

Monatsbilanzverfahren Mehrfamilienhaus			
Ausgangsgrößen			
Größe/Einheit		Wert	Erläuterung
V_e	[m³] =	2902,34	Bruttovolumen des Gebäudes
V_L	[m³] =	2321,87	Luftvolumen des Gebäudes (siehe DIN V 4108-6 [7], Tabelle D.3, hier: $0,80 \cdot V_e$)
A_N	[m²] =	928,75	Nutzfläche des Gebäudes, es gilt: $A_N = 0,32 \cdot V_e$
H_T	[W/K] =	587,52	spezifischer Transmissionswärmeverlust des Gebäudes inklusive WB-Zuschlag
H_V	[W/K] =	473,66	spezifischer Lüftungswärmeverlust des Gebäudes (n = 0,6 1/h)
$H_{V,Hei}$	[W/K] =	394,72	spezifischer Lüftungswärmeverlust zur Berechnung der Normheizlast (n = 0,5 1/h)
H_{sb}	[W/K] =	1061,18	Spezifische Wärmeverluste des Gebäudes ($H_{sb} = H_T + H_V$)
H_W	[W/K] =	178,23	spezifischer Wärmeverlust aller leichten Bauteile (siehe Tabelle 52)
H_{ic}	[W/K] =	28576,92	spezifischer Wärmeverlust zw. der Innenluft und den Bauteilen: $H_{ic} = 4 \cdot A_N/0,13$
$C_{wirk,NA}$	[–] =	52242,12	wirksame Wärmespeicherfähigkeit pauschal: $C_{wirk,NA} = 18$ Wh/(m³ K) $\cdot V_e$
t_u	[h] =	7,00	Dauer der Heizunterbrechung in der Nacht (siehe DIN V 4108-6 [7], Tabelle D.3)
θ_e	[°C] =	siehe Tabelle 49	durchschnittliche monatliche Außentemperatur (DIN V 4108-6 [7], Tabelle D.5)
θ_{io}	[°C] =	19,00	normale Sollinnentemperatur (siehe DIN V 4108-6 [7], Tabelle D.3)
θ_{isb}	[°C] =	15,00	Mindestsollinnentemperatur (sinnvoll festzulegender Wert)
ϕ_{pp}	[W] =	45674,08	Normheizlast des Wärmeerzeugers für den Auslegungsfall ($1,5 \cdot (H_T + H_{V,Hei}) \cdot 31$ K)
ϕ_{rp}	[W] =	22837,04	reduzierte Heizleistung des Wärmeerzeugers in der Regelphase (ca. $0,5 \cdot \phi_{pp}$)
θ_{i1}	[°C] =	siehe unten	Innentemperatur am Ende der Nichtheizphase, wenn diese Temperatur kleiner als θ_{isb} ist, liegt eine Regelphase mit verminderter Heizlast vor (in diesem Bsp. nicht)
θ_{c1}	[°C] =	siehe unten	Bauteiltemperatur am Ende der Nichtheizphase
θ_{c2}	[°C] =	siehe unten	Bauteiltemperatur am Ende der Abschaltphase mit oder ohne Regelbetrieb
t_{nh}	[h] =	siehe unten	Dauer der Heizunterbrechung bis zum Beginn der Regelphase (hier: $t_{nh} = t_u$, da keine Regelphase eintritt)
t_{sb}	[h] =	siehe unten	Dauer der Regelphase (verminderte Beheizung nach Unterschreiten von θ_{isb}, hier: $t_{sb} = 0$, da keine Regelphase eintritt)
t_{bh}	[h] =	siehe unten	Dauer der Aufheizphase
θ_{c3}	[°C] =	siehe unten	Bauteiltemperatur am Ende der Aufheizphase
ΔQ_{lj}	[Wh/d] =	siehe unten	Reduktionswert des Wärmeverlustes je Heizunterbrechungsphase
n_j	[1/M] =	siehe unten	Anzahl der Heizunterbrechungsphasen je Monat (hier = Tage je Monat)
Berechnung			
$Q_{l,NA}$	[kWh/M] =	siehe DIN V 4108-6 [7], Anhang C (dort ist der sehr umfangreiche Algorithmus erläutert)	

Tabelle 67 Reduktion der Wärmeverluste durch Nachtabschaltung der Heizung (Fortsetzung)

Kennwert			Jan.	Feb.	Mrz.	Apr.	Mai	Jun.	Jul.	Aug.	Sep.	Okt.	Nov.	Dez.
\multicolumn{15}{c}{Reduzierung der Wärmeverluste durch Nachtabschaltung $Q_{l,NA}$ [kWh/M]}
θ_{i1}	[°C]	=	15,69	16,00	16,57	17,45	18,01	18,46	18,84	18,89	18,25	17,39	16,67	16,11
θ_{c1}	[°C]	=	16,08	16,35	16,85	17,63	18,12	18,52	18,86	18,90	18,34	17,57	16,94	16,45
θ_{c2}	[°C]	=	16,08	16,35	16,85	17,63	18,12	18,52	18,86	18,90	18,34	17,57	16,94	16,45
t_{nh}	[h]	=	7,00	7,00	7,00	7,00	7,00	7,00	7,00	7,00	7,00	7,00	7,00	7,00
t_{sb}	[h]	=	0,00	0,00	0,00	0,00	0,00	0,00	0,00	0,00	0,00	0,00	0,00	0,00
t_{bh}	[h]	=	3,68	2,81	1,51	0,00	0,00	0,00	0,00	0,00	0,00	0,08	1,31	2,53
θ_{c3}	[°C]	=	17,86	17,82	17,74	17,63	18,12	18,52	18,86	18,90	18,34	17,63	17,73	17,81
ΔQ_{lj}	[Wh/d]	=	18623	15957	11888	7140	4585	2480	752	526	3457	7443	11280	15063
n_j	[1/M]	=	31	28	31	30	31	30	31	31	30	31	30	31
$Q_{l,NA}$	[kWh/M]	=	577,3	446,8	368,5	214,2	142,1	74,4	23,3	16,3	103,7	230,7	338,4	467,0

5.5.3 Berücksichtigung einer transparenten Wärmedämmung

Um den Einfluß einer transparenten Wärmedämmung zu verdeutlichen, wird in dieser Variante auf der West- und Ostwand des Gebäudes ein jeweils 30 m² großer Wandbereich mit transparenter Wärmedämmung anstelle des konventionellen Wärmedämmverbundsystems belegt. Die Dicke der transparenten Wärmedämmung beträgt 10 cm. Da die hier verwendete transparente Wärmedämmung einen Rechenwert der Wärmeleitfähigkeit von $\lambda_R = 0,08$ W/(m K) hat, vergrößern sich in diesem Bereich durch die Änderung die Transmissionswärmeverluste. Diese werden jedoch nicht nochmals ausführlich tabellarisch dargestellt. Statt dessen kann aus Tabelle 69 der Brutto-Wärmegewinn über die transparente Wärmedämmung abgelesen werden. Hier sind auch die übrigen Kennwerte wie der Energiedurchlaßgrad und der Absorptionskoeffizient dokumentiert.

5.5.4 Berücksichtigung eines Heizkesselstandortes außerhalb des beheizten Volumens

Der Kesselstandort hat insofern einen Einfluß auf den Endenergie- und den Primärenergiebedarf, als bei einer Aufstellung innerhalb des beheizten Volumens Wärmeverluste des Kessels noch eine Heizwärmegutschrift darstellen. In dieser Variante wird daher die Auswirkung eines Kesselstandortes außerhalb des beheizten Volumens betrachtet. Es wird jedoch hierfür keine erneute Flächenberechnung durchgeführt. Das Ergebnis ist im nachfolgenden Abschnitt in der Zusammenfassung mit aufgeführt.

Tabelle 68 Solare Strahlungswärmegewinne über opake Bauteile

Monatsbilanzverfahren Mehrfamilienhaus		
Ausgangsgrößen		
Größe/Einheit	Wert	Erläuterung
U [W/(m² K)] =	siehe Tabelle 46	Wärmedurchgangskoeffizient
A_j [m²]	= siehe Tabelle 44	Gesamtfläche des Bauteils in der Orientierung j
R_e [m² K/W] =	0,04	äußerer Wärmedurchlaßwiderstand des Bauteils ($R_e = R_{se}$)
α [-] =	0,50	Absorptionskoeffizient des Bauteils für Solarstrahlung, siehe DIN V 4108-6 [7]
I_{sj} [W/m²]	= siehe Tabelle 49	globale Sonneneinstrahlung der Orientierung j
F_f [-] =	0,50	Formfaktor zwischen dem Bauteil und dem Himmel (45°-90°: $F_f = 0,5$)
ε [-] =	0,80	Emissionsgrad für Wärmestrahlung der Außenfläche
h_r [-] = 5 · ε =	4,00	äußerer Abstrahlungskoeffizient
$\Delta\theta_{er}$ [K] =	10	Mittlere Differenz zwischen der Temperatur der Umgebungsluft und der scheinbaren Temperatur des Himmels (vereinfachte Annahme)
t_M [d/M]	=siehe Tabelle 49	Anzahl der Tage je Monat = Dauer des Berechnungszeitraumes
Berechnung		
$Q_{S,op,M}$ [kWh/M]	= U · A_j · R_e · (α · I_{sj} – F_f · h_r · Δθer) · t_M · 24/1000 = solare Wärmegewinne über opake Bauteile	
monatliche solare Strahlungswärmegewinne über opake Bauteile $Q_{S,op,M}$ [kWh/M]		

Bauteil[1]	Jan.	Feb.	Mrz.	Apr.	Mai	Jun.	Jul.	Aug.	Sep.	Okt.	Nov.	Dez.
AW N (KG-OG)	-12,71	-7,51	-2,93	11,35	20,04	27,91	29,33	14,66	3,78	-3,42	-10,41	-14,66
AW W (KG-OG)	-7,58	-1,37	6,57	41,57	45,99	53,80	58,62	37,90	24,45	5,56	-5,87	-12,63
AW S (KG-OG)	10,82	12,83	27,05	63,49	53,43	58,91	64,25	48,70	49,09	27,73	9,16	-4,73
AW O (KG-OG)	-7,74	-1,40	6,71	42,47	46,99	54,96	59,89	38,72	24,98	5,68	-6,00	-12,91
AW N (Gaube)	-3,28	-1,93	-0,76	2,93	5,17	7,19	7,56	3,78	0,98	-0,88	-2,68	-3,78
AW W (Gaube)	-0,72	-0,13	0,63	3,96	4,39	5,13	5,59	3,61	2,33	0,53	-0,56	-1,20
AW S (Gaube)	1,99	2,36	4,98	11,68	9,83	10,84	11,82	8,96	9,03	5,10	1,69	-0,87
AW O (Gaube)	-0,72	-0,13	0,63	3,96	4,39	5,13	5,59	3,61	2,33	0,53	-0,56	-1,20
Summe	-19,9	2,7	42,9	181,4	190,2	223,9	242,7	160,0	117,0	40,8	-15,2	-52,0

[1] im Bereich der Schrägdachflächen werden keine solaren Wärmegewinne über opake Bauteile ermittelt, da hier eine Hinterlüftung vorliegt und die Berechnungsansätze gemäß DIN V 4108-6 [7] nicht genau zutreffen;

5.5 Weitere Berechnungen unter Variation verschiedener Parameter

Tabelle 69 Monatliche solare Wärmegewinne über transparente Wärmedämmung (TWD)

Monatsbilanzverfahren Mehrfamilienhaus			
Ausgangsgrößen			
Größe/Einheit		Wert	Erläuterung
A_j [m²]	=	30,00	Gesamtfläche der TWD in der Orientierung j (West und Ost jeweils 30 m²)
I_{sj} [W/m²]	=	siehe Tabelle 49	globale Sonneneinstrahlung der Orientierung j
F_s [–]	=	0,90	Verschattungsfaktor
F_F [–]	=	1,00	Abminderungsfaktor für den Rahmenanteil
α [–]	=	0,90	Absorptionskoeffizient des Bauteils für Solarstrahlung
g_{Ti} [–]	=	0,50	Gesamtenergiedurchlaßgrad der transparenten Wärmedämmung
U [W/m² K)]	=	0,62	Wärmedurchgangskoeffizient
U_e [W/m² K)]	=	0,78	Wärmedurchgangskoeffizient aller äußeren Schichten, die vor der absorbierenden Oberfläche liegen
F_f [–]	=	0,50	Formfaktor zwischen dem Bauteil und dem Himmel (45°–90°: F_f = 0,5)
R_e [m² K/W]	=	0,04	hier gilt: $R_e = R_{se}$ = äußerer Wärmedurchlaßwiderstand des Bauteils
ε [–]	=	0,80	Emissionsgrad für Wärmestrahlung der Außenfläche
h_r [–] = 5·ε	=	4,00	äußerer Abstrahlungskoeffizient
$\Delta\theta_{er}$ [K]	=	10,00	mittlere Differenz zwischen der Temperatur der Umgebungsluft und der scheinbaren Temperatur des Himmels (vereinfachte Annahme)
t_M [d/M]	=	siehe Tabelle 49	Anzahl der Tage je Monat = Dauer des Berechnungszeitraumes
Berechnung			
A_{sj} [m²]		= $A_j \cdot F_s \cdot F_F \cdot \alpha \cdot g_{Ti} \cdot U/U_e$	
$Q_{S,TWD,M}$ [kWh/M]		= ($A_{Sj} \cdot I_{sj}$) · t_M · 24/1000; in g_{Ti} die langweilige Abstrahlung berücksichtigt	
$Q_{S,TWD,M}$ [kWh/M]		= ($A_{sj} \cdot I_{sj}$ – U · $A_j \cdot F_f \cdot R_e \cdot h_r \cdot \Delta\theta_{er}$) · t_M · 24/1000; in g_{Ti} die langweilige Abstrahlung nicht berücksichtigt	
monatliche solare Wärmegewinne über transparente Wärmedämmung (TWD) $Q_{S,TWD,M}$ [kWh/M]			

Bauteil	Jan.	Feb.	Mrz.	Apr.	Mai	Jun.	Jul.	Aug.	Sep.	Okt.	Nov.	Dez.
AW W (EG-OG)	168,6	230,1	369,8	858,5	930,2	1032,3	1109,8	815,2	615,1	355,4	184,0	96,7
AW O (EG-OG)	168,6	230,1	369,8	858,5	930,2	1032,3	1109,8	815,2	615,1	355,4	184,0	96,7
Summe	337,2	460,2	739,6	1717,0	1860,4	2064,6	2219,6	1630,4	1230,2	710,8	368,0	193,4

5.5.5 Auswertung der Ergebnisse der Variantenberechnungen

Die Ergebnisse der Variantenberechnungen werden in Tabelle 70 zusammengefaßt. Ausgewertet werden lediglich die Kennwerte H_T', Q_h'' und Q_P''. Zudem wird angegeben, welche Variablen wie berücksichtigt wurden. In Bild 87 sind die Ergebnisse graphisch dargestellt.

Tabelle 70 Ergebnisse der Berechnungen unter Variation verschiedener Berechnungsparameter

Monatsbilanzverfahren und Heizperiodenbilanzverfahren Mehrfamilienhaus	
Erläuterungen zu den Parametern	
Var.	= Angabe der betrachteten Variante
HP/MB-Verf.	= Berechnung des Jahres-Heizwärmebedarfs mit dem Heizperioden- oder Monatsbilanzverfahren
WB	= Berücksichtigung der Wärmebrücken pauschal oder durch genaue Berechnung
Lüftung	= Luftwechselrate mit oder ohne Luftdichtheitsprüfung
Opak	= Berücksichtigung der Strahlungswärmegewinne über opake Bauteile: ja oder nein
NA	= Berücksichtigung der Nachtabschaltung: ja oder nein
TWD	= Berücksichtigung der transparenten Wärmedämmung: ja oder nein
Kessel	= Verwendung eines Niedertemperatur- oder Brennwertkessels
Solar	= Unterstützung der Trinkwassererwärmung durch eine Solaranlage: ja oder nein
Lü.-Anl.	= Einbau einer Lüftungsanlage mit Wärmerückgewinnung durch Wärmeüberträger: ja oder nein
Anlage	= Berechnung von Heizung und Trinkwassererwärmung mit dem Tabellenverfahren (Tab.) oder z. T. detailliert (detaillierte Berechnung der Heizung u. der Trinkwassererwärmung durch die Heizanlage)

Kenngrößen		
Größe/Einheit	Wert	Erläuterung
vorh. H_T' [W/K]	= siehe unten	vorhandener spezifischer, auf die wärmeübertragende Hüllfläche bezogener Transmissionswärmeverlust des Gebäudes
zul. H_T' [W/K]	= 0,61	zulässiger spezifischer, auf die wärmeübertragende Hüllfläche bezogener Transmissionswärmeverlust des Gebäudes, mit A/V_e [1/m] = 1396,31/ 2902,34 = 0,48
Q_h'' [kWh/(m² a)] =	siehe unten	auf die Nutzfläche bezogener Jahres-Heizwärmebedarf des Gebäudes
vorh. Q_P'' [kWh/(m² a)] =	siehe unten	vorhandener, auf die Nutzfläche bezogener Jahres-Primärenergiebedarf des Gebäudes, es gilt: vorh. $Q_P'' = Q_P/A_N$
zul. Q_P'' [kWh/(m² a)] =	89,61	zulässiger, auf die Nutzfläche bez. Jahres-Primärenergiebedarf des Gebäudes nach EnEV [5], es gilt: zul. $Q_P'' = 50,94 + 75,29 \cdot A/V_e + 2600/(100 + A_N)$ (bei zentraler Warmwasserbereitung)

Ergebnisse (zum Vergleich)												
Parameter										Kenngrößen		
Var.	HP/MB	WB	Lüftung	Opak	NA	TWD	Kessel	Solar	Lü.-Anl.	Anlage	H_T'	Q_h''	Q_P''
GV	MB	0,05	0,6	nein	nein	nein	NT 70/55	nein	nein	Tab.	0,42	47,38	85,71

Ergebnisse der Variation												
Parameter										Kenngrößen		
Var.	HP/MB	WB	Lüftung	Opak	NA	TWD	Kessel	Solar	Lü.-Anl.	Anlage	H_T'	Q_h''	Q_P''
V1	MB	0,05	0,6	nein	ja	nein	NT 70/55	nein	nein	Tab.	0,42	44,67	82,43
V2	HP	0,05	0,6	nein	ja	nein	NT 70/55	nein	nein	Tab.	0,44	45,73	83,71
V3	MB	0,05	0,6	ja	ja	nein	NT 70/55	nein	nein	Tab.	0,42	44,58	82,32
V4	MB	0,05	0,6	ja	ja	ja	NT 70/55	nein	nein	Tab.	0,43	42,51	79,81
V5	MB	0,05	0,6	nein	nein	nein	NT 70/55 außerhalb	nein	nein	Tab.	0,42	47,38	90,40

5.5 Weitere Berechnungen unter Variation verschiedener Parameter

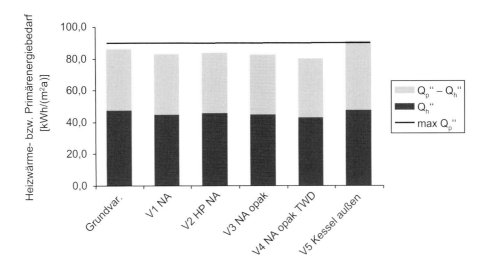

Bild 87 Graphische Auswertung der Ergebnisse der Variantenberechnungen

In der ausführlich vorgestellten Grundvariante werden keine Sondereffekte wie Nachtabschaltung, opake Bauteile oder transparente Wärmedämmung berücksichtigt. Dies hat auf den Kennwert des baulichen Wärmeschutzes H_T' keine Auswirkung. Der Heizwärmebedarf und somit auch der Primärenergiebedarf kann jedoch durch die Berücksichtigung solcher Parameter positiv beeinflusst werden. Dabei verringern sich infolge der Berücksichtigung jeweils eines weiteren Parameters beide Bedarfsgrößen immer weiter. Hierbei wiegt der Einfluß einer Nachtabschaltung der Heizungsanlage am schwersten, während die Berücksichtigung der Strahlungsabsorption opaker Bauteile oder einer transparenten Wärmedämmung nur von untergeordneter Bedeutung für den Heizwärme- und den Primärenergiebedarf ist. Auffällig ist noch die wesentliche Vergrößerung des Primärenergiebedarfs bei gleichbleibendem Heizwärmebedarf infolge eines Kesselstandortes außerhalb des beheizten Gebäudevolumens. Hier entstehen einerseits bei der Verteilung größere Wärmeverluste, andererseits verringern sich im vorliegenden Beispiel die Heizwärmegutschriften aus der Warmwasserbereitung. Der Energieeinsparungsnachweis ist so hinsichtlich des Primärenergiebedarfs knapp nicht erfüllt.

Beim Vergleich des Heizperiodenbilanzverfahrens mit dem Monatsbilanzverfahren ergibt sich bei Berücksichtigung der Nachtabschaltung, welche im Heizperiodenbilanzverfahren pauschal berücksichtigt wird, eine geringfügige Besserstellung des Monatsbilanzverfahrens. Dies ist auf die genauere Bilanzierung zurückzuführen.

6 Berechnungsbeispiel 3: Bürogebäude

Abschließend wird als weiteres Beispiel der Energieeinsparnachweis für ein Bürogebäude geführt. Auch bei diesem Beispiel wird zunächst eine Grundvariante ausführlich behandelt. Daran anschließend erfolgt die Betrachtung unterschiedlicher Anlagenvarianten sowie die Untersuchung des Einflusses einer Nachtabsenkung der Heizanlage. Die Methodik des Nachweises soll wiederum anhand der ausführlich dokumentierten Berechnungstabellen sowie anhand ergänzender Kommentare erläutert werden. Die Berechnungsgrößen sind eingangs in den Tabellen übersichtlich dargestellt. Daher wird auch bei diesem Beispiel auf umfangreiche zusätzliche Erläuterungen verzichtet und der Schwerpunkt beim eigentlichen Nachweisverfahren gesetzt.

Die Ermittlung sämtlicher Werte erfolgt nach dem gleichen Schema wie beim Ein- und Mehrfamilienhaus, um die Übersichtlichkeit zu verbessern. Dies gilt auch für Kennwerte, die erst im Abschnitt 6.5 im Rahmen der Variation einiger Randbedingungen benötigt werden.

6.1 Beschreibung des Gebäudes und Übersicht der Berechnungsvarianten

Die Ansichten, Grundriß- und Schnittzeichnungen des betrachteten Bürogebäudes mit allen für die Nachweisführung erforderlichen Angaben sind in den Bildern 88 bis 95 dargestellt. Die in den Grundrißzeichnungen angegebenen Maße entsprechen den Ausbaumaßen; dies erleichtert die Flächenberechnung, da hierbei die Außenmaße angesetzt werden müssen. Das Kellergeschoß bindet voll in das Erdreich ein. Im Kellergeschoß liegen nur die Treppenhäuser sowie der Aufzugschacht im beheizten Gebäudebereich; der übrige Keller einschließlich des Heizungsraumes ist unbeheizt.

Auf einige Besonderheiten wird nachfolgend hingewiesen:

— In den Zeichnungen sind bis auf die Fensteröffnungen die Ausbaumaße angegeben, das heißt die Wanddicken der Außenwände werden inklusive Wärmedämmung bzw. Putz angeben. Die Hüllfläche und das Volumen werden somit anhand der Außenmaße ermittelt.
— Bei der Ermittlung der wirksamen Speicherfähigkeit des Gebäudes wird bei den Bauteilen der Hüllfläche und den Geschoßdecken vereinfacht mit den Bruttoabmessungen gerechnet, anstatt die genaue Größe der luftberührten Oberfläche dieser Bauteile zu bestimmen. Eine Vergleichsberechnung zeigt, daß der Einfluß dieser Ungenauigkeit beim vorliegenden Gebäude verschwindend gering ist.
— Die Wärmeverluste über erdberührte Bauteile werden unter Berücksichtigung der aus Tabelle 3 der DIN V 4108-6 [7] ermittelbaren Temperaturfaktoren berechnet.

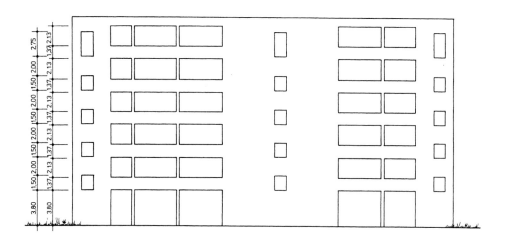

Bild 88 Nordansicht des Bürogebäudes

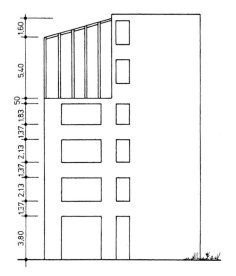

Bild 89 Ostansicht des Bürogebäudes

6.1 Beschreibung des Gebäudes und Übersicht der Berechnungsvarianten

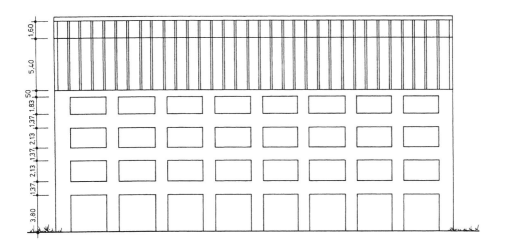

Bild 90   Südansicht des Bürogebäudes

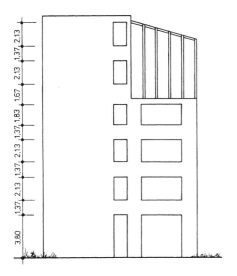

Bild 91   Westansicht des Bürogebäudes

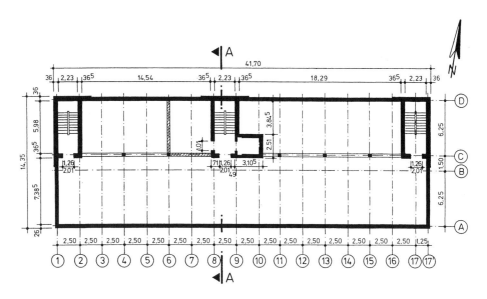

Bild 92 Grundriß KG des Bürogebäudes

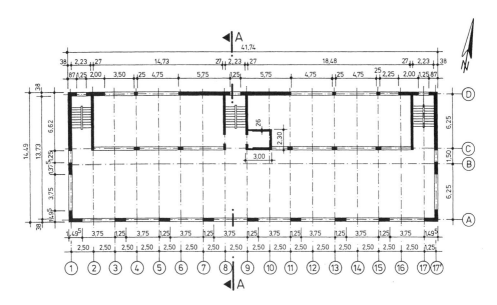

Bild 93 Grundriß EG bis 3. OG des Bürogebäudes

6.1 Beschreibung des Gebäudes und Übersicht der Berechnungsvarianten

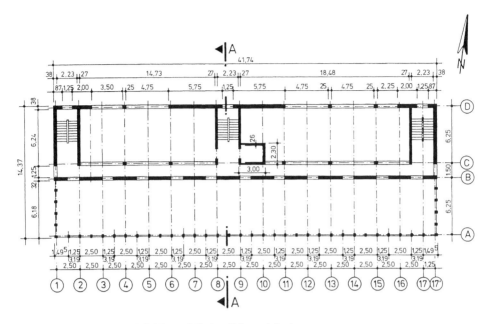

Bild 94 Grundriß 4. OG bis 5. OG des Bürogebäudes

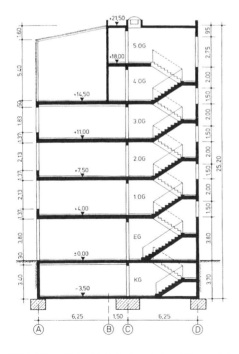

Bild 95 Schnitt A-A durch das Bürogebäude

Weitere Erläuterungen zu den Berechnungen werden in den jeweiligen Tabellen gegeben. Im folgenden werden zunächst die gebäudespezifischen Kenngrößen angegeben.

6.2 Gebäudespezifische Kenngrößen

In diesem Abschnitt werden alle wesentlichen Kenngrößen des Gebäudes, die zur Berechnung des Heizwärmebedarfs nach dem Monatsbilanzverfahren erforderlich sind, berechnet. Die Flächen- und Volumenberechnungen finden sich in den Tabellen 71 und 72. Die einzelnen Außenbauteile sind in den Bildern 96 bis 103 dargestellt. In Tabelle 73 sind die U-Werte der einzelnen Bauteile zusammengestellt.

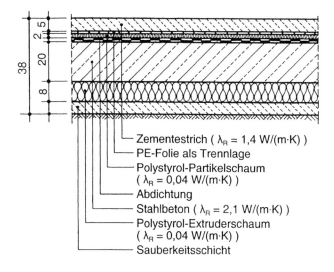

Bild 96 Fußboden gegen Erdreich

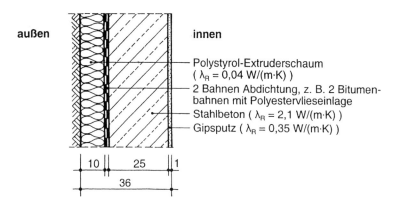

Bild 97 Außenwand gegen Erdreich

6.2 Gebäudespezifische Kenngrößen

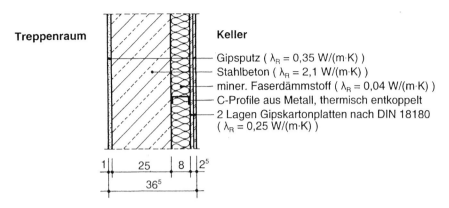

Bild 98 Innenwand zum unbeheizten Kellerbereich

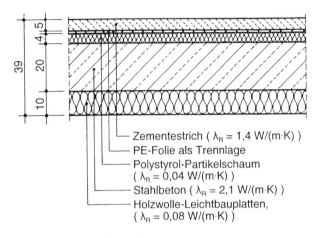

Bild 99 Decke über KG

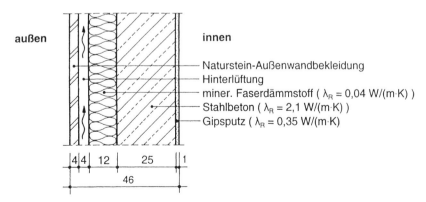

Bild 100 Außenwand an Außenluft

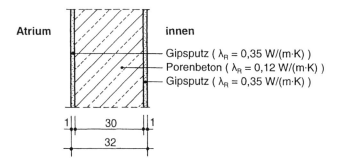

Bild 101 Wand zum unbeheizten Glasvorbau

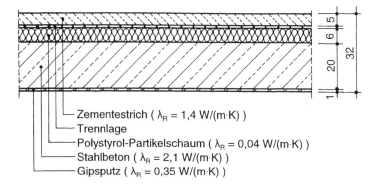

Bild 102 Decke über 3. OG zum Atrium

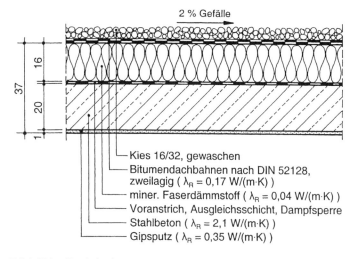

Bild 103 Dachdecke

6.2 Gebäudespezifische Kenngrößen

Tabelle 71 Berechnung der Hüllfläche für das Bürogebäude

Bürogebäude				
Hüllfläche [m²]				
Bauteile der wärmedämmenden Hüllfläche				
Bauteil	Nr.	Orientierung	Flächenberechnung	Fläche
Bodenplatte unter Treppenräumen bzw. Aufzug	1		$2 \cdot (0{,}36 + 2{,}23 + 0{,}365) \cdot (0{,}36 + 5{,}98 + 0{,}365)$ $+ (0{,}365 + 2{,}23 + 0{,}365) \cdot (0{,}36 + 5{,}98 + 0{,}365)$ $+ 2{,}51 \cdot (3{,}105 - 0{,}365)$	66,36 m²
AW Treppenräume an Erdreich	2	Norden	$2 \cdot (0{,}36 + 2{,}23 + 0{,}365 + 0{,}36 + 5{,}98 + 0{,}365) \cdot 3{,}70$ $+ (0{,}365 + 2{,}23 + 0{,}365) \cdot 3{,}70$	82,43 m²
Türen Treppenr.	3		$3 \cdot 1{,}26 \cdot 2{,}01 + 1{,}01 \cdot 2{,}01$	9,63 m²
IW Treppenräume bzw. Aufzug an unbeheizten Keller	4		$2 \cdot (0{,}36 + 2{,}23 + 0{,}365 + 0{,}365 + 5{,}98 + 036) \cdot 3{,}70$ $+ (0{,}36 + 5{,}98 + 0{,}365 + 0{,}71 + 1{,}26 + 0{,}49 + 3{,}105 + 2{,}51$ $+ (3{,}105 - 0{,}365) + 3{,}845 + 0{,}36) \cdot 3{,}70 - 9{,}63$ (Türen)	142,23 m²
Decke KG über unbeheiztem Keller	5		$41{,}74 \cdot 14{,}49 - 66{,}36$ (Bodenplatte unter Treppenr.)	538,45 m²
Fenster	6	Norden, 90°	$(3{,}50 + 3 \cdot 4{,}75 + 2{,}25) \cdot 3{,}80$ (EG) $+ 5 \cdot (3{,}50 + 3 \cdot 4{,}75 + 2{,}25) \cdot 2{,}13$ (OG) $+ 4 \cdot (3 \cdot 1{,}25) \cdot 1{,}50 + (3 \cdot 1{,}35) \cdot 2{,}75$ (Treppenr.)	321,81 m²
	7	Osten, 90°	$(1{,}25 + 3{,}75) \cdot 3{,}80 + 2 \cdot (1{,}25 + 3{,}75) \cdot 2{,}13$ $+ (1{,}25 + 3{,}75) \cdot 1{,}83 + 2 \cdot 1{,}25 \cdot 2{,}13$	54,78 m²
	8	Süden, 90°	$8 \cdot 3{,}75 \cdot 3{,}80 + 2 \cdot (8 \cdot 3{,}75 \cdot 2{,}13) + 8 \cdot 3{,}75 \cdot 1{,}83$	296,70 m²
	9	Sü. Atr., 90°	$2 \cdot (11 \cdot 1{,}25) \cdot (3{,}50 - 0{,}31)$	87,73 m²
	10	Westen, 90°	$(1{,}25 + 3{,}75) \cdot 3{,}80 + 2 \cdot (1{,}25 + 3{,}75) \cdot 2{,}13$ $+ (1{,}25 + 3{,}75) \cdot 1{,}83 + 2 \cdot 1{,}25 \cdot 2{,}13$	54,78 m²
AW	11	Norden	$41{,}74 \cdot (25{,}20 - 3{,}70) - 321{,}81$ (Fenster)	575,60 m²
	12	Osten	$14{,}49 \cdot (3{,}80 + 3 \cdot 1{,}37 + 2 \cdot 2{,}13 + 1{,}83 + 0{,}50)$ $+ (0{,}38 + 6{,}24 + 1{,}25 + 0{,}32) \cdot (5{,}40 + 1{,}60) - 54{,}78$ (Fenster)	212,66 m²
	13	Süden	$41{,}74 \cdot (3{,}80 + 3 \cdot 1{,}37 + 2 \cdot 2{,}13 + 1{,}83 + 0{,}50) - 296{,}70$ (Fenster)	308,53 m²
	14	Süd., Atrium	$41{,}74 \cdot (5{,}40 + 1{,}60) - 87{,}73$ (Fenster)	204,45 m²
	15	Westen	$14{,}49 \cdot (3{,}80 + 3 \cdot 1{,}37 + 2 \cdot 2{,}13 + 1{,}83 + 0{,}50)$ $+ (0{,}38 + 6{,}24 + 1{,}25 + 0{,}32) \cdot (5{,}40 + 1{,}60) - 54{,}78$ (Fenster)	212,66 m²
Decke 3. OG zum Atrium	16		$41{,}74 \cdot (14{,}49 - 0{,}38 - 6{,}24 - 1{,}25 - 0{,}32)$	262,96 m²
Dachdecke 5. OG	17		$41{,}74 \cdot (0{,}38 + 6{,}24 + 1{,}25 + 0{,}32)$	341,85 m²
Hüllfläche gesamt:			$\Sigma =$	3773,61 m²
Innenbauteile				
Bauteil	Nr.	Flächenberechnung		Fläche
Decke über EG – 2. OG	18	$41{,}74 \cdot 14{,}49$		604,81 m²
Decke über 3. OG – 4. OG	19	$41{,}74 \cdot (0{,}38 + 6{,}24 + 1{,}25 + 0{,}32)$		341,85 m²
IW Treppenraum bzw. Aufzug	20	$2 \cdot 6{,}24 \cdot 3{,}80 + 5 \cdot (2 \cdot 6{,}24 \cdot 3{,}50)$ (Treppenr. Ost/West) $+ 2 \cdot 6{,}24 \cdot 3{,}80 + 5 \cdot (2 \cdot 6{,}24 \cdot 3{,}50) - 6 \cdot 2 \cdot (1{,}01 \cdot 2{,}01)$ (Tr. Mitte) $+ ((2{,}30 - 2 \cdot 0{,}26) + 2 \cdot (3{,}00 - 0{,}27 - 0{,}26)) \cdot 3{,}80$ $+ 5 \cdot ((2{,}30 - 2 \cdot 0{,}26) + 2 \cdot (3{,}00 - 0{,}27 - 0{,}26)) \cdot 3{,}50$		645,44 m²

Tabelle 72 Volumenberechnung für das Bürogebäude

Bürogebäude			
Volumen			
Baukörper	Nr.	Volumenberechnung	Volumen
KG	1	2 · (0,36 + 2,23 + 0,365) · (0,36 + 5,98 + 0,365) · 3,70 + (0,365 + 2,23 + 0,365) · (0,36 + 5,98 + 0,365) · 3,70 + (3,105 − 0,365) · 2,51 · 3,70	245,50 m³
EG – 3. OG	2	41,74 · 14,49 · (3,80 + 3 · 1,37 + 2 · 2,13 + 1,83 + 0,50)	8769,78 m³
4. OG – 5. OG	3	41,74 · (0,38 + 6,24 + 1,25 + 0,32) · (5,40 + 1,60)	2392,95 m³
Gebäudevolumen:		Σ =	11407,23 m³

Tabelle 73 Übersicht über die U-Werte der wärmedämmenden Hüllfläche

Monatsbilanzverfahren Bürogebäude		
Übersicht über die Wärmedurchgangskoeffizienten der wärmedämmenden Hüllfläche U [W/(m² K)]		
Bauteil	U [W/(m² K)]	Bemerkungen
Bodenplatte	0,35	
Außenwand an Erdreich	0,35	
Türen zum unbeheizten Keller	2,10	
Wand zum unbeheizten Keller	0,40	
Kellerdecke	0,37	
Außenwand an Außenluft	0,29	stark hinterlüftet
Wand zum unbeheizten Atrium	0,35	
Fenster	1,10	
Fenster zum unbeheizten Atrium	1,10	
Decke über 3. OG zum unbeheizten Atrium	0,54	
Dachdecke	0,23	

Die Berechnung der wirksamen Speicherfähigkeit $C_{wirk,\eta}$ zur Bestimmung des Ausnutzungsgrades η der Wärmegewinne des Gebäudes erfolgt ebenso wie die Berechnung der wirksamen Speicherfähigkeit $C_{wirk,NA}$ zur Berücksichtigung der Nachtabschaltung in Tabelle 74.

6.2 Gebäudespezifische Kenngrößen

Tabelle 74 Ermittlung der wirksamen Wärmespeicherfähigkeit des Bürogebäudes

Monatsbilanzverfahren Bürogebäude		
Ausgangsgrößen		
Größe/Einheit	Wert	Erläuterung
A [m²]	= siehe unten	Größe der innenluftberührten Flächen der Außen- und Innenbauteile (Außenbauteile vereinfacht mit Bruttoflächen angesetzt)
d [cm]	= siehe unten	Schichtdicke der Bauteilschichten
λ_R [W/(m K)]	= siehe unten	Rechenwert der Wärmeleitfähigkeit der Baustoffe
c [kJ/(K kg)]	= siehe unten	spezifische Wärmekapazität der Baustoffe
ρ [kg/m³]	= siehe unten	Rohdichte der Baustoffe
$d_{i,10}$ [cm]	= siehe unten	anrechenbare Schichtdicke der Bauteile nach der „10 cm-Regel", Wärmedämmstoffe dürfen nicht angerechnet werden,
$C_{wirk,\eta}$ [Wh/K]	= siehe unten	wirksame Wärmespeicherfähigkeit des Gebäudes nach der „10 cm-Regel" berechnet zur Bestimmung des Ausnutzungsgrades der Wärmegewinne des Gebäudes
$d_{i,3}$ [cm]	= siehe unten	anrechenbare Schichtdicke der Bauteile nach der „3 cm-Regel", Wärmedämmstoffe dürfen nicht angerechnet werden,
$C_{wirk,NA}$ [Wh/K]	= siehe unten	wirksame Wärmespeicherfähigkeit des Gebäudes nach der „3 cm-Regel" berechnet zur Bestimmung der Wärmegewinne durch die Nachtabschaltung der Heizung
Berechnung		
$C_{wirk,\eta}$ [Wh/K]	= $A \cdot c \cdot \rho \cdot d_{i,10} / 360$	
$C_{wirk,NA}$ [Wh/K]	= $A \cdot c \cdot \rho \cdot d_{i,3} / 360$	
wirksame Wärmespeicherfähigkeit $C_{wirk,\eta}$ bzw. $C_{wirk,NA}$ [Wh/K]		

Bauteile der Hüllfläche										
Bauteil/ Orientierung	Fläche [m²]	Aufbau (von innen nach außen)	d [cm]	λ_R [W/(m K)]	c [kJ/(K kg)]	ρ [kg/m³]	$d_{i,10}$ [cm]	$C_{wirk,\eta}$ [Wh/K]	$d_{i,3}$ [cm]	$C_{wirk,NA}$ [Wh/K]
AW an Erdreich										
Gesamt	82,43	Gipsputz	1,00	0,35	1,00	1200,00	1,00	275	1,00	275
		Stahlbeton	25,00	2,10	1,00	2400,00	9,00	4946	2,00	1099
		Abdichtung	0,80	0,17	1,00	1200,00	–	–	–	–
		XPS	10,00	0,04	1,50	40,00	–	–	–	–
		Schutzschicht	–	–	–	–	–	–	–	–
AW an Außenluft										
Norden	575,60	Gipsputz	1,00	0,35	1,00	1200,00	1,00	4365	1,00	4365
Osten	212,66	Stahlbeton	25,00	2,10	1,00	2400,00	9,00	78567	2,00	17459
Westen	212,66	Wärmedämmung	12,00	0,04	1,00	80,00	–	–	–	–

Tabelle 74 Ermittlung der wirksamen Wärmespeicherfähigkeit (Fortsetzung)

Bauteil/Orientierung	Fläche [m²]	Aufbau (von innen nach außen)	d [cm]	λ_R [W/(m K)]	c [kJ/(K kg)]	ρ [kg/m³]	$d_{i,10}$ [cm]	$C_{wirk,\eta}$ [Wh/K]	$d_{i,3}$ [cm]	$C_{wirk,NA}$ [Wh/K]
Süden	308,53	Hinterlüftung	-	-	-	-	-	-	-	-
Gesamt	1309,45	Natursteinbek.	-	-	-	-	-	-	-	-
Wand zum Atrium										
		Gipsputz	1,00	0,35	1,00	1200,00	1,00	682	1,00	682
Gesamt	204,45	Porenbeton	0,30	0,12	1,00	450,00	9,00	2300	2,00	511
		Gipsputz	1,00	0,35	1,00	1200,00	-	-	-	-
Bodenplatte										
		Zementestrich	5,00	1,40	1,00	2000,00	5,00	1843	3,00	1106
		Trennlage	-	-	-	-	-	-	-	-
Gesamt	66,36	Wärmedämmung	2,00	0,04	1,50	40,00	-	-	-	-
		Stahlbeton	20,00	2,10	1,00	2400,00	-	-	-	-
		Abdichtung	-	0,17	1,00	1200,00	-	-	-	-
		XPS	8,00	0,04	1,50	40,00	-	-	-	-
Wand zum unbeheizten Keller										
		Gipsputz	1,00	0,35	1,00	1200,00	1,00	474	1,00	474
Gesamt	142,23	Stahlbeton	25,00	2,10	1,00	2400,00	9,00	8534	2,00	1896
		Wärmedämmung	8,00	0,04	1,00	80,00	-	-	-	-
		GKP	2,50	0,25	1,00	900,00	-	-	-	-
Türen zum unbeheizten Keller										
Gesamt	9,63	-	-	-	-	-	-	-	-	-
Kellerdecke										
		Zementestrich	5,00	1,40	1,00	2000,00	5,00	14957	3,00	8974
		Trennlage	-	-	-	-	-	-	-	-
Gesamt	538,45	Wärmedämmung	4,00	0,04	1,50	40,00	-	-	-	-
		Stahlbeton	20,00	2,10	1,00	2400,00	-	-	-	-
		HWL-Platten	10,00	0,08	2,10	410,00	-	-	-	-
Decke 3.OG zum Atrium										
		Gipsputz	1,00	0,35	1,00	1200,00	1,00	877	1,00	877
		Stahlbeton	20,00	2,10	1,00	2400,00	9,00	15778	2,00	3506
Gesamt	262,96	Wärmedämmung	6,00	0,04	1,50	40,00	-	-	-	-
		Trennlage	-	-	-	-	-	-	-	-
		Zementestrich	5,00	1,40	1,00	2000,00	-	-	-	-

Tabelle 74 Ermittlung der wirksamen Wärmespeicherfähigkeit (Fortsetzung)

Bauteil/ Orientierung	Fläche [m²]	Aufbau (von innen nach außen)	d [cm]	λ_R [W/(m K)]	c [kJ/(K kg)]	ρ [kg/m³]	$d_{i,10}$ [cm]	$C_{wirk,\eta}$ [Wh/K]	$d_{i,3}$ [cm]	$C_{wirk,NA}$ [Wh/K]
Dachdecke										
Gesamt	341,85	Gipsputz	1,00	0,35	1,00	1200,00	1,00	1140	1,00	1140
		Stahlbeton	20,00	2,10	1,00	2400,00	9,00	20511	2,00	4558
		Dampfsperre	–	–	–	–	–	–	–	–
		Wärmedämmung	16,00	0,04	1,00	80,00	–	–	–	–
		Abdichtung	0,80	0,17	1,00	1200,00	–	–	–	–
Fenster										
Norden	321,81									
Osten	54,78	Wärmeschutz-	–	–	–	–	–	–	–	–
Westen	54,78	verglasung mit	–	–	–	–	–	–	–	–
Süden	296,70	Alu-Rahmen	–	–	–	–	–	–	–	–
Süden z. Atrium	87,73	(thermisch entk.)	–	–	–	–	–	–	–	–
Gesamt	815,80									
Hüllfläche	3773,61									
Innenbauteile										

Bauteil/ Orientierung	Fläche [m²]	Aufbau	d [cm]	λ_R [W/(m K)]	c [kJ/(K kg)]	ρ [kg/m³]	$d_{i,10}$ [cm]	$C_{wirk,\eta}$ [Wh/K]	$d_{i,3}$ [cm]	$C_{wirk,NA}$ [Wh/K]
Innenwände										
Gesamt	645,44	Gipsputz	1,00	0,35	1,00	1200,00	1,00	2151	1,00	2151
		Stahlbeton	25,00	2,10	1,00	2400,00	18,00	77453	4,00	17212
		Gipsputz	1,00	0,35	1,00	1200,00	1,00	2151	1,00	2151
Decken										
Decke über EG	604,81	Zementestrich	5,00	1,40	1,00	2000,00	5,00	69393	3,00	41636
Decke über 1. OG	604,81	Trennlage	·	–	–	–	–	–	–	–
Decke über 2. OG	604,81	Trittschalldä.	4,00	0,04	1,50	40,00	–	–	–	–
Decke über 3. OG	341,85	Stahlbeton	20,00	2,10	1,00	2400,00	9,00	149888	2,00	33308
Decke über 4. OG	341,85	Gipsputz	1,00	0,35	1,00	1200,00	1,00	8327	1,00	8327
Gesamt	2498,13									
Summe der wirksamen Wärmespeicherfähigkeit:								464612		151707

6.3 Monatsbilanzverfahren

6.3.1 Randbedingungen zur Berechnung

In Tabelle 75 sind die wesentlichen Randbedingungen zum Gebäude und zur Berechnung sowie in Tabelle 76 die wesentlichen Korrekturfaktoren für den Nachweis nach dem Monatsbilanzverfahren zusammengefaßt. Tabelle 77 enthält die Klimarandbedingungen für den mittleren Standort Deutschland nach DIN V 4108-6 [7] Tabelle D.5, die für den öffentlich-rechtlichen Nachweis zu verwenden sind.

Tabelle 75 Randbedingungen zum Gebäude und zur Berechnung nach dem Monatsbilanzverfahren

Monatsbilanzverfahren Bürogebäude	
Randbedingungen	
Variablen	Angaben
Hüllfläche	$A = 3773{,}61\ m^2$ (siehe Flächenberechnung, Tabelle 71)
Volumen A/V_e-Verhältnis	$V_e = 11407{,}23\ m^3$ (Bruttovolumen, siehe Volumenberechnung in Tabelle 72) $V = 9125{,}78\ m^3$ (Nettovolumen: $V = 0{,}80 \cdot V_e$) $A/V_e = 0{,}33\ m^{-1}$
Nutzfläche	$A_N = 3650{,}31\ m^2$ ($A_N = 0{,}32 \cdot V_e$, gemäß DIN V 4108-6 [7], Tabelle D.3)
Fassadenausrichtung	Die Orientierungen der Fassaden weichen nur minimal von den Hauptrichtungen ab, daher werden die Fassaden den Himmelsrichtungen zugeordnet.
Klimadaten	Mittlerer Standort Deutschland, siehe Tabelle 77
Innenlufttemperatur	$\theta_i = 19\ °C$
Wärmebrücken	pauschal nach DIN 4108-6 bzw. Beiblatt 2
Korrekturfaktoren	siehe Tabelle 76
Nachtabschaltung	siehe Tabelle 92
Lüftung	freie Lüftung mit Luftdichtheitsprüfung: $n = 0{,}6$ 1/h
Interne Wärmegewinne	$q_i = 6\ W/(m^2$ (für Bürogebäude gemäß DIN 4108-6 [7], Tabelle D.3)
Solare Wärmegewinne	Soare Wärmegewinne über transp. Bauteile werden nach Abminderung mit dem Nutzungsgrad in der Gesamtbilanzierung als nutzbare Gewinne berücksichtigt.
	Solare Strahlungswärmegewinne über opake Bauteile werden nur in Varianten berücksichtigt. Sie werden von den Wärmeverlusten voll abgezogen ($\eta = 1$).
Absorptionskoeffizienten	$\alpha = 0{,}8$: Dachflächen
	$\alpha = 0{,}5$: Wände
	$\alpha = 0{,}8$: mittlere Absorption der Bodenfläche im unbeheizten Glasvorbau
Emissionsgrad	$\varepsilon = 0{,}8$: Emissionsgrad der Außenfläche für Wärmestrahlung
Verglasung des Vorbaus	Zweischeibenverglasung, $F_u = 0{,}7$
Heizungsanlage	siehe Anlagenbeschreibung

Tabelle 76 Übersicht über die wesentlichen Korrekturfaktoren

Monatsbilanzverfahren Bürogebäude		
Ausgangsgrößen		
Größe/Einheit	Wert	Erläuterung
A_G [m²] =	66,36	Grundfläche der Bodenplatte (beheizter Bereich)
P [m] =	56,97	Umfang der Bodenplatte (beheizter Bereich)
B' [m] =	2,33	Beiwert zur Berechnung der Korrekturfaktoren F_{bf} und F_{bw}
F_{bf} [−]	= siehe unten	Temperaturkorrekturfaktor zur Ermittlung der Transmissionswärmeverluste der Bodenplatte
F_{bw} [−]	= siehe unten	Temperaturkorrekturfaktor zur Ermittlung der Transmissionswärmeverluste der erdberührten Kellerwände
R_f [m² K/W] =	2,85	Wärmedurchlaßwiderstand der Bodenplatte
R_w [m² K/W] =	2,82	Wärmedurchlaßwiderstand der erdberührten AW

Übersicht über die wesentlichen Korrekturfaktoren F_X [−]			
Bauteil	Bemerkungen	Faktor	Wert [−]
Bodenplatte	A_G = 66,36 m² P = 3 · (2 · (0,26 + 5,98 + 0,365) + 2 · (0,26 + 2,23 + 0,365)) + 2 · (0,365 − 0,26) = 56,97 m B' = A_G/(0,5 P) = 2,33 m < 5 m R_f = (siehe U-Werte) = 2,85 (m² K/W) > 1 (m² K/W)	F_{bf} =	0,45
Außenwand an Erdreich	A_G, P, B': wie oben; R_w = (siehe U-Werte) = 2,82 (m² K/W) > 1 (m² K/W)	F_{bw} =	0,60
Außenwand an Außenluft	Temperaturkorrekturfaktor	F_{AW} =	1,00
Dachfläche	Temperaturkorrekturfaktor	F_D =	1,00
Kellerdecke	Temperaturkorrekturfaktor	F_U =	0,50
Wand zum unbeh. Keller	Temperaturkorrekturfaktor	F_U =	0,50
Türen zum unbeh. Keller	Temperaturkorrekturfaktor	F_U =	0,50
Flächen zu unbeheizten Glasvorbauten/ Wintergärten	Temperaturkorrekturfaktor je nach − Einfachverglasung Verglasung des Wintergartens: − Zweischeibenverglasung − Wärmeschutzverglasung	F_u = F_u = F_u =	0,80 0,70 0,50
Fenster	Korrekturfaktor für den Rahmenanteil	F_F =	0,70
	Korrekturfaktor infolge nicht senkr. Einstrahlung	F_W =	0,90
	Korrekturfaktor für Sonnenschutzvorrichtung	F_C =	1,00
	Korrekturfaktor für Verschattung	F_S =	0,90

Tabelle 77 Anzahl der Tage je Monat sowie Temperaturen und Strahlungsintensitäten für den „mittleren Standort Deutschland"

	Monatsbilanzverfahren Bürogebäude											
	Klimarandbedingungen für das Monatsbilanzverfahren											
Parameter	Jan.	Feb.	Mrz.	Apr.	Mai	Jun.	Jul.	Aug.	Sep.	Okt.	Nov.	Dez.
	Anzahl der Tage [d]											
t_M [d/M]	31	28	31	30	31	30	31	31	30	31	30	31
	Temperaturen[1] [°C]											
θ_e [°C]	-1,3	0,6	4,1	9,5	12,9	15,7	18,0	18,3	14,4	9,1	4,7	1,3
θ_i [°C]	19	19	19	19	19	19	19	19	19	19	19	19
	Strahlungsintensitäten I_{sj}[1] [W/m²]											
Nord 90°	14,0	23,0	34,0	64,0	81,0	99,0	100,0	70,0	48,0	33,0	18,0	10,0
West/Ost 90°	25,0	37,0	53,0	125,0	131,0	150,0	156,0	115,0	90,0	51,0	28,0	15,0
Süd 90°	56,0	61,0	80,0	137,0	119,0	130,0	135,0	112,0	115,0	81,0	54,0	33,0
Horizontal 0°	33,0	52,0	82,0	190,0	211,0	256,0	255,0	179,0	135,0	75,0	39,0	22,0

[1] Werte gemäß DIN V 4108-6 [7], Tabelle D.5;

6.3.2 Wärmeverluste des Bürogebäudes

In diesem Abschnitt erfolgt die Bestimmung der spezifischen und anschließend der absoluten Wärmeverluste des Gebäudes für jeden Monat. Die Monatswerte werden dann zu einem Jahreswert zusammengefaßt.

Bestimmung der spezifischen Wärmeverluste

Zunächst wird der spezifische Transmissionswärmeverlust H_T (Tabelle 78) ermittelt. Dividiert man den spezifischen Transmissionswärmeverlust durch die wärmedämmende Hüllfläche des Gebäudes, erhält man den spezifischen, auf die wärmeübertragende Umfassungsfläche bezogenen Transmissionswärmeverlust H_T', der ein Maß für das Wärmedämmniveau des Gebäudes darstellt. Diese Kenngröße darf einen in der EnEV [5] festgelegten und vom Verhältnis Hüllfläche/Bruttovolumen A/V_e abhängigen Grenzwert nicht überschreiten. Damit wird sichergestellt, daß das Gebäude zumindest das in der WSchVO geforderte Wärmedämmniveau aufweist. Der Nachweis wird in Kapitel 6.3.6 geführt.

In Tabelle 79 werden die spezifischen Lüftungswärmeverluste H_V ermittelt. Die spezifischen Wärmeverluste zwischen Innenluft und wärmespeichernden Bauteilen H_{ic} werden in Tabelle 80 bestimmt. Die Berechnung der spezifischen Wärmeverluste der leichten Bauteile H_w erfolgt in Tabelle 81. Die beiden letzten Größen werden zur Berechnung der verringerten Wärmeverluste infolge Nachtabschaltung im Abschnitt 6.5 benötigt.

Tabelle 78 Spezifischer Transmissionswärmeverlust

\multicolumn{3}{c}{Monatsbilanzverfahren Bürogebäude}

\multicolumn{3}{c}{Ausgangsgrößen}
Größe/Einheit	Wert	Erläuterung
V_e [m³] =	11407,23	Bruttovolumen des Gebäudes
A_N [m²] =	3650,31	Nutzfläche des Gebäudes ($A_N = 0{,}32 \cdot V_e$)
A [m²]	= siehe Tabelle 71	Hüllflächenanteile nach Bauteilen und Orientierung untergliedert
U [W/(m² K)]	= siehe Tabelle 73	Wärmedurchgangskoeffizient
ΔU_{WB} [W/(m² K)] =	0,05	Wärmebrückenzuschlag zur Berücksichtigung der zusätzlichen Transmissionswärmeverluste durch Wärmebrücken
F_X [-]	= siehe Tabelle 76	Temperaturkorrekturfaktor
$H_{T,o.WB}$ [W/K] =	siehe unten	spezifischer Transmissionswärmeverlust des Gebäudes ohne WB-Zuschlag
$H_{T,WB}$ [W/K] =	siehe unten	spezifischer Transmissionswärmeverlust des Gebäudes infolge Wärmebrücken

\multicolumn{3}{c}{Berechnung}
H_T [W/K]	\multicolumn{2}{l}{$= \Sigma(A_i \cdot U_i \cdot F_{Xi} + A_i \cdot \Delta U_{WB})$ = spezifischer Transmissionswärmeverlust}

\multicolumn{6}{c}{Spezifischer Transmissionswärmeverlust H_T [W/K]}
Bauteil	Orientierung	A [m²]	U-Wert [W/(m² K)]	U · A [W/K]	F_X [-]	U · A · F_X [W/K]
AW an Erdreich	Norden	82,43	0,35	28,85	0,60	17,31
AW an Außenluft	Norden	575,60	0,29	166,92	1,00	166,92
	Osten	212,66	0,29	61,67	1,00	61,67
	Süden	308,53	0,29	89,47	1,00	89,47
	Westen	212,66	0,29	61,67	1,00	61,67
Wand z. Atrium	Süden	204,45	0,35	71,56	0,70	50,09
Bodenplatte		66,36	0,35	23,23	0,45	10,45
Dach		341,85	0,23	78,63	1,00	78,63
Decke 3. OG z.A.		262,96	0,54	142,00	0,70	99,40
Kellerdecke		538,45	0,37	199,23	0,50	99,61
Wand z. unb. K.		142,23	0,40	56,89	0,50	28,45
Türen z. unb. K.		9,63	2,10	20,22	0,50	10,11
Fenster	Norden	321,81	1,10	353,99	1,00	353,99
	Osten	54,78	1,10	60,26	1,00	60,26
	Süden	296,70	1,10	326,37	1,00	326,37
	Westen	54,78	1,10	60,26	1,00	60,26
Fenster z. Atrium	Süden	87,73	1,10	96,50	0,70	67,55
Hüllfläche	A [m²] =	3773,61	\multicolumn{2}{r}{$H_{T,o.WB}$ [W/K] =}		1642,21
Wärmebrückenzuschlag ($\Delta U_{WB} \cdot A$) = $H_{T,WB}$ [W/K]:			0,05	188,68	1,00	188,68
Spezifischer Transmissionswärmeverlust:				\multicolumn{1}{r}{H_T [W/K] =}		1830,89
Spezifischer auf die wärmeübertragende Umfassungsfläche (Hüllfläche) bezogener Transmissionswärmeverlust (H_T/A):				\multicolumn{1}{r}{H_T' [W/(m² K)] =}		0,49

Tabelle 79 Spezifischer Lüftungswärmeverlust

Monatsbilanzverfahren Bürogebäude		
Ausgangsgrößen		
Größe/Einheit	Wert	Erläuterung
V_e [m³] =	11407,23	Bruttovolumen des Gebäudes
V_L [m³] =	9125,78	Luftvolumen des Gebäudes (siehe DIN V 4108-6 [7], Tabelle D.3, hier: $0{,}80 \cdot V_e$)
ρ_L [kg/m³] ≈	1,18	Dichte von Luft bei 1 bar und normalen Innentemperaturen
c_{pl} [Wh/(kg K)] ≈	0,28	spezifische Wärmekapazität von Luft
$\rho_L \cdot c_{pl}$ [Wh/(m³ K)] =	0,34	gemäß DIN V 4108-6 [7] anzusetzender Wert für das Produkt aus Luftdichte und spezifischer Wärmekapazität bei der Ermittlung der Lüftungswärmeverluste
n [1/h] =	0,60	Luftwechsel gemäß DIN V 4108-6 [7], Tabelle D.3, hier: n = 0,6 (1/h) (mit Luftdichtheitsprüfung $n_{50} < 3{,}0$ (1/h) und ohne Lüftungsanlage)
Berechnung		
H_V [W/K]	= $n \cdot \rho_L \cdot c_{pl} \cdot V_L$	

Spezifischer Lüftungswärmeverlust des Gebäudes H_V [W/K]			
V_L [m³]	$\rho_L \cdot c_{pl}$ [Wh/(m³ K)]	n [1/h]	H_V [W/K]
9125,78	0,34	0,60	1861,66

Tabelle 80 Spezifischer Wärmeverlust H_{ic} zur Berechnung der Nachtabschaltung

Monatsbilanzverfahren Bürogebäude			
Ausgangsgrößen			
Größe/Einheit	Wert	Erläuterung	
A [m²]	= siehe unten	innenluftberührte Flächen (vereinfacht Bruttoflächen für die Außenbauteile und die Geschoßdecken verwendet)	
R_{si} [m² K/W]	= siehe unten	Wärmeübergangswiderstand innen nach DIN EN ISO 6946 [24]	
Berechnung			
H_{ic} [m²]	= A/R_{si} = spezifischer Wärmeverlust zwischen Innenluft und Bauteil		
Spezifischer Wärmeverlust zwischen dem Inneren (Innenluft) und den Bauteilen H_{ic}[1] [W/K]			
Bauteil	A [m²]	R_{si} [m² K/W]	H_{ic} [W/K]
Bodenplatte	66,36	0,17	390,35
AW an Erdreich	82,43	0,13	634,08
Wand zum unbeheizten Keller	142,23	0,13	1094,08
Kellerdecke	538,45	0,17	3167,35
AW an Außenluft	1513,90	0,13	11645,38
Decke über 3. OG zum Atrium	262,96	0,10	2629,60
Dachdecke	341,85	0,10	3418,50
Innenwände	1290,88	0,13	9929,85
Innendecken (Deckenunterseite)	2498,13	0,10	24981,30
Innendecken (Deckenoberseite)	2498,13	0,17	14694,88
Spezifischer Wärmeverlust:		H_{ic} [W/K] =	72585,37

[1] vereinfacht gilt nach DIN V 4108-6 [7] für $H_{ic} = 4 \cdot A_N/0{,}13$ [W/K];

Tabelle 81 Spezifischer Transmissionswärmeverlust der leichten Bauteile (Fenster, Türen, Paneele, etc.) zur Berechnung der Nachtabschaltung

Monatsbilanzverfahren Bürogebäude					
Ausgangsgrößen					
Größe/Einheit	Wert	Erläuterung			
V_e [m³]	= 11407,23	Bruttovolumen des Gebäudes			
A_N [m²]	= 3650,31	Nutzfläche des Gebäudes ($A_N = 0{,}32 \cdot V_e$)			
A [m²]	= siehe Tabelle 71	Hüllflächenanteile der leichten Bauteile			
U [W/(m² K)]	= siehe Tabelle 73	Wärmedurchgangskoeffizient			
ΔU_{WB} [W/(m² K)] =	0,05	Zuschlag zur Berücksichtigung der Transmissionswärmeverluste durch Wärmebrücken			
F_X [-]	= siehe Tabelle 76	Temperaturkorrekturfaktor			
Berechnung					
H_W [W/K]	= $\Sigma (A_i \cdot U_i \cdot F_{Xi})$				
Spezifischer Transmissionswärmeverlust der leichten Bauteile H_w [W/K]					
Bauteil	Orientierung	A [m²]	U-Wert [W/(m² K)]	U · A [W/K]	F_X [-]	U · A · F_X [W/K]
Türen z. unb. K.		9,63	2,10	20,22	0,50	10,11
Fenster	Norden	321,81	1,10	353,99	1,00	353,99
	Osten	54,78	1,10	60,26	1,00	60,26
	Süden	296,70	1,10	326,37	1,00	326,37
	Westen	54,78	1,10	60,26	1,00	60,26
Fenster z. Atrium	Süden	87,73	1,10	96,50	0,70	67,55
Fläche	A [m²] =	825,43			Σ =	878,54
Wärmebrückenzuschlag ($\Delta U_{WB} \cdot A$):			0,05	41,27	1,00	41,27
Spezifischer Transmissionswärmeverlust der leichten Bauteile:				H_w [W/K] =		919.81

Reduktion der monatlichen Wärmeverluste infolge Nachtabschaltung und Strahlungswärmegewinne über opake Bauteile

Eine Reduktion der monatlichen Wärmeverluste infolge Nachtabschaltung sowie infolge Strahlungsabsorption opaker Bauteile wird bei dieser Berechnung zunächst nicht berücksichtigt.

Zusammenstellung der Wärmeverluste des Gebäudes

In Tabelle 82 werden alle Wärmeverluste des Gebäudes noch einmal zusammengefaßt und zu monatlichen Gesamtverlusten summiert. Informativ sind auch die Jahressummen der einzelnen Anteile und des gesamten Wärmeverlustes angegeben.

6.3 Monatsbilanzverfahren

Tabelle 82 Ermittlung der monatlichen Wärmeverluste

Größe/Einheit		Wert	Erläuterung
	Monatsbilanzverfahren Bürogebäude		
	Ausgangsgrößen		
$H_{T,o.WB}$	[W/K] =	1642,21	spezifischer Transmissionswärmeverlust des Gebäudes ohne WB-Zuschlag
$H_{T,WB}$	[W/K] =	188,68	spezifischer Transmissionswärmeverlust des Gebäudes infolge Wärmebrücken
H_V	[W/K] =	1861,66	spezifischer Lüftungswärmeverlust des Gebäudes (n = 0,6 1/h)
θ_e	[°C] =	siehe Tabelle 77	durchschnittliche monatliche Außentemperatur (DIN V 4108-6 [7], Tabelle D.5)
θ_i	[°C] =	19,00	Innentemperatur siehe Tabelle 75 (aus DIN V 4108-6 [7], Tabelle D.3)
t_M	[d/M] =	siehe Tabelle 77	Anzahl der Tage je Monat
$Q_{T,o.WB,M}$	[kWh/M] =	siehe unten	monatlicher Transmissionswärmeverl. ohne Berücksichtigung der Verluste durch Wärmebrücken, es gilt: $Q_{T,o.WB,M}$ [kWh/M] = $H_{T,o.WB} \cdot (\theta_i - \theta_e) \cdot t_M \cdot 24/1000$
$Q_{T,WB,M}$	[kWh/M] =	siehe unten	monatlicher Transmissionswärmeverlust infolge der Verluste durch Wärmebrücken, es gilt: $Q_{T,WB,M}$ [kWh/M] = $H_{T,WB} \cdot (\theta_i - \theta_e) \cdot t_M \cdot 24/1000$
$Q_{V,M}$	[kWh/M] =	siehe unten	monatlicher Lüftungswärmeverlust, es gilt: $Q_{V,M}$ [kWh/M] = $H_V \cdot (\theta_i - \theta_e) \cdot t_M \cdot 24/1000$
$Q_{NA,M}$	[kWh/M] =	–	monatliche Reduzierung der Wärmeverluste durch Nachtabschaltung
$Q_{S,op,M}$	[kWh/M] =	–	monatliche solare Wärmegewinne über opake Bauteile
	Berechnung		
	$Q_{T,o.WB,M}$ [kWh/M] = $H_{T,o.WB} \cdot (\theta_i - \theta_e) \cdot t_M \cdot 24/1000$		
	$Q_{T,WB,M}$ [kWh/M] = $H_{T,WB} \cdot (\theta_i - \theta_e) \cdot t_M \cdot 24/1000$		
	$Q_{V,M}$ [kWh/M] = $H_V \cdot (\theta_i - \theta_e) \cdot t_M \cdot 24/1000$		
	$Q_{l,M}$ [kWh/M] = $Q_{T,o.WB,M} + Q_{T,WB,M} + Q_{V,M} - Q_{NA,M} - Q_{S,op,M}$ = monatliche Wärmeverluste		

Ermittlung der monatlichen Wärmeverluste unter Berücksichtigung der Gutschriften infolge Nachtabschaltung und solarer Wärmegewinne über opake Bauteile
$Q_{l,M}$ [kWh/M]

Monat	$Q_{T,o.WB,M}$ [kWh/M]	$Q_{T,WB,M}$ [kWh/M]	$Q_{V,M}$ [kWh/M]	$Q_{NA,M}$ [kWh/M]	$Q_{S,op,M}$ [kWh/M]	$Q_{l,M}$ [kWh/M]
Januar	24802,6	2849,7	28117,0	0,0	0,0	55769,3
Februar	20305,6	2333,0	23019,1	0,0	0,0	45657,7
März	18204,9	2091,6	20637,6	0,0	0,0	40934,1
April	11232,7	1290,6	12733,8	0,0	0,0	25257,1
Mai	7453,0	856,3	8449,0	0,0	0,0	16758,3
Juni	3901,9	448,3	4423,3	0,0	0,0	8773,5
Juli	1221,8	140,4	1385,1	0,0	0,0	2747,3
August	855,3	98,3	969,6	0,0	0,0	1923,2
September	5439,0	624,9	6165,8	0,0	0,0	12229,7
Oktober	12095,9	1389,7	13712,2	0,0	0,0	27197,8
November	16908,2	1942,6	19167,7	0,0	0,0	38018,5
Dezember	21625,9	2484,7	24515,8	0,0	0,0	48626,4
	$Q_{T,o.WB}$ [kWh/a]	$Q_{T,WB}$ [kWh/a]	Q_V [kWh/a]	Q_{NA} [kWh/a]	$Q_{S,op}$ [kWh/a]	Q_l [kWh/a]
Jahreswerte	144046,8	16550,1	163296,0	0,0	0,0	323892,9

6.3.3 Brutto-Wärmegewinne des Bürogebäudes

Zunächst werden die internen (Tabelle 83) und die solaren Wärmegewinne (Tabelle 84) über transparente Bauteile ermittelt. Wärmegewinne über den unbeheizten Glasvorbau werden in Tabelle 85 berechnet. Die einzelnen Bruttowärmegewinne sind in Tabelle 86 zusammengefaßt.

6.3.4 Ermittlung des Heizwärmebedarfs für das Gebäude

Aus den monatlichen Wärmeverlusten und den Bruttowärmegewinnen wird in Tabelle 87 der monatliche und jährliche Heizwärmebedarf des Bürogebäudes ermittelt. In Tabelle 86 werden die monatlichen Bruttowärmegewinne $Q_{g,bru,M}$ des Gebäudes dargestellt. Diese werden mit dem Ausnutzungsgrad η multipliziert, um die nutzbaren monatlichen Wärmegewinne $Q_{g,net,M}$ des Gebäudes zu berechnen. In Tabelle 87 wird wiederum deutlich, daß in den Wintermonaten der Ausnutzungsgrad der Wärmegewinne sehr groß ist, während in der Übergangsphase und im Sommer nur ein Teil der Wärmegewinne nutzbar ist. Die Wärmeverluste und deren Deckung durch Wärmegewinne und den Heizwärmebedarf des Gebäudes sind in Bild 104 monatsweise dargestellt. In Bild 105 sind die Jahreswerte der Bilanzanteile gegenübergestellt.

Tabelle 83 Monatliche interne Wärmegewinne des Gebäudes

\multicolumn{14}{c|}{Monatsbilanzverfahren Bürogebäude}

Größe/Einheit			Wert	Erläuterung
\multicolumn{5}{	l	}{Ausgangsgrößen}
V_e	[m³]	=	11407,23	Bruttovolumen des Gebäudes
A_N	[m²]	=	3650,31	Nutzfläche des Gebäudes (A_N = 0,32 · V_e)
q_i	[W/m²]	=	6,00	Interne Wärmeleistung in Gebäuden gemäß DIN V 4108-6 [7], Tabelle D.3, hier für ein Bürogebäude
t_M	[d/M]	\multicolumn{2}{l	}{=siehe Tabelle 77}	Anzahl der Tage je Monat = Dauer des Berechnungszeitraumes
\multicolumn{5}{	c	}{Berechnung}
\multicolumn{5}{	l	}{$Q_{i,M}$ [kWh/M] = A_N · q_i · t_M · 24/1000 = interne Wärmegewinne}

	monatliche interne Wärmegewinne des Gebäudes $Q_{i,M}$ [kWh/M]											
	Jan.	Feb.	Mrz.	Apr.	Mai	Jun.	Jul.	Aug.	Sep.	Okt.	Nov.	Dez.
Monatswerte	16295,0	14718,0	16295,0	15769,3	16295,0	15769,3	16295,0	16295,0	15769,3	16295,0	15769,3	16295,0

6.3 Monatsbilanzverfahren

Tabelle 84 Solare Wärmegewinne über transparente Bauteile

Monatsbilanzverfahren Bürogebäude												
Ausgangsgrößen												
Größe/Einheit		Wert	Erläuterung									
A_j	[m²]	= siehe Tabelle 71	Bruttofläche eines verglasten Teiles der Gebäudehülle in der Orientierung j									
F_F	[–]	= 0,70	Abminderungsfaktor für den Rahmenanteil									
F_C	[–]	= 1,00	Abminderungsfaktor für Sonnenschutzvorrichtung									
F_S	[–]	= 0,90	Abminderungsfaktor für Verschattung									
A_{Sj}	[m²]	= $A_j \cdot F_F \cdot F_C \cdot F_S$	Kollektorfläche eines verglasten Teiles der Gebäudehülle in der Orientierung j, hier gilt: A_{Sj} [m²] = $A_j \cdot 0{,}63$									
F_W	[–]	= 0,90	Abminderungsfaktor für nicht senkrechten Strahlungseinfall									
$g_\perp$	[–]	= 0,60	Gesamtenergiedurchlaßgrad bei senkrechtem Strahlungseinfall									
g	[–]	= $F_W \cdot g_\perp$	wirksamer Gesamtenergiedurchlaßgrad									
I_{sj}	[W/m²]	= siehe Tabelle 77	globale Sonneneinstrahlung der Orientierung j									
t_M	[d/M]	= siehe Tabelle 77	Anzahl der Tage je Monat = Dauer des Berechnungszeitraumes									
Berechnung												
$Q_{S,tra,M}$ [kWh/M] = $A_j \cdot F_F \cdot F_C \cdot F_S \cdot F_W \cdot g_\perp \cdot I_{sj} \cdot t_M \cdot 24/1000$ = $A_j \cdot 0{,}567 \cdot 0{,}6 \cdot I_{sj} \cdot t_M \cdot 24/1000$												
monatliche solare Wärmegewinne über transparente Bauteile $Q_{S,tra,M}$ [kWh/M]												
Bauteil	Jan.	Feb.	Mrz.	Apr.	Mai	Jun.	Jul.	Aug.	Sep.	Okt.	Nov.	Dez.
Fenster Norden	1140,3	1692,1	2769,4	5044,8	6597,7	7803,7	8145,3	5701,7	3783,6	2687,9	1418,9	814,5
Fenster Osten	346,6	463,4	734,9	1677,3	1816,4	2012,7	2163,0	1594,5	1207,6	707,1	375,7	208,0
Fenster Süden[1]	4205,5	4137,6	6007,8	9956,5	8936,6	9447,7	10138,1	8410,9	8357,6	6082,9	3924,4	2478,2
Fenster Westen	346,6	463,4	734,9	1677,3	1816,4	2012,7	2163,0	1594,5	1207,6	707,1	375,7	208,0
Summe	6039,0	6756,5	10247,0	18355,9	19167,1	21276,8	22609,4	17301,6	14556,4	10185,0	6094,7	3708,7

[1] Die hinter dem Glasvorbau befindlichen Fenster werden gesondert bei der Betrachtung der dort erzielten direkten Wärmegewinne berücksichtigt (siehe Tabelle 85);

Tabelle 85 Solare Wärmegewinne über Wintergärten / unbeheizte Glasvorbauten

Monatsbilanzverfahren Bürogebäude		
Ausgangsgrößen		
Größe/Einheit	Wert	Erläuterung
Index w [-]	=	im Folgenden verwendet für die transparenten Teile der trennenden Bauteile
Index p [-]	=	im Folgenden verwendet für die opaken Teile der trennenden Bauteile
Index e [-]	=	im Folgenden verwendet für die Verglasung des Wintergartens
Index j [-]	=	im Folgenden verwendet für die Innenflächen des WG außer den trennenden BT
$A_{w/e}$ [m²]	= s. Tabelle 71	Bruttoflächen der transparenten Flächen (Index w: Fenster zum Wintergarten, Index e: Verglasung des Wintergartens) und opaken (Index j, p) Flächen im WG
$A_{p/s}$ [m²]	= s. Tabelle 71	Bruttoflächen der opaken Flächen im Wintergarten, die Sonnenstrahlung aufnehmen (Index p: trennende Bauteile zum Gebäude, Index s: übrige Flächen)
$F_{Fw/e}$ [-]	= 0,90	Abminderungsfaktor für den Rahmenanteil
$F_{Cw/e}$ [-]	= 1,00	Abminderungsfaktor für Sonnenschutzvorrichtung
F_S [-]	= 0,90	Abminderungsfaktor für Verschattung
F_u [-]	= 0,50–0,80	Temperaturkorrekturfaktor für unbeheizte Nebenräume
F_W [-]	= 0,90	Abminderungsfaktor für nicht senkrechten Strahlungseinfall
$g_{w/e}$ [-]	= 0,60	Gesamtenergiedurchlaßgrad bei senkrechtem Strahlungseinfall
g [-]	= $F_W \cdot g_{w/e}$	wirksamer Gesamtenergiedurchlaßgrad
$I_{s/p}$ [W/m²]	= s. Tabelle 77	solare mittlere Sonneneinstrahlung auf die Oberflächen
α_{sp} [-]	= s. Tabelle 75	solarer Absorptionsgrad des opaken Teils der trennenden Bauteile zwischen Wintergarten und Gebäude
α_{sj} [-]	= s. Tabelle 75	mittl. solarer Absorptionsgrad der Strahlung aufnehmenden Oberflächen im WG
U_p [W/(m² K)]	= s. Tabelle 73	Wärmedurchgangskoeffizient der opaken trennenden Bauteile zum Wintergarten
U_{pe} [W/(m² K)]	= s. Tabelle 73	Wärmedurchgangskoeffizient zwischen der absorbierenden Oberfläche der opaken trennenden Bauteile und dem Wintergarten
t_M [d/M]	= s. Tabelle 77	Anzahl der Tage je Monat = Dauer des Berechnungszeitraumes
$Q_{Sd,WG,M}$ [kWh/M]	= siehe unten	direkte solare Wärmegewinne infolge des unbeheizten Glasvorbaus / WG
$Q_{Si,WG,M}$ [kWh/M]	= siehe unten	indirekte solare Wärmegewinne infolge des unbeheizten Glasvorbaus / WG
Berechnung		
$Q_{Sd,WG,M}$ [kWh/M]	= $I_p \cdot F_S \cdot F_{Ce} \cdot F_{Fe} \cdot F_W \cdot g_e \cdot [F_{Cw} \cdot F_{Fw} \cdot F_W \cdot g_w \cdot A_w + \alpha_{sp} \cdot A_p \cdot U_p/U_{pe}] \cdot t_M \cdot 24/1000$	
$Q_{Si,WG,M}$ [kWh/M]	= $(1 - F_u) \cdot F_S \cdot F_{Ce} \cdot F_{Fe} \cdot F_W \cdot g_e \cdot [\Sigma_{(j)} (I_{sj} \cdot \alpha_{sj} \cdot A_j) - I_p \cdot \alpha_{sp} \cdot A_p \cdot U_p/U_{pe}] \cdot t_M \cdot 24/1000$	

direkte monatliche solare Wärmegewinne über Wintergärten/unbeheizte Glasvorbauten
$Q_{Sd,WG,M}$
[kWh/M]

Bauteil	Jan.	Feb.	Mrz.	Apr.	Mai	Jun.	Jul.	Aug.	Sep.	Okt.	Nov.	Dez.
Wand + Fenster	861,8	847,9	1231,1	2040,2	1831,3	1936,0	2077,5	1723,5	1712,6	1246,5	804,2	507,8
Boden	115,2	164,0	286,3	642,0	736,7	865,0	890,3	625,0	456,1	261,9	131,8	76,8

indirekte monatliche solare Wärmegewinne über Wintergärten/unbeheizte Glasvorbauten
$Q_{Si,WG,M}$
[kWh/M]

Bauteil	Jan.	Feb.	Mrz.	Apr.	Mai	Jun.	Jul.	Aug.	Sep.	Okt.	Nov.	Dez.
Wand	533,5	524,8	762,1	1262,9	1133,6	1198,4	1286,0	1066,9	1060,1	771,6	497,8	314,4
Boden	643,2	915,4	1598,2	3583,7	4112,5	4828,6	4970,0	3488,8	2546,3	1461,6	735,6	428,8

Summe
$Q_{Sd,WG,M} + Q_{Si,WG,M}$
[kWh/M]

	Jan.	Feb.	Mrz.	Apr.	Mai	Jun.	Jul.	Aug.	Sep.	Okt.	Nov.	Dez.
Summe	2153,7	2452,1	3877,7	7528,8	7814,1	8828,0	9223,8	6904,2	5775,1	3741,8	2169,4	1327,8

6.3 Monatsbilanzverfahren

Tabelle 86 Ermittlung der monatlichen Bruttowärmegewinne

Monatsbilanzverfahren Bürogebäude					
Ausgangsgrößen					
Größe/Einheit	Wert	Erläuterung			
$Q_{i,M}$ [kWh/M] =	siehe Tabelle 83	monatliche interne Wärmegewinne			
$Q_{S,tra,M}$ [kWh/M] =	siehe Tabelle 84	monatliche solare Wärmegewinne durch transparente Bauteile			
$Q_{S,WG,M}$ [kWh/M] =	siehe Tabelle 85	monatliche solare Wärmegewinne über unbeheizte Glasvorbauten			
$Q_{S,TWD,M}$ [kWh/M] =	–	monatliche solare Wärmegewinne über transparente Wärmedämmung			
Berechnung					
$Q_{g,bru,M}$ [kWh/M] = $Q_{i,M} + Q_{S,tra,M} + Q_{S,WG,M} + Q_{S,TWD,M}$ = monatliche Bruttowärmegewinne					
Ermittlung der monatlichen Bruttowärmegewinne $Q_{g,bru,M}$ [kWh/M]					
Monat	$Q_{i,M}$ [kWh/M]	$Q_{S,tra,M}$ [kWh/M]	$Q_{S,WG,M}$ [kWh/M]	$Q_{S,TWD,M}$ [kWh/M]	$Q_{g,bru,M}$ [kWh/M]
Januar	16295,0	6039,0	2153,7	0,0	24487,7
Februar	14718,0	6756,5	2452,1	0,0	23926,6
März	16295,0	10247,0	3877,7	0,0	30419,7
April	15769,3	18355,9	7528,8	0,0	41654,0
Mai	16295,0	19167,1	7814,1	0,0	43276,2
Juni	15769,3	21276,8	8828,0	0,0	45874,1
Juli	16295,0	22609,4	9223,8	0,0	48128,2
August	16295,0	17301,6	6904,2	0,0	40500,8
September	15769,3	14556,4	5775,1	0,0	36100,8
Oktober	16295,0	10185,0	3741,8	0,0	30221,8
November	15769,3	6094,7	2169,4	0,0	24033,4
Dezember	16295,0	3708,7	1327,8	0,0	21331,5
	Q_i [kWh/a]	$Q_{S,tra}$ [kWh/a]	$Q_{S,WG}$ [kWh/a]	$Q_{S,TWD}$ [kWh/a]	$Q_{g,bru}$ [kWh/a]
Bruttojahreswerte	191860,2	156298,1	61796,5	0,0	409954,8

Tabelle 87 Zusammenstellung des monatlichen und jährlichen Heizwärmebedarfs

Monatsbilanzverfahren Bürogebäude		
Ausgangsgrößen		
Größe/Einheit	Wert	Erläuterung
$Q_{g,bru,M}$ [kWh/M]	= siehe Tabelle 86	monatl. Bruttowärmegewinne: $Q_{g,bru,M}$ [kWh/M] = $Q_{i,M}$ + $Q_{S,tra,M}$ + $Q_{S,WG,M}$ + $Q_{S,TWD,M}$
$Q_{l,M}$ [kWh/M]	= siehe Tabelle 82	monatl. Wärmeverluste: $Q_{l,M}$ [kWh/M] = $Q_{T,o.WB,M}$ + $Q_{T,WB,M}$ + $Q_{V,M}$ − $Q_{NA,M}$ − $Q_{S,op,M}$
γ [-]	= siehe unten	Wärmegewinn-/Wärmeverlustverhältnis des Gebäudes: γ [-] = $Q_{g,bru,M}/Q_{l,M}$
$C_{wirk,\eta}$ [Wh/K]	= 464612	wirksame Wärmespeicherfähigkeit nach der „10 cm-Regel", siehe Tabelle 74
H_T [W/K]	= 1830,89	spezifischer Transmissionswärmeverlust des Gebäudes, siehe Tabelle 78
H_V [W/K]	= 1861,66	spezifischer Lüftungswärmeverlust des Gebäudes (n = 0,6 1/h), siehe Tabelle 79
H [W/K]	= 3692,55	spezifische Wärmeverluste des Gebäudes, es gilt: H [W/K] = H_T + H_V
τ [h]	= 125,82	Zeitkonstante, es gilt: τ [h] = $C_{wirk,\eta}$/H
a_0 [-]	= 1,00	Parameter zur Berechnung des numerischen Parameters a
τ_0 [h]	= 16,00	Parameter zur Berechnung des numerischen Parameters a
a [-]	= 8,86	Parameter zur Berechnung des Ausnutzungsgrades η: a = a_0 + τ/τ_0
η [-]	= siehe unten	Ausnutzungsgrad der internen Wärmegewinne, es gilt für $\gamma \neq 1$: $\eta = (1 - \gamma^a)/(1 - \gamma^{a+1})$; es gilt für $\gamma = 1$: $\eta = a/(a + 1)$
$Q_{g,net,M}$ [kWh/M]	= siehe unten	monatl. Nettowärmegewinne: $Q_{g,net,M}$ [kWh/M] = $\eta \cdot Q_{g,bru,M}$
Berechnung		
$Q_{h,M}$ [kWh/M]	= $Q_{l,M}$ − $Q_{g,net,M}$ = $Q_{l,M}$ − $\eta \cdot Q_{g,bru,M}$ = monatlicher Heizwärmebedarf	

Monat	$Q_{g,bru,M}$ [kWh/M]	$Q_{l,M}$ [kWh/M]	γ [-]	η [-]	$Q_{g,net,M}$ [kWh/M]	$Q_{h,M}$ [kWh/M]
Januar	24487,7	55769,3	0,4391	0,9996	24477,9	31291,4
Februar	23926,6	45657,7	0,5240	0,9984	23888,4	21769,3
März	30419,7	40934,1	0,7431	0,9805	29826,5	11107,6
April	41654,0	25257,1	1,6492	0,6035	25138,2	118,9
Mai	43276,2	16758,3	2,5824	0,3872	16756,5	1,8
Juni	45874,1	8773,5	5,2287	0,1913	8775,8	0,0
Juli	48128,2	2747,3	17,5184	0,0571	2748,1	0,0
August	40500,8	1923,2	21,0591	0,0475	1923,7	0,0
September	36100,8	12229,7	2,9519	0,3387	12227,4	2,3
Oktober	30221,8	27197,8	1,1112	0,8452	25543,5	1654,3
November	24033,4	38018,5	0,6322	0,9936	23879,6	14138,9
Dezember	21331,5	48626,4	0,4387	0,9996	21323,0	27303,4
	$Q_{g,bru}$ [kWh/a]	Q_l [kWh/a]	γ [-]	η [-]	$Q_{g,net}$ [kWh/a]	Q_h [kWh/a]
Jahreswerte	409954,8	323892,9	−	−	216508,6	107387,9

6.3 Monatsbilanzverfahren

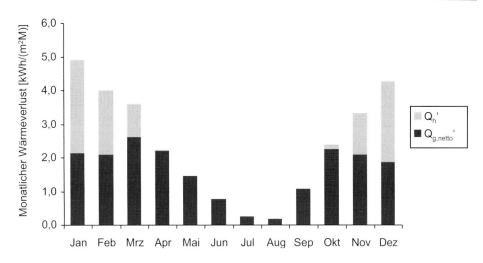

Bild 104 Monatsweise Darstellung der Wärmeverluste und deren Deckung durch Wärmegewinne und den Heizwärmebedarf des Gebäudes

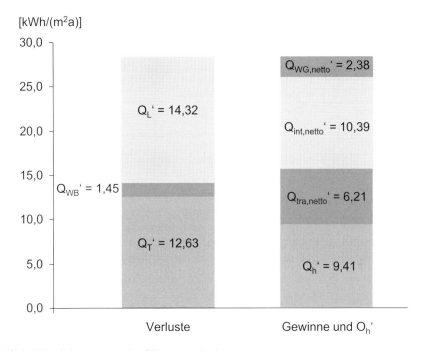

Bild 105 Jahreswerte der Bilanzanteile (volumenbezogen)

Mit der Ermittlung des Jahres-Heizwärmebedarfs ist der bauliche Teil des Energieeinsparungsnachweises abgeschlossen. Nun ist noch eine Bewertung der Anlagentechnik des Gebäudes nach DIN V 4701-10 [8] durchzuführen, um den Primärenergiebedarf zu ermitteln und den Nachweis sowohl für den baulichen Wärmeschutz mit dem Kennwert H_T' und den Primärenergieverbrauch mit dem Kennwert Q_P'' zu führen (siehe Kapitel 6.3.6).

6.3.5 Anlagentechnik

Die Bewertung der Anlagentechnik erfolgt mit dem Tabellenverfahren. In Tabelle 88 ist die in der Berechnung zunächst verwendete Anlage kurz beschrieben. Diese Beschreibung findet sich in Kurzform auch im Tabellenblatt Anlagenbewertung. Bei der Ermittlung der Tabellenwerte wurde nicht interpoliert. Die Abweichungen gegenüber einer Berechnung mit interpolierten Werten betragen etwa bis zu 3%. Die Auswertung der Anlagentechnik erfolgt in den Tabellen 89 und 90.

Tabelle 88 Beschreibung der Anlagentechnik des Bürogebäudes

Monatsbilanzverfahren Bürogebäude		
Anlagentechnik		
Anlagenteil	Verluste bei	Angaben
Trinkwasser	–	– keine Berücksichtigung erforderlich
Lüftung	–	– keine Lüftungsanlage eingebaut
Heizung	Übergabe	– Heizkörper überwiegend an AW angeordnet, elektronische Regeleinrichtung
	Verteilung	– außerhalb der thermischen Hülle, Stränge innenliegend, Pumpe geregelt
	Speicherung	– keine Speicherung der Heizwärme
	Erzeugung	– mit einem Gas-Brennwert-Kessel, Auslegungstemperaturen 55/45 °C

6.3.6 Nachweise nach EnEV [5]

In der EnEV werden zwei Nachweise für den Energieeinsparungsnachweis gefordert. Zum einen ist anhand des spezifischen, auf die wärmeübertragende Umfassungsfläche bezogenen Transmissionswärmeverlustes H_T' der ausreichende bauliche Wärmeschutz nachzuweisen und zum anderen wird bei Büro- und Verwaltungsgebäuden der auf das Volumen bezogene Primärenergiebedarf des Gebäudes Q_P' auf einen Maximalwert beschränkt. Diese Nachweise werden in Tabelle 91 geführt. Zudem ist dort auch der Endenergiebedarf des Gebäudes aufgeteilt nach Wärme und Hilfsenergie aufgeführt. Exemplarisch wird für das Bürogebäude in Bild 106 der in der EnEV [5] geforderte Energiebedarfsausweis ausgestellt.

6.3 Monatsbilanzverfahren

Tabelle 89 Energiebedarf für die Beheizung des Bürogebäudes

Tabellenverfahren (nach DIN V 4701-10 [8]) Bürogebäude							
Heizung							
Ausgangsgrößen							
A_N	[m²]	=	3650,31	DIN V 4108-6 [7], es gilt: $A_N = 0{,}32 \cdot V_e$		Bereich:	1
q_h	[kWh/(m²a)]	=	29,42	Heizwärmebedarf nach DIN V 4108-6 [7]		Heiz-Strang:	1
Q_h	[kWh/a]	=	107387,90	Heizwärmebedarf: $Q_h = q_h \cdot A_N$			
Wärme (WE)							
Nr.	Größe	Berechnung/Quelle	Dimension		Werte		
					Erzeuger 1	Erzeuger 2	Erzeuger 3
1	q_h	nach Abschnitt 4.1	[kWh/(m²a)]		29,42		
2	$q_{h,TW}$	aus Ber.-blatt TW-Erw.	[kWh/(m²a)]	−	0,00		
3	$q_{h,L}$	aus Ber.-blatt Lüftung	[kWh/(m²a)]		0,00		
4	q_{ce}	Tab. C.3.1	[kWh/(m²a)]		0,70		
5	q_d	Tab. C.3.2a, b oder d	[kWh/(m²a)]	+	1,90		
6	q_s	Tab. C.3.3	[kWh/(m²a)]		0,00		
7	Σ	(1 − 2 − 3 + 4 + 5 + 6)	[kWh/(m²a)]		32,02		
8	α_g	Tab. C.3.4a	[−]		1,00	−	−
9	e_g	Tab. C.3.4b,c,d oder e	[−]		1,02	−	−
10	q_E	$(7 \cdot (8_i \cdot 9_i))$	[kWh/(m²a)]		32,66	−	−	32,66 kWh/(m2a) Endenergie
11	f_P	Tab. C.4.1	[−]		1,10	−	−
12	q_P	$(10_i \cdot 11)_i$	[kWh/(m²a)]		35,93	−	−	35,93 kWh/(m²a) Primärenergie
Hilfsenergie (HE)							
Nr.	Größe	Berechnung / Quelle	Dimension		Werte		
13	$q_{ce,HE}$	Tab. C.3.1	[kWh/(m²a)]		0,00		
14	$q_{d,HE}$	Tab. C.3.2c	[kWh/(m²a)]	+	0,33		
15	$q_{s,HE}$	Tab. C.3.3	[kWh/(m²a)]		0,00		
					Erzeuger 1	Erzeuger 2	Erzeuger 3
16	α_g	Tab. C.3.4a	[−]		1,00	−	−
17	$q_{g,HE}$	Tab. C.3.4b−e	[kWh/(m²a)]		0,18	−	−
18		$(16_i \cdot 17_i)$	[kWh/(m²a)]		0,18	−	−
19	Σ $q_{HE,E}$	$(13 + 14 + 15 + \Sigma (18_i))$	[kWh/(m²a)]		0,51			0,51 kWh/(m²a) Endenergie
20	f_P	Tab. C.4.1	[−]		1,10		
21	Σ $q_{HE,P}$	$(19 \cdot 20)$	[kWh/(m²a)]		0,56			0,56 kWh/(m²a) Primärenergie
Ergebnisse							
22	$Q_{H,E} =$	$\Sigma\, q_E \cdot A_N$	$= (10 \cdot A_N)$	$=$	119219,1 kWh/a	Endenergie	(Wärme)
23		$\Sigma\, q_{HE,E} \cdot A_N$	$= (19 \cdot A_N)$	$=$	1861,7 kWh/a	Endenergie	(Hilfsenergie)
24	$Q_{H,P} =$	$(\Sigma\, q_P + \Sigma\, q_{HE,P}) \cdot A_N$	$= (12 + 21) \cdot A_N$	$=$	133199,8 kWh/a	Primärenergie	

Tabelle 90 Anlagenbewertung für das Bürogebäude

Tabellenverfahren (nach DIN V 4701-10 [8]) Bürogebäude								
Anlagenbewertung								
I. Eingaben								
A_N = 3650,31 m²	Nutzfläche des Gebäudes gemäß DIN V 4108-6 [7], es gilt: $A_N = 0{,}32 \cdot V_e$							
	Trinkwassererwärmung			Heizung			Lüftung		
absoluter Bedarf	Q_{tw} =	0,0	kWh/a	Q_h =	107387,9	kWh/a	–	
bezogener Bedarf	q_{tw} =	0,0	kWh/(m²a)	q_h =	29,42	kWh/(m²a)	–	
II. System- beschreibung								
Übergabe	–			– Heizkörper überwiegend an AW – elektronische Regeleinrichtung			–	
Verteilung	–			– außerhalb der thermischen Hülle – Stränge innen, Pumpe geregelt			–	
Speicherung	–			–			–	
Erzeugung	Erzeuger 1	Erzeuger 2	Erzeuger 3	Erzeuger 1	Erzeuger 2	Erzeuger 3	Erzeuger 1	Erzeuger 2	Erzeuger 3
Deckungsanteil	–	–	–	1,00	–	–	–	–	–
Erzeuger	–	–	–	BW-Kessel 55/45 °C	–	–	–	–	–
III. Ergebnisse								
Deckung von Q_h								
Deckung von Q_h	$q_{h,TW}$ =	–	kWh/(m²a)	$q_{h,H}$ =	29,42	kWh/(m²a)	$q_{h,L}$ =	–	kWh/(m²a)
Endenergie								
Σ Wärme Σ Hilfsenergie	$Q_{TW,E}$ = =	– –	kWh/a kWh/a	$Q_{H,E}$ = =	119219,1 1861,7	kWh/a kWh/a	$Q_{L,E}$ = =	– –	kWh/a kWh/a
Primärenergie								
Σ Primärenergie	$Q_{TW,P}$ =	–	kWh/a	$Q_{H,P}$ =	133199,8	kWh/a	$Q_{L,P}$ =	–	kWh/a
IV. Auswertung								
	Endenergie			Q_E = =	119219,1 1861,7	kWh/a kWh/a	Σ Wärme Σ Hilfsenergie		
	Primärenergie			Q_P =	133199,8	kWh/a	Σ Primärenergie		
	Anlagenaufwandszahl			e_P =	1,24	[–]	Σ Primärenergie/($Q_h + Q_{tw}$)		

6.3 Monatsbilanzverfahren

Tabelle 91 Nachweise nach EnEV und Zusammenfassung der wesentlichen Kenngrößen

\multicolumn{4}{c}{Monatsbilanzverfahren Bürogebäude}
\multicolumn{4}{c}{Ausgangsgrößen}
Größe/Einheit		Wert	Erläuterung
V_e	[m³] =	11407,23	Bruttovolumen des Gebäudes
A	[m²] =	3773,61	Hüllfläche des Gebäudes
A_N	[m²] =	3650,31	Nutzfläche des Gebäudes ($A_N = 0{,}32 \cdot V_e$)
vorh. H_T'	[W/K] =	0,49	vorhandener spezifischer, auf die wärmeübertragende Hüllfläche bezogener Transmissionswärmeverlust des Gebäudes
zul. H_T'	[W/K] =	1,08	zulässiger spezifischer, auf die wärmeübertragende Hüllfläche bezogener Transmissionswärmeverlust des Gebäudes, mit A/V_e [1/m] = 3773,61/11407,23 = 0,33
Q_h	[kWh/a] =	107387,9	Jahres-Heizwärmebedarf des Gebäudes
Q_h''	[kWh/(m² a)] =	29,4	auf die Nutzfläche bezogener Jahres-Heizwärmebedarf des Gebäudes
Q_h'	[kWh/(m³ a)] =	9,4	auf das Volumen bezogener Jahres-Heizwärmebedarf des Gebäudes
Q_W	[kWh/(m² a)] =	0,0	auf die Nutzfläche bez. Jahres-Trinkwasserwärmebedarf, nur bei Wohngebäuden
Q_P	[kWh/a] =	133199,8	Jahres-Primärenergiebedarf des Gebäudes
vorh. Q_P''	[kWh/(m² a)] =	36,49	vorhandener, auf die Nutzfläche bezogener Jahres-Primärenergiebedarf des Gebäudes, es gilt: vorh. $Q_P'' = Q_P/A_N$
vorh. Q_P'	[kWh/(m³ a)] =	11,68	vorhandener, auf das Volumen bezogener Jahres-Primärenergiebedarf des Gebäudes, es gilt: vorh. $Q_P' = Q_P/V_e$
zul. Q_P'	[kWh/(m³ a)] =	17,85	zulässiger, auf das Volumen bezogener Jahres-Primärenergiebedarf des Gebäudes nach EnEV [5], es gilt: zul. $Q_P' = 9{,}9 + 24{,}1 \cdot A/V_e$
e_P	[-] =	1,24	primärenergiebezogene Anlagenaufwandszahl, es gilt: e_P [-] = Q_P'/Q_h' (sie erfaßt anlagentechnische Verluste und die primärenergetische Bewertung der verwendeten Energieträger)
Q_E	[kWh/a] =	119219,1	Anteil der Wärme am Jahres-Endenergiebedarf des Gebäudes
	[kWh/a] =	1861,7	Anteil der Hilfsenergie am Jahres-Endenergiebedarf des Gebäudes
Q_E'	[kWh/(m³ a)] =	10,61	auf das Volumen bez. Jahres-Endenergiebedarf = ΣQ_E (Wärme + Hilfsenergie)/V_e
e_E	[-] =	1,13	endenergiebezogene Anlagenaufwandszahl, es gilt: e_E [-] = Q_E'/Q_h' (sie erfaßt anlagentechnische Verluste ohne die primärenergetische Bewertung der verwendeten Energieträger)
\multicolumn{4}{c}{Nachweise nach EnEV [5]}
Nachweis: Gebäudehülle		vorh. H_T' = 0,49 W/(m² K) < 1,08 W/(m² K) = zul. H_T'	
Nachweis: Primärenergiebedarf		vorh. Q_P' = 11,68 kWh/(m³ a) < 17,85 kWh/(m³ a) = zul. Q_P'	
\multicolumn{4}{c}{wesentliche Kenngrößen}
Jahres-Heizwärmebedarf		vorh. Q_h = 107387,9 kWh/a	
Jahres-Heizwärmebedarf / A_N		vorh. Q_h'' = 29,42 kWh/(m² a)	
Jahres-Heizwärmebedarf / V_e		vorh. Q_h' = 9,41 kWh/(m³ a)	
Jahres-Endenergiebedarf		vorh. Q_E = 119219,1 kWh/a = 1861,7 kWh/a	= Σ Wärme = Σ Hilfsenergie
Jahres-Endenergiebedarf (gesamt) auf ΣQ_E bez. Anlagenaufwandszahl		vorh. Q_E' = 10,61 kWh/(m³ a) e_E = 1,13 [-]	= $\Sigma Q_E/V_e$ = $\Sigma Q_E'/Q_h'$
Jahres-Primärenergiebedarf auf Q_P bez. Anlagenaufwandszahl		vorh. Q_P = 133199,8 kWh/a e_P = 1,24 [-]	= Q_P'/Q_h'

Energiebedarfsausweis nach § 13 Energieeinsparverordnung
für ein Gebäude mit normalen Innentemperaturen

I. Objektbeschreibung

Bezeichnung Bürogebäude		Nutzungsart	☐ Wohngebäude	☒ Bürogebäude
Postleitzahl	Ort	Straße		Hausnummer ....
Gemarkung		Flurstück Nr.	Baujahr	

Geometrische Eigenschaften des Gebäudes:

Wärmeübertragende Umfassungsfläche A 3773,61........ m²			
Wohngebäudenutzfläche A_N 3650,31. m²	beheiztes Volumen V_e 11407,23 .... m³	Verhältnis A/V$_e$	0,33................ m^{-1}

Überwiegend eingesetzte Energieträger: *Erdgas H* ....
Art der Warmwasserbereitung: ....
Nutzung erneuerbarer Energien durch: ...., *0* % des Jahres-Primärenergiebedarfs des Gebäudes

II. Energiebedarf

Jahres-Primärenergiebedarf

Höchstwert für das Gebäude nach § 3 Abs. 1 i.V.m. Anhang 1 Nr. 1 EnEV:	Für das Gebäude berechneter Wert nach § 3 Abs. 2 i.V.m. Anhang 1 Nr. 2 oder 3 EnEV:
17,85 kWh/(m³a)	*11,68 kWh/(m³a)*

Endenergiebedarf für die eingesetzten Energieträger
berechnet nach Anhang 1 Nr. 2 oder 3 EnEV i.V.m. DIN V 4701-10

Energieträger	Endenergiebedarf in kWh/(m³.a) oder kWh/(m².a)
1. *Erdgas H*	*10,45 kWh/(m³a)*
2. *Strom*	*0,16 kWh/(m³a)*
3.	....
4.	....

Hinweise:

- Die in diesem Energiebedarfsausweis angegebenen Werte des Jahres-Primärenergiebedarfs und des Endenergiebedarfs sind vornehmlich für die überschlägig vergleichende Beurteilung von Gebäuden und Gebäudeentwürfen vorgesehen. Sie erlauben nur bedingt Rückschlüsse auf den tatsächlichen Energieverbrauch, weil der Berechnung dieser Werte auch normierte Randbedingungen etwa hinsichtlich des Klimas, der Heizdauer, der Innentemperaturen, des Luftwechsels, der solaren und internen Wärmegewinne und des Warmwasserbedarfs zugrunde liegen. Die normierten Randbedingungen sind für die Anlagentechnik in DIN V 4701-10 Nr. 5 und im Übrigen in DIN V 4108-6 Anhang D festgelegt.

- Vereinfachend gilt: 10 kWh Endenergie entsprechen etwa 1 m³ Erdgas oder 1 l Heizöl.

Bild 106 Energiebedarfsausweis

III. Weitere energiebezogene Merkmale

Spezifischer, auf die wärmeübertragende Umfassungsfläche bezogener Transmissionswärmeverlust

Höchstwert für das Gebäude nach § 3 Abs. 1 i.V.m. Anhang 1 Nr. 1 EnEV:	Für das Gebäude berechneter Wert nach § 3 Abs. 2 i.V.m. Anhang 1 Nr. 2 oder 3 EnEV:
1,08 W/(m²·K)	0,49 W/(m²·K)

Anlagentechnik

Anlagenaufwandszahl e_p nach Anhang 1 Nr. 2 oder 3 EnEV i.V.m. DIN V 4701-10 Nr. 4.2.6	1,24	☒ Berechnungsblätter sind als Anlage beigefügt

☒ Die Wärmeabgabe der Wärme- und Warmwasserverteilungsleitungen ist gem. § 12 Abs. 5 i.V.m. Anhang 5 EnEV begrenzt

Ansatz zur Berücksichtigung von Wärmebrücken

☐ pauschal mit 0,10 W/(m²·K)	☒ pauschal mit 0,05 W/(m²·K) bei Verwendung von Planungsbeispielen nach DIN 4108 Beiblatt 2	☐ mit differenziertem Nachweis ☐ Berechnungen sind als Anlage beigefügt

Dichtheit des Gebäudes und Lüftungskonzept

☐ ohne Nachweis	☒ mit Nachweis nach Anhang 4 Nr. 2 EnEV ☐ Messprotokoll ist als Anlage beigefügt

Der Mindestluftwechsel des Gebäudes nach § 5 Abs. 2 EnEV erfolgt durch

☒ Fensterlüftung	☐ mechanische Lüftung	☐ andere Lüftungsart: ....

Angaben zum sommerlichen Wärmeschutz nach § 3 Abs. 4 EnEV

☐ ein Nachweis über den Wärmeschutz im Sommer ist nicht erforderlich, weil der Fensterflächenanteil 30 % nicht überschreitet	☐ für das Gebäude wurde ein Nachweis der Begrenzung des Sonneneintragskennwertes geführt (gemäß Anhang 1 Nr. 2.9.1 EnEV) ☐ Berechnungen zum sommerlichen Wärmeschutz sind als Anlage beigefügt	☐ das Nichtwohngebäude ist mit Anlagen nach Anhang 1 Nr. 2.9.2 ausgestattet. Die innere Kühllast wird minimiert.

Name, Anschrift und Funktion des Aufstellers	Datum und Unterschrift, ggf. Stempel / Firmenzeichen
....	....

Bild 106 Energiebedarfsausweis (Fortsetzung)

6.3.7 Sommerlicher Wärmeschutz

Ein Nachweis des sommerlichen Wärmeschutzes wird hier nicht geführt.

6.4 Heizperiodenbilanzverfahren

Eine Berechnung des Heizwärmebedarfs nach dem Heizperiodenbilanzverfahren ist für Büro- und Verwaltungsgebäude nicht zulässig.

6.5 Weitere Berechnungen unter Variation verschiedener Parameter

In diesem Abschnitt wird der Einfluß verschiedener Berechnungsverfahren und Annahmen auf den berechneten Primärenergiebedarf am Beispiel des Bürogebäudes untersucht. Betrachtet werden folgende Parameter:

- Nachtabschaltung;
- Wärmegewinne über opake Bauteile;
- Heizungsanlagengüte.

Die Auswertung der Berechnungsergebnisse folgt anhand der wesentlichen Kennwerte kompakt in Tabelle 98.

6.5.1 Berücksichtigung des Einflusses einer Nachtabschaltung

Eine Nachtabschaltung der Heizungsanlage vermindert die Wärmeverluste. Die erforderlichen Annahmen und Randbedingungen für die Nachtabschaltung sind in Tabelle 92 dokumentiert. Die Dauer der Heizungsunterbrechung beträgt für Bürogebäude 10 h.

Hinsichtlich des in DIN 4108-6 [7], Anhang C festgelegten Berechnungsablaufes für die Berücksichtigung der Nachtabschaltung wurde bereits angemerkt, daß sich für die Überprüfung, ob eine Regelphase auftritt, keine eindeutigen Abfragekriterien ergeben und daß für eine Nachtabschaltung mit Regelphase zum Teil nicht nachvollziehbare Ergebnisse berechnet werden. Daher wird die Mindestsollinnentemperatur in diesem Beispiel bewußt auf einen sehr niedrigen Wert gesetzt, so daß keine Regelphase eintritt. Während der Heizunterbrechung sinken die minimalen Innentemperaturen so auf minimal 13,9°C.

6.5 Weitere Berechnungen unter Variation verschiedener Parameter

Tabelle 92 Reduktion der Wärmeverluste durch Nachtabschaltung der Heizung

Größe/Einheit			Wert	Erläuterung
	Monatsbilanzverfahren Bürogebäude
	Ausgangsgrößen
V_e	[m³]	=	11407,23	Bruttovolumen des Gebäudes
V_L	[m³]	=	9125,78	Luftvolumen des Gebäudes (siehe DIN V 4108-6 [7], Tabelle D.3, hier: 0,80 · V_e)
A_N	[m²]	=	3650,31	Nutzfläche des Gebäudes, es gilt: $A_N = 0{,}32 \cdot V_e$
H_T	[W/K]	=	1830,89	spezifischer Transmissionswärmeverlust des Gebäudes inklusive WB-Zuschlag
H_V	[W/K]	=	1861,66	spezifischer Lüftungswärmeverlust des Gebäudes (n = 0,6 1/h)
$H_{V,Hei}$	[W/K]	=	1551,38	spezifischer Lüftungswärmeverlust zur Berechnung der Normheizlast (n = 0,5 1/h)
H_{sb}	[W/K]	=	3692,55	Spezifische Wärmeverluste des Gebäudes ($H_{sb} = H_T + H_V$)
H_W	[W/K]	=	919,81	spezifischer Wärmeverlust aller leichten Bauteile (siehe Tabelle 81)
H_{ic}	[W/K]	=	72585,37	spezifischer Wärmeverlust zw. der Innenluft und den Bauteilen (siehe Tabelle 80)
$C_{wirk,NA}$	[–]	=	151707,00	wirksame Wärmespeicherfähigkeit nach der „3 cm-Regel" (siehe Tabelle 74)
t_u	[h]	=	10,00	Dauer der Heizunterbrechung in der Nacht (siehe DIN V 4108-6 [7], Tabelle D.3)
θ_e	[°C]	=	siehe Tabelle 77	durchschnittliche monatliche Außentemperatur (DIN V 4108-6 [7], Tabelle D.5)
θ_{io}	[°C]	=	19,00	normale Sollinnentemperatur (siehe DIN V 4108-6 [7], Tabelle D.3)
θ_{isb}	[°C]	=	13,00	Mindestsollinnentemperatur (sinnvoll festzulegender Wert)
ϕ_{pp}	[W]	=	157275,71	Normheizlast des Wärmeerzeugers für den Auslegungsfall (1,5 · ($H_T + H_{V,Hei}$) · 31 K)
ϕ_{rp}	[W]	=	78637,85	reduzierte Heizleistung des Wärmeerzeugers in der Regelphase (ca. 0,5 · ϕ_{pp})
θ_{i1}	[°C]	=	siehe unten	Innentemperatur am Ende der Nichtheizphase, wenn diese Temperatur kleiner als θ_{isb} ist, liegt eine Regelphase mit verminderter Heizlast vor (in diesem Bsp. nicht)
θ_{c1}	[°C]	=	siehe unten	Bauteiltemperatur am Ende der Nichtheizphase
θ_{c2}	[°C]	=	siehe unten	Bauteiltemperatur am Ende der Abschaltphase mit oder ohne Regelbetrieb
t_{nh}	[h]	=	siehe unten	Dauer der Heizunterbrechung bis zum Beginn der Regelphase (hier: $t_{nh} = t_u$, da keine Regelphase eintritt)
t_{sb}	[h]	=	siehe unten	Dauer der Regelphase (verminderte Beheizung nach Unterschreiten von θ_{isb}, hier: $t_{sb} = 0$, da keine Regelphase eintritt)
t_{bh}	[h]	=	siehe unten	Dauer der Aufheizphase
θ_{c3}	[°C]	=	siehe unten	Bauteiltemperatur am Ende der Aufheizphase
ΔQ_{lj}	[Wh/d]	=	siehe unten	Reduktionswert des Wärmeverlustes je Heizunterbrechungsphase
n_j	[1/M]	=	siehe unten	Anzahl der Heizunterbrechungsphasen je Monat (hier = Tage je Monat)
	Berechnung
$Q_{I,NA}$	[kWh/M]	=		siehe DIN V 4108-6 [7], Anhang C (dort ist der sehr umfangreiche Algorithmus erläutert)

Tabelle 92 Reduktion der Wärmeverluste durch Nachtabschaltung der Heizung (Fortsetzung)

Kennwert			Jan.	Feb.	Mrz.	Apr.	Mai	Jun.	Jul.	Aug.	Sep.	Okt.	Nov.	Dez.
			\multicolumn{12}{c}{Reduzierung der Wärmeverluste durch Nachtabschaltung $Q_{l,NA}$ [kWh/M]}
θ_{i1}	[°C]	=	13,93	14,40	15,28	16,63	17,48	18,18	18,75	18,83	17,85	16,53	15,43	14,58
θ_{c1}	[°C]	=	14,51	14,93	15,70	16,90	17,65	18,27	18,78	18,85	17,98	16,81	15,84	15,08
θ_{c2}	[°C]	=	14,51	14,93	15,70	16,90	17,65	18,27	18,78	18,85	17,98	16,81	15,84	15,08
t_{nh}	[h]	=	10,00	10,00	10,00	10,00	10,00	10,00	10,00	10,00	10,00	10,00	10,00	10,00
t_{sb}	[h]	=	0,00	0,00	0,00	0,00	0,00	0,00	0,00	0,00	0,00	0,00	0,00	0,00
t_{bh}	[h]	=	5,30	4,16	2,42	0,36	0,00	0,00	0,00	0,00	0,00	0,50	2,16	3,78
θ_{c3}	[°C]	=	17,61	17,54	17,40	17,20	17,65	18,27	18,78	18,85	17,98	17,21	17,38	17,51
$\Delta Q_{l,j}$	[Wh/d]	=	143631	123248	91674	54023	34564	18699	5666	3966	26065	56451	86906	116365
n_j	[1/M]	=	31	28	31	30	31	30	31	31	30	31	30	31
$Q_{l,NA}$	[kWh/M]	=	4452,6	3450,9	2841,9	1620,7	1071,5	561,0	175,6	122,9	782,0	1750,0	2607,2	3607,3

6.5.2 Berücksichtigung der Strahlungsabsorption opaker Bauteile

Ebenso wie die Nachtabschaltung vermindern die Strahlungswärmegewinne über opake Bauteile im Regelfall die Wärmeverluste des Gebäudes. In einzelnen Monaten treten jedoch Strahlungswärmeverluste auf, die ebenfalls zu berücksichtigen sind. Diese vergrößern dann die Wärmeverluste in diesen Monaten. Beim vorliegenden Beispiel tritt nun der Fall ein, daß die Strahlungsverluste in der Bilanz die Gewinne überschreiten. Hier führt also die Berücksichtigung der Strahlungsabsorption opaker Bauteile sogar zu einem (minimal) größeren Heizwärmebedarf. Es wird hier allerdings auch nur die Dachfläche als strahlungstauschende Fläche angesetzt, da die Außenwand eine Hinterlüftung aufweist. Die entsprechenden Werte sind in der Tabelle 93 dokumentiert.

6.5.3 Berücksichtigung verschiedener Anlagenvarianten

Um den Einfluß der Anlagentechnik zu verdeutlichen, wird hier zunächst anstelle eines Brennwertkessels ein Niedertemperaturkessel angesetzt. Anschließend erfolgt noch eine weitere Betrachtung unter Ansatz eines Konstanttemperaturkessels. Die Beschreibung der Anlagen sowie die Auswertung der Varianten ist in den Tabellen 94 bis 97 dokumentiert. Der Einfluß einer Nachtabschaltung der Heizungsanlage oder der Ansatz einer Strahlungsbilanz opaker Bauteile wird in diesen beiden Varianten nicht mehr berücksichtigt.

6.5 Weitere Berechnungen unter Variation verschiedener Parameter

Tabelle 93 Solare Strahlungswärmegewinne über opake Bauteile

Monatsbilanzverfahren Bürogebäude											
Ausgangsgrößen											
Größe/Einheit		Wert		Erläuterung							
U	[W/(m² K)]	= siehe Tabelle 73		Wärmedurchgangskoeffizient								
A_j	[m²]	= siehe Tabelle 71		Gesamtfläche des Bauteils in der Orientierung j								
R_e	[m² K/W]	=	0,04	äußerer Wärmedurchlaßwiderstand des Bauteils ($R_e = R_{se}$)							
α	[-]	=	0,50	Absorptionskoeffizient des Bauteils für Solarstrahlung, siehe DIN V 4108-6 [7]							
I_{sj}	[W/m²]	= siehe Tabelle 77		globale Sonneneinstrahlung der Orientierung j								
F_f	[-]	=	1,00	Formfaktor zwischen dem Bauteil und dem Himmel (0°–45°: $F_f = 1,0$)							
ϵ	[-]	=	0,80	Emissionsgrad für Wärmestrahlung der Außenfläche							
h_r	[-] = 5 · ϵ =		4,00	äußerer Abstrahlungskoeffizient							
$\Delta\theta_{er}$	[K]	=	10	Mittlere Differenz zwischen der Temperatur der Umgebungsluft und der scheinbaren Temperatur des Himmels (vereinfachte Annahme)							
t_M	[d/M]	=siehe Tabelle 77		Anzahl der Tage je Monat = Dauer des Berechnungszeitraumes								
Berechnung											
$Q_{S,op,M}$ [kWh/M] = U · A_j · R_e · (α · I_{sj} – F_f · h_r · $\Delta\theta$er) · t_M · 24/1000 = solare Wärmegewinne über opake Bauteile											
monatliche solare Strahlungswärmegewinne über opake Bauteile $Q_{S,op,M}$ [kWh/M]											
Bauteil[1]	Jan.	Feb.	Mrz.	Apr.	Mai	Jun.	Jul.	Aug.	Sep.	Okt.	Nov.	Dez.
Dachdecke	–55,0	–29,0	2,3	124,5	153,5	199,3	204,7	115,8	62,3	–5,8	–46,4	–67,9
Summe	–55,0	–29,0	2,3	124,5	153,5	199,3	204,7	115,8	62,3	–5,8	–46,4	–67,9

[1] im Bereich der Außenwandflächen werden keine solaren Wärmegewinne über opake Bauteile ermittelt, da hier eine Hinterlüftung vorliegt und die Berechnungsansätze gemäß DIN V 4108-6 [7] nicht genau zutreffen;

Tabelle 94   Beschreibung der Anlagentechnik mit einem Gas-Niedertemperaturkessel

Monatsbilanzverfahren Bürogebäude		
Anlagentechnik		
Anlagenteil	Verluste bei	Angaben
Trinkwasser	–	– keine Berücksichtigung erforderlich
Lüftung	–	– keine Lüftungsanlage eingebaut
Heizung	Übergabe	– Heizkörper überwiegend an AW angeordnet, Thermostatregelventile: 2 K
	Verteilung	– außerhalb der thermischen Hülle, Stränge innenliegend, Pumpe ungeregelt
	Speicherung	– keine Speicherung der Heizwärme
	Erzeugung	– mit einem Gas-Niedertemperatur-Kessel, Auslegungstemperaturen 70/55 °C

Tabelle 95   Beschreibung der Anlagentechnik mit einem Gas-Konstanttemperatur-Kessel

Monatsbilanzverfahren Bürogebäude		
Anlagentechnik		
Anlagenteil	Verluste bei	Angaben
Trinkwasser	–	– keine Berücksichtigung erforderlich
Lüftung	–	– keine Lüftungsanlage eingebaut
Heizung	Übergabe	– Heizkörper überwiegend an AW angeordnet, Thermostatregelventile: 2 K
	Verteilung	– außerhalb der thermischen Hülle, Stränge innenliegend, Pumpe ungeregelt
	Speicherung	– keine Speicherung der Heizwärme
	Erzeugung	– mit einem Konstanttemperatur-Kessel, Auslegungstemperaturen 90/70 °C

6.5 Weitere Berechnungen unter Variation verschiedener Parameter

Tabelle 96 Energiebedarf für die Beheizung mit einem Gas-Niedertemperatur-Kessel

Tabellenverfahren (nach DIN V 4701-10 [8]) Bürogebäude							
Heizung							
Ausgangsgrößen							
A_N	[m²]	=	3650,31	DIN V 4108-6 [7], es gilt: $A_N = 0{,}32 \cdot V_e$		Bereich:	1
q_h	[kWh/(m²a)]	=	29,42	Heizwärmebedarf nach DIN V 4108-6 [7]		Heiz-Strang:	1
Q_h	[kWh/a]	=	107387,90	Heizwärmebedarf: $Q_h = q_h \cdot A_N$			
Wärme (WE)							
Nr.	Größe	Berechnung/Quelle	Dimension		Werte		
1	q_h	nach Abschnitt 4.1	[kWh/(m²a)]		29,42		
2	$q_{h,TW}$	aus Ber.-blatt TW-Erw.	[kWh/(m²a)]	−	0,00		
3	$q_{h,L}$	aus Ber.-blatt Lüftung	[kWh/(m²a)]		0,00		
4	q_{ce}	Tab. C.3.1	[kWh/(m²a)]		3,30		
5	q_d	Tab. C.3.2a, b oder d	[kWh/(m²a)]	+	2,70		
6	q_s	Tab. C.3.3	[kWh/(m²a)]		0,00		
7	Σ	(1 − 2 − 3 + 4 + 5 + 6)	[kWh/(m²a)]		35,42		
				Erzeuger 1	Erzeuger 2	Erzeuger 3	
8	α_g	Tab. C.3.4a	[−]	1,00	−	−	
9	e_g	Tab. C.3.4b,c,d oder e	[−]	1,09	−	−	
10	q_E	$(7 \cdot (8_i \cdot 9_i))$	[kWh/(m²a)]	38,61	−	−	38,61 kWh/(m²a) Endenergie
11	f_P	Tab. C.4.1	[−]	1,10	−	−	
12	q_P	$(10_i \cdot 11_i)$	[kWh/(m²a)]	42,47	−	−	42,47 kWh/(m²a) Primärenergie
Hilfsenergie (HE)							
Nr.	Größe	Berechnung / Quelle	Dimension		Werte		
13	$q_{ce,HE}$	Tab. C.3.1	[kWh/(m²a)]		0,00		
14	$q_{d,HE}$	Tab. C.3.2c	[kWh/(m²a)]	+	0,34		
15	$q_{s,HE}$	Tab. C.3.3	[kWh/(m²a)]		0,00		
				Erzeuger 1	Erzeuger 2	Erzeuger 3	
16	α_g	Tab. C.3.4a	[−]	1,00	−	−	
17	$q_{g,HE}$	Tab. C.3.4b–e	[kWh/(m²a)]	0,18	−	−	
18		$(16_i \cdot 17_i)$	[kWh/(m²a)]	0,18	−	−	
19	Σ $q_{HE,E}$	$(13 + 14 + 15 + \Sigma(18_i))$	[kWh/(m²a)]		0,52		0,52 kWh/(m²a) Endenergie
20	f_P	Tab. C.4.1	[−]		1,10		
21	Σ $q_{HE,P}$	$(19 \cdot 20)$	[kWh/(m²a)]		0,57		0,57 kWh/(m²a) Primärenergie
Ergebnisse							
22	$Q_{H,E} =$	$\Sigma q_E \cdot A_N$	$= (10 \cdot A_N)$	= 140938,5 kWh/a	Endenergie	(Wärme)	
23		$\Sigma q_{HE,E} \cdot A_N$	$= (19 \cdot A_N)$	= 1898,2 kWh/a	Endenergie	(Hilfsenergie)	
24	$Q_{H,P} =$	$(\Sigma q_P + \Sigma q_{HE,P}) \cdot A_N$	$= (12 + 21) \cdot A_N$	= 157109,3 kWh/a	Primärenergie		

Tabelle 97 Energiebedarf für die Beheizung mit einem Gas-Konstanttemperatur-Kessel

Tabellenverfahren (nach DIN V 4701-10 [8]) Bürogebäude							
Heizung							
Ausgangsgrößen							
A_N [m²]	=	3650,31	DIN V 4108-6 [7], es gilt: $A_N = 0,32 \cdot V_e$			Bereich:	1
q_h [kWh/(m²a)]	=	29,42	Heizwärmebedarf nach DIN V 4108-6 [7]			Heiz-Strang:	1
Q_h [kWh/a]	=	107387,90	Heizwärmebedarf: $Q_h = q_h \cdot A_N$				
Wärme (WE)							
Nr.	Größe	Berechnung/Quelle	Dimension	Werte			
1	q_h	nach Abschnitt 4.1	[kWh/(m²a)]	29,42			
2	$q_{h,TW}$	aus Ber.-blatt TW-Erw.	[kWh/(m²a)]	–			
3	$q_{h,L}$	aus Ber.-blatt Lüftung	[kWh/(m²a)]	0,00			
4	q_{ce}	Tab. C.3.1	[kWh/(m²a)]	3,30			
5	q_d	Tab. C.3.2a, b oder d	[kWh/(m²a)]	+ 3,70			
6	q_s	Tab. C.3.3	[kWh/(m²a)]	0,00			
7	Σ	(1 – 2 – 3 + 4 + 5 + 6)	[kWh/(m²a)]	36,42			
				Erzeuger 1	Erzeuger 2	Erzeuger 3	
8	α_g	Tab. C.3.4a	[–]	1,00	–	–	
9	e_g	Tab. C.3.4b,c,d oder e	[–]	1,16	–	–	
10	q_E	$(7 \cdot (8_i \cdot 9_i))$	[kWh/(m²a)]	42,25	–	–	42,25 kWh/(m²a) Endenergie
11	f_P	Tab. C.4.1	[–]	1,10	–	–	
12	q_P	$(10_i \cdot 11_i)$	[kWh/(m²a)]	46,48	–	–	46,48 kWh/(m²a) Primärenergie
Hilfsenergie (HE)							
Nr.	Größe	Berechnung / Quelle	Dimension	Werte			
13	$q_{ce,HE}$	Tab. C.3.1	[kWh/(m²a)]	0,00			
14	$q_{d,HE}$	Tab. C.3.2c	[kWh/(m²a)]	+ 0,28			
15	$q_{s,HE}$	Tab. C.3.3	[kWh/(m²a)]	0,00			
				Erzeuger 1	Erzeuger 2	Erzeuger 3	
16	α_g	Tab. C.3.4a	[–]	1,00	–	–	
17	$q_{g,HE}$	Tab. C.3.4b–e	[kWh/(m²a)]	0,18	–	–	
18		$(16_i \cdot 17_i)$		0,18	–	–	
19	$\Sigma\, q_{HE,E}$	$(13 + 14 + 15 + \Sigma (18_i))$	[kWh/(m²a)]	0,46			0,46 kWh/(m²a) Endenergie
20	f_P	Tab. C.4.1	[–]	1,10			
21	$\Sigma\, q_{HE,P}$	$(19 \cdot 20)$	[kWh/(m²a)]	0,51			0,51 kWh/(m²a) Primärenergie
Ergebnisse							
22	$Q_{H,E} =$	$\Sigma\, q_E \cdot A_N$	$= (10 \cdot A_N)$	$= 154225{,}6$ kWh/a		Endenergie	(Wärme)
23		$\Sigma\, q_{HE,E} \cdot A_N$	$= (19 \cdot A_N)$	$= 1679{,}1$ kWh/a		Endenergie	(Hilfsenergie)
24	$Q_{H,P} =$	$(\Sigma\, q_P + \Sigma\, q_{HE,P}) \cdot A_N$	$= (12 + 21) \cdot A_N$	$= 171528{,}1$ kWh/a		Primärenergie	

6.5.4 Auswertung der Ergebnisse der Variantenberechnungen

Tabelle 98 Ergebnisse der Berechnungen unter Variation verschiedener Berechnungsparameter

Monatsbilanzverfahren Bürogebäude	
Erläuterungen zu den Parametern	
Var.	= Angabe der betrachteten Variante
HP/MB-Verf.	= Berechnung des Jahres-Heizwärmebedarfs mit dem Heizperioden- oder Monatsbilanzverfahren
WB	= Berücksichtigung der Wärmebrücken pauschal oder durch genaue Berechnung
Lüftung	= Luftwechselrate mit oder ohne Luftdichtheitsprüfung
Opak	= Berücksichtigung der Strahlungswärmegewinne über opake Bauteile: ja oder nein
NA	= Berücksichtigung der Nachtabschaltung: ja oder nein
TWD	= Berücksichtigung einer transparenten Wärmedämmung: ja oder nein
Kessel	= Verwendung eines Konstanttemperatur-, Niedertemperatur- oder Brennwertkessels
Solar	= Unterstützung der Trinkwassererwärmung durch eine Solaranlage: ja oder nein
Lü.-Anl.	= Einbau einer Lüftungsanlage mit Wärmerückgewinnung durch Wärmeüberträger: ja oder nein
Anlage	= Berechnung von Heizung und Trinkwassererwärmung mit dem Tabellenverfahren (Tab.) oder z. T. detailliert (detaillierte Berechnung der Heizung u. der Trinkwassererwärmung durch die Heizanlage)

Kenngrößen		
Größe/Einheit	Wert	Erläuterung
vorh. H_T' [W/K]	= siehe unten	vorhandener spezifischer, auf die wärmeübertragende Hüllfläche bezogener Transmissionswärmeverlust des Gebäudes
zul. H_T' [W/K]	= 1,08	zulässiger spezifischer, auf die wärmeübertragende Hüllfläche bezogener Transmissionswärmeverlust des Gebäudes, mit A/V_e [1/m] = 3773,61/11407,23 = 0,33
Q_h' [kWh/(m³ a)]	= siehe unten	auf das Volumen bezogener Jahres-Heizwärmebedarf des Gebäudes
vorh. Q_P' [kWh/(m³ a)]	= siehe unten	vorhandener, auf das Volumen bezogener Jahres-Primärenergiebedarf des Gebäudes, es gilt: vorh. $Q_P' = Q_P/V_e$
zul. Q_P' [kWh/(m³ a)]	= 17,85	zulässiger, auf das Volumen bez. Jahres-Primärenergiebedarf des Gebäudes nach EnEV [5], es gilt: zul. $Q_P' = 9,9 + 24,1 \cdot A/V_e$

Ergebnisse (zum Vergleich)												
Parameter										Kenngrößen		
Var.	HP/MB	WB	Lüftung	Opak	NA	TWD	Kessel	Solar	Lü.-Anl.	Anlage	H_T'	Q_h'	Q_P'
GV	MB	0,05	0,6	nein	nein	–	BW 55/45	–	nein	Tab.	0,49	9,41	11,68

Ergebnisse der Variation												
Parameter										Kenngrößen		
Var.	HP/MB	WB	Lüftung	Opak	NA	TWD	Kessel	Solar	Lü.-Anl.	Anlage	H_T'	Q_h'	Q_P'
V1	MB	0,05	0,6	nein	ja	–	BW 55/45	–	nein	Tab.	0,49	7,91	9,99
V2	MB	0,05	0,6	ja	nein	–	BW 55/45	–	nein	Tab.	0,49	9,43	11,69
V3	MB	0,05	0,6	nein	nein	–	NT 70/55	–	nein	Tab.	0,49	9,41	13,77
V4	MB	0,05	0,6	nein	nein	–	KT 90/70	–	nein	Tab.	0,49	9,41	15,04

Die Ergebnisse der Variantenberechnungen werden in Tabelle 98 zusammengefaßt. Ausgewertet werden lediglich die Kennwerte H_T', Q_h' und Q_P'. Zudem wird angegeben, welche Variablen wie berücksichtigt wurden. In Bild 107 sind die Ergebnisse graphisch dargestellt.

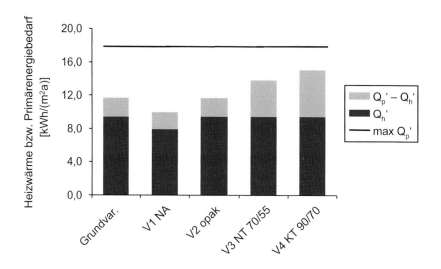

Bild 107 Graphische Auswertung der Ergebnisse der Variantenberechnungen

In der ausführlich vorgestellten Grundvariante wurden wiederum keine Sondereffekte wie Nachtabschaltung oder opake Bauteile berücksichtigt. Der Heizwärmebedarf und der Primärenergiebedarf können jedoch auch hier durch die Berücksichtigung einer Nachtabschaltung positiv beeinflusst werden. In diesem Zusammenhang muß aber nochmals angemerkt werden, daß die Mindest-Sollinnentemperatur bewusst auf den sehr niedrigen Wert von 13,0 °C gesetzt wurde, um eine Regelphase zu vermeiden. Bei einer Berücksichtigung der Strahlungsabsorption opaker Bauteile ergeben sich in diesem Beispiel sogar geringfügig höhere Werte des Heizwärme- und Primärenergiebedarfs. Dies rührt daher, daß bei einer Berücksichtigung der Strahlungsabsorption auch die infolge Emission abgegebene Wärme berücksichtigt werden muß.

Die Variation der Anlagentechnik zeigt auf, wie stark hiermit der Primärenergiebedarf beeinflusst werden kann. Bei gleichbleibendem Heizwärmebedarf steigt der Primärenergiebedarf beim Übergang von einer Brennwerttechnik zur Konstanttemperaturtechnik um nahezu 30%. Der Energieeinsparungsnachweis bleibt trotzdem immer noch erfüllt, was insbesondere auf das gute A/V_e – Verhältnis zurückzuführen ist. Umgekehrt ergeben sich bei Einsatz einer Brennwert- oder Niedertemperaturtechnik für das Gebäude sehr günstige Werte des Heizwärme- und Primärenergiebedarfs. Dies ist im Wesentlichen wiederum auf das gute Verhältnis zwischen wärmetauschender Hüllfläche und beheiztem Gebäudevolumen A/V_e zurückzuführen.

7 Zusammenfassung

Mit Einführung der EnEV [5] wird in Zukunft eine ganzheitliche Betrachtung nachzuweisender Gebäude erforderlich sein. Dies bedeutet, daß zukünftig der bauliche Wärmeschutz und die Anlagentechnik eines Gebäudes gleichermaßen betrachtet und schon in einem frühen Planungsstadium aufeinander abgestimmt werden müssen.

Hinsichtlich des baulichen Wärmeschutzes kann zusammenfassend festgestellt werden, daß mit der EnEV [5] das Monatsbilanzverfahren als Berechnungsverfahren für den Heizwärmebedarf etabliert wird. Das Heizperiodenbilanzverfahren kann nur noch für den Nachweis von Wohngebäuden mit einem Fensterflächenanteil von maximal 30% eingesetzt werden. Mit dem Monatsbilanzverfahren erfolgt eine detailliertere Berücksichtigung der klimatischen Randbedingungen als dies bei einer Heizperiodenbilanzierung möglich ist. Einerseits kann berücksichtigt werden, daß die Dauer der Heizperiode vom Grad des baulichen Wärmeschutzes eines Gebäudes abhängt. Andererseits kann eine detailliertere Ermittlung des Ausnutzungsgrades der internen und solaren Wärmegewinne erfolgen. Um das Monatsbilanzverfahren zu etablieren, wurden die Anwendungs- und Berechnungsmöglichkeiten des Heizperiodenbilanzverfahrens in der EnEV stark eingeschränkt. Da die Eingangsdaten beider Verfahren nahezu identisch sind, bedeutet die Anwendung des Monatsbilanzverfahrens bei der rechnergestützten Erstellung eines Nachweises keinen Mehraufwand. Eine schnelle Handrechnung ist jedoch nicht mehr möglich. Zur Überprüfung der Berechnungsergebnisse der vorliegenden Beispiele wurde unter anderem das Programm Quick-EnEV [33] verwendet.

Hinsichtlich der Anlagentechnik kann zusammenfassend festgestellt werden, daß die Anwendung des detaillierten Verfahrens gegenüber den beiden anderen Verfahren deutliche Vorteile bietet. Dies liegt darin begründet, daß die im Diagramm- und Tabellenverfahren vorgegebenen Anlagenkennwerte sich am unteren energetischen Niveau der zur Zeit üblichen Anlagentechnik orientieren.

Es muß sich aber in der Zukunft erst zeigen, ob bereits in dem frühen Planungsstadium, in dem die Erstellung des Energieeinsparungsnachweises erforderlich ist, grundsätzliche Klarheit hinsichtlich der projektierten Anlagentechnik herrscht. Dies ist um so bedeutender, als beim Nachweis des Primärenergiebedarfs die Anlagentechnik einen sehr erheblichen Anteil hat.

8 Literaturverzeichnis

[1] VDEW-Materialien: Endenergieverbräuche in Deutschland, M 22/99, Tafel 1.1, Fassung 08/99.

[2] Bundesministerium für Wirtschaft und Technologie: Energie Daten 1999, Nationale und internationale Entwicklung, Februar 1999.

[3] Wärmeschutzverordnung 1995: Verordnung der Bundesregierung vom 16. August 1994.

[4] Enquete Kommission des Deutschen Bundestages „Schutz der Erdatmosphäre"; Bericht des 12. Bundestages , 1992, Ökonomika-Verlag, Bonn.

[5] Energieeinsparverordnung: Verordnung der Bundesregierung vom 01.02.2002 und
Allgemeine Verwaltungsvorschrift zu § 13 der Energieeinsparverordnung (AVV Energiebedarfsausweis) (Angaben gemäß letztem Bearbeitungsstand der Verwaltungsvorschrift: zum Zeitpunkt der Manuskripterstellung lag die endgültige Fassung noch nicht vor).

[6] Heizungsanlagen-Verordnung 1998: Verordnung der Bundesregierung vom 4. Mai 1998.

[7] DIN V 4108-6 (11/2000) und Änderung A1 (08/2001): Wärmeschutz und Energieeinsparung von Gebäuden – Teil 6: Berechnung des Jahresheizwärme- und des Jahresheizenergiebedarfs und Begrenzung solarer Wärmeeinträge im Sommer, Berlin: Beuth-Verlag.

[8] DIN V 4701-10 (02/2001): Energetische Bewertung heiz- und raumlufttechnischer Anlagen – Teil 10: Heizung, Trinkwassererwärmung, Lüftung, Berlin: Beuth-Verlag.

[9] Hegner, H.-D.: Die neue Energieeinsparverordnung – Perspektiven für das energieeffiziente und umweltschonende Bauen, in Bauphysik Kalender 2001, Berlin: Ernst & Sohn Verlag.

[10] DIN EN 13829 (02/2001): Wärmetechnisches Verhalten von Gebäuden – Bestimmung der Luftdurchlässigkeit von Gebäuden – Differenzdruckverfahren, Berlin: Beuth-Verlag. (modifizierte Fassung von ISO 9972 (1996); deutsche Fassung von EN 13829 (2000))

[11] Werner, H., Röder, J.: Konstruktion und Berechnung von Niedrigenergiehäusern, in Bauphysik Kalender 2001, Berlin: Ernst & Sohn Verlag.

[12] DIN 4108-7 (08/2001): Wärmeschutz und Energie-Einsparung in Gebäuden – Teil 7: Luftdichtheit von Gebäuden, Anforderungen, Planungs-und Ausführungsempfehlungen sowie -beispiele, Berlin: Beuth-Verlag.

[13] Werner, H.: Von der Wärmeschutz- zur Energieeinsparverordnung, Zielrichtung, Einflußgrößen und Rechenverfahren, in: Festschrift zum 60. Geburtstag von Karl Gertis, Stuttgart: Frauenhofer IRB Verlag 1998.

[14] Werner, H.: Quantifizierung der Wärmebrückenwirkung für die Transmissionswärmeverluste, (Bericht für das BMBau, 1997).

[15] DIN EN ISO 10211-1 (11/1995): Wärmebrücken im Hochbau – Wärmeströme und Oberflächentemperaturen – Teil 1: Allgemeine Berechnungsverfahren, Berlin: Beuth-Verlag. ((ISO 10211-1:1995); Deutsche Fassung EN ISO 10211-1:1995)

[16] DIN EN ISO 10211-2 (06/2001): Wärmebrücken im Hochbau – Berechnung der Wärmeströme und Oberflächentemperaturen – Teil 2: Linienförmige Wärmebrükken, Berlin: Beuth-Verlag. ((ISO 10211-2:2001); Deutsche Fassung EN ISO 10211-2:2001)

[17] Hauser, G. und Stiegel, H.: Wärmebrücken-Atlas für den Holzbau, Wiesbaden, Berlin: Bauverlag 1992.

[18] Hauser, G. und Stiegel, H.: Wärmebrücken-Atlas für den Mauerwerksbau, 3. durchgesehene Auflage, Wiesbaden, Berlin: Bauverlag 1996.

[19] DIN 4108, Beiblatt 2 (08/1998): Wärmeschutz und Energie-Einsparung in Gebäuden – Wärmebrücken – Planungs- und Ausführungsbeispiele, Berlin: Beuth-Verlag.

[20] DIN 4108-2 (03/2001): Wärmeschutz und Energieeinsparung in Gebäuden – Teil 2: Mindestanforderungen an den Wärmeschutz, Beuth-Verlag, Berlin.

[21] Deutscher, P., Elsberger, M. und Rouvel, L.: Sommerlicher Wärmeschutz. Eine einheitliche Methodik für die Anforderungen an den winterlichen und sommerlichen Wärmeschutz, Teil 1: Bauphysik 22 (2000), Heft 2, Seiten 114-120, Teil 2: Bauphysik 22 (2000), Heft 3, Seiten 178-184.

[22] DIN EN 832 (12/1998): Wärmetechnisches Verhalten von Gebäuden – Berechnung des Heizenergiebedarfs, Wohngebäude, Berlin: Beuth-Verlag. (Deutsche Fassung EN 832)

[23] DIN V 4108-4 (10/1998): Wärmeschutz und Energieeinsparung in Gebäuden – Teil 4: Wärme- und feuchteschutztechnische Kennwerte, Berlin: Beuth-Verlag.

[24] DIN EN ISO 6946 (11/1996): Bauteile – Wärmedurchlaßwiderstand und Wärmedurchgangskoeffizient – Berechnungsverfahren, Berlin: Beuth-Verlag. ((ISO 6946:1996); Deutsche Fassung EN ISO 6946:1996)

[25] DIN EN ISO 13786 (12/1999): Wärmetechnisches Verhalten von Bauteilen – Dynamisch-thermische Kenngrößen – Berechnungsverfahren, Berlin: Beuth-Verlag. ((ISO 13786: 1999); Deutsche Fassung EN ISO 13786: 1999)

[26] DIN EN ISO 13370 (12/1998): Wärmetechnisches Verhalten von Gebäuden – Wärmeübertragung über das Erdreich – Berechnungsverfahren, Berlin: Beuth-Verlag. ((ISO 13370:1998); Deutsche Fassung EN ISO 13370:1998)

[27] DIN EN ISO 13789 (10/1999): Wärmetechnisches Verhalten von Gebäuden – Spezifischer Transmissionswärmeverlustkoeffizient – Berechnungsverfahren, Berlin: Beuth-Verlag. ((ISO 13789:1999); Deutsche Fassung EN ISO 13789:1999)

[28] DIN EN 410 (12/1998): Glas im Bauwesen – Bestimmung der lichttechnischen und strahlungsphysikalischen Kenngrößen von Verglasungen, Berlin: Beuth-Verlag. (Deutsche Fassung EN 410:1998)

[29] DIN EN 673 (01/2001): Glas im Bauwesen – Bestimmung des Wärmedurchgangskoeffizienten (U-Wert) – Berechnungsverfahren (enthält Änderung A1:2000); Berlin: Beuth-Verlag. (Deutsche Fassung EN 673:1997 + A1:2000)

[30] DIN EN ISO 10077-1 (11/2000): Wärmetechnisches Verhalten von Fenstern, Türen und Abschlüssen – Berechnung des Wärmedurchgangskoeffizienten – Teil 1: Vereinfachtes Verfahren, Berlin: Beuth-Verlag. ((ISO 10077-1:2000); Deutsche Fassung EN ISO 10077-1:2000)

[31] E DIN EN ISO 10077-2 (02/1999): Wärmetechnisches Verhalten von Fenstern, Türen und Abschlüssen – Berechnung des Wärmedurchgangskoeffizienten – Teil 2: Numerisches Verfahren für Rahmen, Berlin: Beuth-Verlag. ((ISO/DIS 10077-2:1998); Deutsche Fassung prEN ISO 10077-2:1998)

[32] DIN EN 12207 (06/2000): Fenster und Türen – Luftdurchlässigkeit – Klassifizierung, Berlin: Beuth-Verlag. (Deutsche Fassung EN 12207:1999)

[33] Quick-EnEV: PC-Programm zur Berechnung des Energieeinsparungsnachweises nach der EnEV [5]; voraussichtlich erhältlich ab dem 01.02.2002 unter folgenden Internetadressen: www.quick-enev.de oder www.ernst-und-sohn.de.

[34] Palecki, S., Wehling, M.: Beispiele zur U-Wert-Berechnung nach der neuen Norm DIN EN ISO 6946, Bauphysik 23 (2001), Heft 5, Seiten 298-303.

[35] Hauser, G., Otto, F., Ringeler, M., Stiegel, H., Maas, A.: Holzbau und die Energieeinsparverordnung; INFORMATIONSDIENST HOLZ, holzbau handbuch Reihe 3, Teil 2, Folge 2; München: 2000.

[36] DIN 4108-5 (08/1981): Wärmeschutz im Hochbau – Berechnungsverfahren, Berlin: Beuth-Verlag.

[37] Trümper, H., Albers, K.-J., Wirth, S.: Heiz- und Lüftungssysteme für Niedrigenergiehäuser, in Bauphysik Kalender 2001, Berlin: Ernst & Sohn Verlag.

[38] Vogler, K. und Laasch, E.: Haustechnik. Teubner-Verlag, Stuttgart, 8. Auflage, 1989.

[39] Trümper, H., Cziesielski, E., Daniels, K.: Ruhrgas-Handbuch. Karl Krämer Verlag, Stuttgart, 2. Auflage, 1988.

[40] Recknagel, H., Sprenger, E., Schramek, E.-R., Taschenbuch für Heizung und Klimatechnik, 69. Auflage, R. Oldenbourg Verlag, München, Wien: 1999.

[41] DIN V 4108-4 (02/2002): Wärmeschutz und Energieeinsparung in Gebäuden – Teil 4: Wärme- und feuchteschutztechnische Bemessungswerte, Berlin: Beuth-Verlag.

[42] DIN EN 12524 (07/2000): Baustoffe und -produkte – Wärme- und feuchteschutztechnische Eigenschaften – Tabellierte Bemessungswerte, Berlin: Beuth-Verlag. (Deutsche Fassung EN 12524:2000)

Anhang: Energieeinsparverordnung 2002

Verordnung
über energiesparenden Wärmeschutz
und energiesparende Anlagentechnik bei Gebäuden
(Energieeinsparverordnung - EnEV) *)

Vom 16. November 2001

Auf Grund des § 1 Abs. 2, des § 2 Abs. 2 und 3, des § 3 Abs. 2, der §§ 4 bis 6, des § 7 Abs. 3 bis 5 und des § 8 des Energieeinsparungsgesetzes vom 22. Juli 1976 (BGBl. I S. 1873), von denen die §§ 4 und 5 durch Artikel 1 des Gesetzes vom 20. Juni 1980 (BGBl. I S. 701) geändert worden sind, verordnet die Bundesregierung:

Fußnote für die Verkündung:
*) Die §§ 3 bis 7 und 8 Abs. 3 und die Anhänge 1, 2 und 4 dienen der Umsetzung des Artikels 5 der Richtlinie 93/76/EWG des Rates vom 13. September 1993 zur Begrenzung der Kohlendioxidemissionen durch eine effizientere Energienutzung - SAVE - (ABl. EG Nr. L 237 S. 28), § 13 dient der Umsetzung des Artikels 2 dieser Richtlinie. § 11 Abs. 1 bis 3 und § 18 Nr. 1 dienen der Umsetzung der Richtlinie 92/42/EWG des Rates vom 21. Mai 1992 über die Wirkungsgrade von mit flüssigen oder gasförmigen Brennstoffen beschickten neuen Warmwasserheizkesseln (ABl. EG Nr. L 167 S. 17, L 195 S. 32), geändert durch Artikel 12 der Richtlinie 93/68/EWG des Rates vom 22. Juli 1993 (ABl. EG Nr. L 220 S. 1).
Die Verpflichtungen aus der Richtlinie 98/34/EG des Europäischen Parlaments und des Rates vom 22. Juni 1998 über ein Informationsverfahren auf dem Gebiet der Normen und technischen Vorschriften und der Vorschriften für die Dienste der Informationsgesellschaft (ABl. EG Nr. L 204 S. 37), geändert durch die Richtlinie 98/48/EG des Europäischen Parlaments und des Rates vom 20. Juli 1998 (ABl. EG Nr. L 217 S. 18), sind beachtet worden.

Inhaltsübersicht

Abschnitt 1
Allgemeine Vorschriften

§ 1 Geltungsbereich
§ 2 Begriffsbestimmungen

Abschnitt 2
Zu errichtende Gebäude

§ 3 Gebäude mit normalen Innentemperaturen
§ 4 Gebäude mit niedrigen Innentemperaturen
§ 5 Dichtheit, Mindestluftwechsel
§ 6 Mindestwärmeschutz, Wärmebrücken
§ 7 Gebäude mit geringem Volumen

Abschnitt 3
Bestehende Gebäude und Anlagen

§ 8 Änderung von Gebäuden
§ 9 Nachrüstung bei Anlagen und Gebäuden
§ 10 Aufrechterhaltung der energetischen Qualität

Abschnitt 4
Heizungstechnische Anlagen, Warmwasseranlagen

§ 11 Inbetriebnahme von Heizkesseln
§ 12 Verteilungseinrichtungen und Warmwasseranlagen

Abschnitt 5
Gemeinsame Vorschriften, Ordnungswidrigkeiten

§ 13 Ausweise über Energie- und Wärmebedarf, Energieverbrauchskennwerte
§ 14 Getrennte Berechnungen für Teile eines Gebäudes
§ 15 Regeln der Technik
§ 16 Ausnahmen
§ 17 Befreiungen
§ 18 Ordnungswidrigkeiten

Abschnitt 6
Schlussbestimmungen

§ 19 Übergangsvorschrift
§ 20 Inkrafttreten, Außerkrafttreten

Anhänge

Anhang 1 Anforderungen an zu errichtende Gebäude mit normalen Innentemperaturen (zu § 3)

Anhang: Energieeinsparverordnung 2002

Anhang 2 Anforderungen an zu errichtende Gebäude mit niedrigen Innentemperaturen (zu § 4)
Anhang 3 Anforderungen bei Änderung von Außenbauteilen bestehender Gebäude (zu § 8 Abs. 1) und bei Errichtung von Gebäuden mit geringem Volumen (§ 7)
Anhang 4 Anforderungen an die Dichtheit und den Mindestluftwechsel (zu § 5)
Anhang 5 Anforderungen zur Begrenzung der Wärmeabgabe von Wärmeverteilungs- und Warmwasserleitungen sowie Armaturen (zu § 12 Abs. 5)

Abschnitt 1
Allgemeine Vorschriften

§ 1
Geltungsbereich

(1) Diese Verordnung stellt Anforderungen an
1. Gebäude mit normalen Innentemperaturen (§ 2 Nr. 1 und 2) und
2. Gebäude mit niedrigen Innentemperaturen (§ 2 Nr. 3)
einschließlich ihrer Heizungs-, raumlufttechnischen und zur Warmwasserbereitung dienenden Anlagen.

(2) Diese Verordnung gilt mit Ausnahme des § 11 nicht für
1. Betriebsgebäude, die überwiegend zur Aufzucht oder zur Haltung von Tieren genutzt werden,
2. Betriebsgebäude, soweit sie nach ihrem Verwendungszweck großflächig und lang anhaltend offen gehalten werden müssen,
3. unterirdische Bauten,
4. Unterglasanlagen und Kulturräume für Aufzucht, Vermehrung und Verkauf von Pflanzen,
5. Traglufthallen, Zelte und sonstige Gebäude, die dazu bestimmt sind, wiederholt aufgestellt und zerlegt zu werden.
Auf Bestandteile des Heizsystems, die sich nicht im räumlichen Zusammenhang mit Gebäuden nach Absatz 1 befinden, ist nur § 11 anzuwenden.

§ 2
Begriffsbestimmungen

Im Sinne dieser Verordnung
1. sind Gebäude mit normalen Innentemperaturen solche Gebäude, die nach ihrem Verwendungszweck auf eine Innentemperatur von 19 Grad Celsius und mehr und jährlich mehr als vier Monate beheizt werden,
2. sind Wohngebäude solche Gebäude im Sinne von Nummer 1, die ganz oder deutlich überwiegend zum Wohnen genutzt werden,

3. sind Gebäude mit niedrigen Innentemperaturen solche Gebäude, die nach ihrem Verwendungszweck auf eine Innentemperatur von mehr als 12 Grad Celsius und weniger als 19 Grad Celsius und jährlich mehr als vier Monate beheizt werden,
4. sind beheizte Räume solche Räume, die auf Grund bestimmungsgemäßer Nutzung direkt oder durch Raumverbund beheizt werden,
5. sind erneuerbare Energien zu Heizungszwecken, zur Warmwasserbereitung oder zur Lüftung von Gebäuden eingesetzte und im räumlichen Zusammenhang dazu gewonnene Solarenergie, Umweltwärme, Erdwärme und Biomasse,
6. ist ein Heizkessel der aus Kessel und Brenner bestehende Wärmeerzeuger, der zur Übertragung der durch die Verbrennung freigesetzten Wärme an den Wärmeträger Wasser dient,
7. sind Geräte der mit einem Brenner auszurüstende Kessel und der zur Ausrüstung eines Kessels bestimmte Brenner,
8. ist die Nennwärmeleistung die höchste von dem Heizkessel im Dauerbetrieb nutzbar abgegebene Wärmemenge je Zeiteinheit; ist der Heizkessel für einen Nennwärmeleistungsbereich eingerichtet, so ist die Nennwärmeleistung die in den Grenzen des Nennwärmeleistungsbereichs fest eingestellte und auf einem Zusatzschild angegebene höchste nutzbare Wärmeleistung; ohne Zusatzschild gilt als Nennwärmeleistung der höchste Wert des Nennwärmeleistungsbereichs,
9. ist ein Standardheizkessel ein Heizkessel, bei dem die durchschnittliche Betriebstemperatur durch seine Auslegung beschränkt sein kann,
10. ist ein Niedertemperatur-Heizkessel ein Heizkessel, der kontinuierlich mit einer Eintrittstemperatur von 35 bis 40 Grad Celsius betrieben werden kann und in dem es unter bestimmten Umständen zur Kondensation des in den Abgasen enthaltenen Wasserdampfes kommen kann,
11. ist ein Brennwertkessel ein Heizkessel, der für die Kondensation eines Großteils des in den Abgasen enthaltenen Wasserdampfes konstruiert ist.

Abschnitt 2
Zu errichtende Gebäude

§ 3
Gebäude mit normalen Innentemperaturen

(1) Zu errichtende Gebäude mit normalen Innentemperaturen sind so auszuführen, dass
1. bei Wohngebäuden der auf die Gebäudenutzfläche bezogene Jahres-Primärenergiebedarf und
2. bei anderen Gebäuden der auf das beheizte Gebäudevolumen bezogene Jahres-Primärenergiebedarf

sowie der spezifische, auf die wärmeübertragende Umfassungsfläche bezogene Transmissionswärmeverlust die Höchstwerte in Anhang 1 Tabelle 1 nicht überschreiten.

Anhang: Energieeinsparverordnung 2002

(2) Der Jahres-Primärenergiebedarf und der spezifische, auf die wärmeübertragende Umfassungsfläche bezogene Transmissionswärmeverlust sind zu berechnen
1. bei Wohngebäuden, deren Fensterflächenanteil 30 vom Hundert nicht überschreitet, nach dem vereinfachten Verfahren nach Anhang 1 Nr. 3 oder nach dem in Anhang 1 Nr. 2 festgelegten Nachweisverfahren,
2. bei anderen Gebäuden nach dem in Anhang 1 Nr. 2 festgelegten Nachweisverfahren.

(3) Die Begrenzung des Jahres-Primärenergiebedarfs nach Absatz 1 gilt nicht für Gebäude, die beheizt werden
1. mindestens zu 70 vom Hundert durch Wärme aus Kraft-Wärme-Kopplung,
2. mindestens zu 70 vom Hundert durch erneuerbare Energien mittels selbsttätig arbeitender Wärmeerzeuger,
3. überwiegend durch Einzelfeuerstätten für einzelne Räume oder Raumgruppen sowie sonstige Wärmeerzeuger, für die keine Regeln der Technik vorliegen.

Bei Gebäuden nach Satz 1 Nr. 3 darf der spezifische, auf die wärmeübertragende Umfassungsfläche bezogene Transmissionswärmeverlust 76 vom Hundert des jeweiligen Höchstwertes nach Anhang 1 Tabelle 1 Spalte 5 nicht überschreiten.

(4) Um einen energiesparenden sommerlichen Wärmeschutz sicherzustellen, sind bei Gebäuden, deren Fensterflächenanteil 30 vom Hundert überschreitet, die Anforderungen an die Sonneneintragskennwerte oder die Kühlleistung nach Anhang 1 Nr. 2.9 einzuhalten.

§ 4
Gebäude mit niedrigen Innentemperaturen

Bei zu errichtenden Gebäuden mit niedrigen Innentemperaturen darf der nach Anhang 2 Nr. 2 zu bestimmende spezifische, auf die wärmeübertragende Umfassungsfläche bezogene Transmissionswärmeverlust die Höchstwerte in Anhang 2 Nr. 1 nicht überschreiten.

§ 5
Dichtheit, Mindestluftwechsel

(1) Zu errichtende Gebäude sind so auszuführen, dass die wärmeübertragende Umfassungsfläche einschließlich der Fugen dauerhaft luftundurchlässig entsprechend dem Stand der Technik abgedichtet ist. Dabei muss die Fugendurchlässigkeit außen liegender Fenster, Fenstertüren und Dachflächenfenster Anhang 4 Nr. 1 genügen. Wird die Dichtheit nach den Sätzen 1 und 2 überprüft, ist Anhang 4 Nr. 2 einzuhalten.

(2) Zu errichtende Gebäude sind so auszuführen, dass der zum Zwecke der Gesundheit und Beheizung erforderliche Mindestluftwechsel sichergestellt ist. Werden dazu andere Lüftungseinrichtungen als Fenster verwendet, müssen diese Anhang 4 Nr. 3 entsprechen.

§ 6
Mindestwärmeschutz, Wärmebrücken

(1) Bei zu errichtenden Gebäuden sind Bauteile, die gegen die Außenluft, das Erdreich oder Gebäudeteile mit wesentlich niedrigeren Innentemperaturen abgrenzen, so auszuführen, dass die Anforderungen des Mindestwärmeschutzes nach den anerkannten Regeln der Technik eingehalten werden.

(2) Zu errichtende Gebäude sind so auszuführen, dass der Einfluss konstruktiver Wärmebrücken auf den Jahres-Heizwärmebedarf nach den Regeln der Technik und den im jeweiligen Einzelfall wirtschaftlich vertretbaren Maßnahmen so gering wie möglich gehalten wird. Der verbleibende Einfluss der Wärmebrücken ist bei der Ermittlung des spezifischen, auf die wärmeübertragende Umfassungsfläche bezogene Transmissionswärmeverlusts und des Jahres-Primärenergiebedarfs nach Anhang 1 Nr. 2.5 zu berücksichtigen.

§ 7
Gebäude mit geringem Volumen

Übersteigt das beheizte Gebäudevolumen eines zu errichtenden Gebäudes 100 Kubikmeter nicht und werden die Anforderungen des Abschnitts 4 eingehalten, gelten die übrigen Anforderungen dieser Verordnung als erfüllt, wenn die Wärmedurchgangskoeffizienten der Außenbauteile die in Anhang 3 Tabelle 1 genannten Werte nicht überschreiten.

Abschnitt 3
Bestehende Gebäude und Anlagen

§ 8
Änderung von Gebäuden

(1) Soweit bei beheizten Räumen in Gebäuden nach § 1 Abs. 1 Änderungen gemäß Anhang 3 Nr. 1 bis 5 durchgeführt werden, dürfen die in Anhang 3 Tabelle 1 festgelegten Wärmedurchgangskoeffizienten der betroffenen Außenbauteile nicht überschritten werden. Dies gilt nicht für Änderungen, die
1. bei Außenwänden, außen liegenden Fenstern, Fenstertüren und Dachflächenfenstern weniger als 20 vom Hundert der Bauteilflächen gleicher Orientierung im Sinne von Anhang 1 Tabelle 2 Zeile 4 Spalte 3 oder
2. bei anderen Außenbauteilen weniger als 20 vom Hundert der jeweiligen Bauteilfläche betreffen.

(2) Absatz 1 Satz 1 gilt als erfüllt, wenn das geänderte Gebäude insgesamt den jeweiligen Höchstwert nach Anhang 1 Tabelle 1 oder Anhang 2 Tabelle 1 um nicht mehr als 40 vom Hundert überschreitet.

(3) Bei der Erweiterung des beheizten Gebäudevolumens um zusammenhängend mindestens 30 Kubikmeter sind für den neuen Gebäudeteil die jeweiligen Vorschriften für zu errichtende Gebäude einzuhalten. Ein Energiebedarfsausweis ist nur unter den Voraussetzungen des § 13 Abs. 2 auszustellen.

§ 9
Nachrüstung bei Anlagen und Gebäuden

(1) Eigentümer von Gebäuden müssen Heizkessel, die mit flüssigen oder gasförmigen Brennstoffen beschickt werden und vor dem 1. Oktober 1978 eingebaut oder aufgestellt worden sind, bis zum 31. Dezember 2006 außer Betrieb nehmen. Heizkessel nach Satz 1, die nach § 11 Abs. 1 in Verbindung mit § 23 der Verordnung über kleine und mittlere Feuerungsanlagen so ertüchtigt wurden, dass die zulässigen Abgasverlustgrenzwerte eingehalten sind, oder deren Brenner nach dem 1. November 1996 erneuert worden sind, müssen bis zum 31. Dezember 2008 außer Betrieb genommen werden. Die Sätze 1 und 2 sind nicht anzuwenden, wenn die vorhandenen Heizkessel Niedertemperatur-Heizkessel oder Brennwertkessel sind, sowie auf heizungstechnische Anlagen, deren Nennwärmeleistung weniger als 4 Kilowatt oder mehr als 400 Kilowatt beträgt, und auf Heizkessel nach § 11 Abs. 3 Nr. 2 bis 4.

(2) Eigentümer von Gebäuden müssen bei heizungstechnischen Anlagen ungedämmte, zugängliche Wärmeverteilungs- und Warmwasserleitungen sowie Armaturen, die sich nicht in beheizten Räumen befinden, bis zum 31. Dezember 2006 nach Anhang 5 zur Begrenzung der Wärmeabgabe dämmen.

(3) Eigentümer von Gebäuden mit normalen Innentemperaturen müssen nicht begehbare, aber zugängliche oberste Geschossdecken beheizter Räume bis zum 31. Dezember 2006 so dämmen, dass der Wärmedurchgangskoeffizient der Geschossdecke 0,30 Watt/(m²·K) nicht überschreitet.

(4) Bei Wohngebäuden mit nicht mehr als zwei Wohnungen, von denen zum Zeitpunkt des Inkrafttretens dieser Verordnung eine der Eigentümer selbst bewohnt, sind die Anforderungen nach den Absätzen 1 bis 3 nur im Falle eines Eigentümerwechsels zu erfüllen. Die Frist beträgt zwei Jahre ab dem Eigentumsübergang; sie läuft jedoch nicht vor dem 31. Dezember 2006, in den Fällen des Absatzes 1 Satz 2 nicht vor dem 31. Dezember 2008, ab.

§ 10
Aufrechterhaltung der energetischen Qualität

(1) Außenbauteile dürfen nicht in einer Weise verändert werden, dass die energetische Qualität des Gebäudes verschlechtert wird. Das Gleiche gilt für Anlagen nach dem Abschnitt 4, soweit sie zum Nachweis der Anforderungen energieeinsparrechtlicher Vorschriften des Bundes zu berücksichtigen waren.

(2) Energiebedarfssenkende Einrichtungen in Anlagen nach Absatz 1 sind betriebsbereit zu erhalten und bestimmungsgemäß zu nutzen. Satz 1 gilt als erfüllt, soweit der Einfluss einer energiebedarfssenkenden Einrichtung auf den Jahres-Primärenergiebedarf durch anlagentechnische oder bauliche Maßnahmen ausgeglichen wird.

(3) Heizungs- und Warmwasseranlagen sowie raumlufttechnische Anlagen sind sachgerecht zu bedienen, zu warten und instand zu halten. Für die Wartung und Instandhaltung ist Fachkunde erforderlich. Fachkundig ist, wer die zur Wartung und Instandhaltung notwendigen Fachkenntnisse und Fertigkeiten besitzt.

Abschnitt 4
Heizungstechnische Anlagen, Warmwasseranlagen

§ 11
Inbetriebnahme von Heizkesseln

(1) Heizkessel, die mit flüssigen oder gasförmigen Brennstoffen beschickt werden und deren Nennwärmeleistung mindestens 4 Kilowatt und höchstens 400 Kilowatt beträgt, dürfen zum Zwecke der Inbetriebnahme in Gebäuden nur eingebaut oder aufgestellt werden, wenn sie mit der CE-Kennzeichnung nach § 5 Abs. 1 und 2 der Verordnung über das Inverkehrbringen von Heizkesseln und Geräten nach dem Bauproduktengesetz vom 28. April 1998 (BGBl. I S. 796) oder nach Artikel 7 Abs. 1 Satz 2 der Richtlinie 92/42/EWG des Rates vom 21. Mai 1992 über die Wirkungsgrade von mit flüssigen oder gasförmigen Brennstoffen beschickten neuen Warmwasserheizkesseln (ABl. EG Nr. L 167 S. 17, L 195 S. 32), geändert durch Artikel 12 der Richtlinie 93/68/EWG des Rates vom 22. Juli 1993 (ABl. EG Nr. L 220 S. 1), versehen sind. Satz 1 gilt auch für Heizkessel, die aus Geräten zusammengefügt werden. Dabei sind die Parameter zu beachten, die sich aus der den Geräten beiliegenden EG-Konformitätserklärung ergeben.

(2) Soweit Gebäude, deren Jahres-Primärenergiebedarf nicht nach § 3 Abs. 1 begrenzt ist, mit Heizkesseln nach Absatz 1 ausgestattet werden, müssen diese Niedertemperatur-Heizkessel oder Brennwertkessel sein. Ausgenommen sind bestehende Gebäude mit normalen Innentemperaturen, wenn der Jahres-Primärenergiebedarf den jeweiligen Höchstwert nach Anhang 1 Tabelle 1 um nicht mehr als 40 vom Hundert überschreitet.

(3) Absatz 1 ist nicht anzuwenden auf
1. einzeln produzierte Heizkessel,
2. Heizkessel, die für den Betrieb mit Brennstoffen ausgelegt sind, deren Eigenschaften von den marktüblichen flüssigen und gasförmigen Brennstoffen erheblich abweichen,
3. Anlagen zur ausschließlichen Warmwasserbereitung,
4. Küchenherde und Geräte, die hauptsächlich zur Beheizung des Raumes, in dem sie eingebaut oder aufgestellt sind, ausgelegt sind, daneben aber auch Warmwasser für die Zentralheizung und für sonstige Gebrauchszwecke liefern,

5. Geräte mit einer Nennwärmeleistung von weniger als 6 Kilowatt zur Versorgung eines Warmwasserspeichersystems mit Schwerkraftumlauf.

(4) Heizkessel, deren Nennwärmeleistung kleiner als 4 Kilowatt oder größer als 400 Kilowatt ist, und Heizkessel nach Absatz 3 dürfen nur dann zum Zwecke der Inbetriebnahme in Gebäuden eingebaut oder aufgestellt werden, wenn sie nach anerkannten Regeln der Technik gegen Wärmeverluste gedämmt sind.

§ 12
Verteilungseinrichtungen und Warmwasseranlagen

(1) Wer Zentralheizungen in Gebäude einbaut oder einbauen lässt, muss diese mit zentralen selbsttätig wirkenden Einrichtungen zur Verringerung und Abschaltung der Wärmezufuhr sowie zur Ein- und Ausschaltung elektrischer Antriebe in Abhängigkeit von
1. der Außentemperatur oder einer anderen geeigneten Führungsgröße und
2. der Zeit

ausstatten. Soweit die in Satz 1 geforderten Ausstattungen bei bestehenden Gebäuden nicht vorhanden sind, muss der Eigentümer sie nachrüsten oder nachrüsten lassen. Bei Wasserheizungen, die ohne Wärmeübertrager an eine Nah- oder Fernwärmeversorgung angeschlossen sind, gilt die Vorschrift hinsichtlich der Verringerung und Abschaltung der Wärmezufuhr auch ohne entsprechende Einrichtungen in den Haus- und Kundenanlagen als erfüllt, wenn die Vorlauftemperatur des Nah- oder Fernheiznetzes in Abhängigkeit von der Außentemperatur und der Zeit durch entsprechende Einrichtungen in der zentralen Erzeugungsanlage geregelt wird.

(2) Wer heizungstechnische Anlagen mit Wasser als Wärmeträger in Gebäude einbaut oder einbauen lässt, muss diese mit selbsttätig wirkenden Einrichtungen zur raumweisen Regelung der Raumtemperatur ausstatten. Dies gilt nicht für Einzelheizgeräte, die zum Betrieb mit festen oder flüssigen Brennstoffen eingerichtet sind. Mit Ausnahme von Wohngebäuden ist für Gruppen von Räumen gleicher Art und Nutzung eine Gruppenregelung zulässig. Fußbodenheizungen in Gebäuden, die vor dem Inkrafttreten dieser Verordnung errichtet worden sind, dürfen abweichend von Satz 1 mit Einrichtungen zur raumweisen Anpassung der Wärmeleistung an die Heizlast ausgestattet werden. Soweit die in Satz 1 bis 3 geforderten Ausstattungen bei bestehenden Gebäuden nicht vorhanden sind, muss der Eigentümer sie nachrüsten.

(3) Wer Umwälzpumpen in Heizkreisen von Zentralheizungen mit mehr als 25 Kilowatt Nennwärmeleistung erstmalig einbaut, einbauen lässt oder vorhandene ersetzt oder ersetzen lässt, hat dafür Sorge zu tragen, dass diese so ausgestattet oder beschaffen sind, dass die elektrische Leistungsaufnahme dem betriebsbedingten Förderbedarf selbsttätig in mindestens drei Stufen angepasst wird, soweit sicherheitstechnische Belange des Heizkessels dem nicht entgegenstehen.

(4) Wer in Warmwasseranlagen Zirkulationspumpen einbaut oder einbauen lässt, muss diese mit selbsttätig wirkenden Einrichtungen zur Ein- und Ausschaltung ausstatten.

(5) Wer Wärmeverteilungs- und Warmwasserleitungen sowie Armaturen in Gebäuden erstmalig einbaut oder vorhandene ersetzt, muss deren Wärmeabgabe nach Anhang 5 begrenzen.

(6) Wer Einrichtungen, in denen Heiz- oder Warmwasser gespeichert wird, erstmalig in Gebäude einbaut oder vorhandene ersetzt, muss deren Wärmeabgabe nach anerkannten Regeln der Technik begrenzen.

Abschnitt 5
Gemeinsame Vorschriften, Ordnungswidrigkeiten

§ 13
Ausweise über Energie- und Wärmebedarf, Energieverbrauchskennwerte

(1) Für zu errichtende Gebäude mit normalen Innentemperaturen sind die wesentlichen Ergebnisse der nach dieser Verordnung erforderlichen Berechnungen, insbesondere die spezifischen Werte des Transmissionswärmeverlusts, der Anlagenaufwandszahl der Anlagen für Heizung, Warmwasserbereitung und Lüftung, des Endenergiebedarfs nach einzelnen Energieträgern und des Jahres-Primärenergiebedarfs in einem Energiebedarfsausweis zusammenzustellen. In dem Ausweis ist auf die normierten Bedingungen hinzuweisen. Einzelheiten über den Energiebedarfsausweis werden in einer Allgemeinen Verwaltungsvorschrift der Bundesregierung mit Zustimmung des Bundesrates bestimmt. Rechte Dritter werden durch den Ausweis nicht berührt.

(2) Für Gebäude mit normalen Innentemperaturen, die wesentlich geändert werden, ist ein Energiebedarfsausweis entsprechend Absatz 1 auszustellen, wenn im Zusammenhang mit den wesentlichen Änderungen die erforderlichen Berechnungen in entsprechender Anwendung des Absatzes 1 durchgeführt worden sind. Einzelheiten, insbesondere bezüglich der erleichterten Feststellung der Eigenschaften von Gebäudeteilen, die von der Änderung nicht betroffen sind, werden in der Allgemeinen Verwaltungsvorschrift nach Absatz 1 Satz 3 geregelt. Eine wesentliche Änderung liegt vor, wenn
1. innerhalb eines Jahres mindestens drei der in Anhang 3 Nr. 1 bis 5 genannten Änderungen in Verbindung mit dem Austausch eines Heizkessels oder der Umstellung einer Heizungsanlage auf einen anderen Energieträger durchgeführt werden oder
2. das beheizte Gebäudevolumen um mehr als 50 vom Hundert erweitert wird.

(3) Für zu errichtende Gebäude mit niedrigen Innentemperaturen sind die wesentlichen Ergebnisse der Berechnungen nach dieser Verordnung, insbesondere der spezifische, auf die wärmeübertragende Umfassungsfläche bezogene Transmissionswärmeverlust, in einem Wärmebedarfsausweis zusammenzustellen. Absatz 1 Satz 2 bis 4 gilt entsprechend.

(4) Der Energiebedarfsausweis nach den Absätzen 1 und 2 oder der Wärmebedarfsausweis nach Absatz 3 ist den nach Landesrecht zuständigen Behörden auf Verlangen vorzulegen und Käufern, Mietern und sonstigen Nutzungsberechtigten der Gebäude auf Anforderung zur Einsichtnahme zugänglich zu machen.

(5) Soweit ein Energiebedarfsausweis nach den Absätzen 1 oder 2 nicht zu erstellen ist, können insbesondere die Eigentümer von Wohngebäuden, die zur verbrauchsabhängigen Abrechnung der Heizkosten nach der Verordnung über die Heizkostenabrechnung verpflichtet sind, den Käufern, Mietern, sonstigen Nutzungsberechtigten und Miet- und Kaufinteressenten den Energieverbrauchskennwert zusammen mit den wesentlichen Gebäude- und Nutzungsmerkmalen gemäß Absatz 6 Satz 2 mitteilen. Energieverbrauchskennwerte im Sinne dieser Vorschrift sind die witterungsbereinigten Energieverbräuche für Raumheizung in Kilowattstunden pro Quadratmeter Wohnfläche des Gebäudes und Jahr. Für die Witterungsbereinigung des Energieverbrauchs ist das in VDI 3807 : Juni 1994[*)] angegebene Verfahren anzuwenden. Die für die Witterungsbereinigung erforderlichen Daten sind den Bekanntmachungen nach Absatz 6 zu entnehmen.

(6) Als Vergleichsmaßstab für Energieverbrauchskennwerte nach Absatz 5 gibt das Bundesministerium für Verkehr, Bau- und Wohnungswesen im Einvernehmen mit dem Bundesministerium für Wirtschaft und Technologie im Bundesanzeiger durchschnittliche Energieverbrauchskennwerte und deren Bandbreiten, die den topographischen Unterschieden in den einzelnen Klimazonen Rechnung tragen, sowie die für die Witterungsbereinigung erforderlichen Daten bekannt. Bei der Bekanntmachung durchschnittlicher Energieverbrauchskennwerte ist sachgerecht nach den wesentlichen Gebäude- und Nutzungsmerkmalen zu unterscheiden.

(7) Die Ausweise nach den Absätzen 1 bis 3 und die Energieverbrauchskennwerte nach Absatz 5 sind energiebezogene Merkmale eines Gebäudes im Sinne der Richtlinie 93/76/EWG des Rates vom 13. September 1993 zur Begrenzung der Kohlendioxidemissionen durch eine effizientere Energienutzung (ABl. EG Nr. L 237 S. 28).

§ 14
Getrennte Berechnungen für Teile eines Gebäudes

Teile eines Gebäudes dürfen wie eigenständige Gebäude behandelt werden, insbesondere wenn sie sich hinsichtlich der Nutzung, der Innentemperatur oder des Fensterflächenanteils unterscheiden. Für die Trennwände zwischen den Gebäudeteilen gelten Anhang 1 Nr. 2.7 und Anhang 2 Nr. 2 Satz 3 entsprechend. Soweit im Einzelfall nach Satz 1 verfahren wird, ist dies für dieses Gebäude in den Ausweisen nach § 13 Abs. 1 bis 3 deutlich zu machen.

[*)] Veröffentlicht im Beuth-Verlag GmbH, Berlin

§ 15
Regeln der Technik

(1) Das Bundesministerium für Verkehr, Bau- und Wohnungswesen kann im Einvernehmen mit dem Bundesministerium für Wirtschaft und Technologie durch Bekanntmachung im Bundesanzeiger auf Veröffentlichungen sachverständiger Stellen über anerkannte Regeln der Technik hinweisen, soweit in dieser Verordnung auf solche Regeln Bezug genommen wird.

(2) Zu den anerkannten Regeln der Technik gehören auch Normen, technische Vorschriften oder sonstige Bestimmungen anderer Mitgliedstaaten der Europäischen Gemeinschaft oder sonstiger Vertragsstaaten des Abkommens über den Europäischen Wirtschaftsraum, wenn ihre Einhaltung das geforderte Schutzniveau in Bezug auf Energieeinsparung und Wärmeschutz dauerhaft gewährleistet.

(3) Soweit eine Bewertung von Baustoffen, Bauteilen und Anlagen im Hinblick auf die Anforderungen dieser Verordnung auf Grund anerkannter Regeln der Technik nicht möglich ist, weil solche Regeln nicht vorliegen oder wesentlich von ihnen abgewichen wird, sind gegenüber der nach Landesrecht zuständigen Behörde die für eine Bewertung erforderlichen Nachweise zu führen. Der Nachweis nach Satz 1 entfällt für Baustoffe, Bauteile und Anlagen,
1. die nach den Vorschriften des Bauproduktengesetzes oder anderer Rechtsvorschriften zur Umsetzung von Richtlinien der Europäischen Gemeinschaften, deren Regelungen auch Anforderungen zur Energieeinsparung umfassen, mit der CE-Kennzeichnung versehen sind und nach diesen Vorschriften zulässige und von den Ländern bestimmte Klassen- und Leistungsstufen aufweisen, oder
2. bei denen nach bauordnungsrechtlichen Vorschriften über die Verwendung von Bauprodukten auch die Einhaltung dieser Verordnung sichergestellt wird.

§ 16
Ausnahmen

(1) Soweit bei Baudenkmälern oder sonstiger besonders erhaltenswerter Bausubstanz die Erfüllung der Anforderungen dieser Verordnung die Substanz oder das Erscheinungsbild beeinträchtigen und andere Maßnahmen zu einem unverhältnismäßig hohen Aufwand führen würden, lassen die nach Landesrecht zuständigen Behörden auf Antrag Ausnahmen zu.

(2) Soweit die Ziele dieser Verordnung durch andere als in dieser Verordnung vorgesehene Maßnahmen im gleichen Umfang erreicht werden, lassen die nach Landesrecht zuständigen Behörden auf Antrag Ausnahmen zu. In einer Allgemeinen Verwaltungsvorschrift kann die Bundesregierung mit Zustimmung des Bundesrates bestimmen, unter welchen Bedingungen die Voraussetzungen nach Satz 1 als erfüllt gelten.

§ 17
Befreiungen

Die nach Landesrecht zuständigen Behörden können auf Antrag von den Anforderungen dieser Verordnung befreien, soweit die Anforderungen im Einzelfall wegen besonderer Umstände durch einen unangemessenen Aufwand oder in sonstiger Weise zu einer unbilligen Härte führen. Eine unbillige Härte liegt insbesondere vor, wenn die erforderlichen Aufwendungen innerhalb der üblichen Nutzungsdauer, bei Anforderungen an bestehende Gebäude innerhalb angemessener Frist durch die eintretenden Einsparungen nicht erwirtschaftet werden können.

§ 18
Ordnungswidrigkeiten

Ordnungswidrig im Sinne des § 8 Abs. 1 Nr. 1 des Energieeinsparungsgesetzes handelt, wer vorsätzlich oder fahrlässig
1. entgegen § 11 Abs. 1 Satz 1, auch in Verbindung mit Satz 2, einen Heizkessel einbaut oder aufstellt,
2. entgegen § 12 Abs. 1 Satz 1 oder Abs. 2 Satz 1 eine Zentralheizung oder eine heizungstechnische Anlage nicht oder nicht rechtzeitig ausstattet,
3. entgegen § 12 Abs. 3 nicht dafür Sorge trägt, dass Umwälzpumpen in der dort genannten Weise ausgestattet oder beschaffen sind oder
4. entgegen § 12 Abs. 5 die Wärmeabgabe von Wärmeverteilungs- und Warmwasserleitungen sowie Armaturen nicht oder nicht rechtzeitig begrenzt.

Abschnitt 6
Schlussbestimmungen

§ 19
Übergangsvorschrift

Diese Verordnung ist nicht anzuwenden auf die Errichtung und die Änderung von Gebäuden, wenn für das Vorhaben vor dem Inkrafttreten dieser Verordnung der Bauantrag gestellt oder die Bauanzeige erstattet ist. Auf genehmigungs- und anzeigefreie Bauvorhaben ist diese Verordnung nicht anzuwenden, wenn mit der Bauausführung vor dem Inkrafttreten dieser Verordnung begonnen worden ist. Auf Bauvorhaben nach den Sätzen 1 und 2 sind die bis zum 31. Januar 2002 geltenden Vorschriften der Wärmeschutzverordnung vom 16. August 1994 (BGBl. I S. 2121) und der Heizungsanlagen-Verordnung in der Fassung der Bekanntmachung vom 4. Mai 1998 (BGBl. I S. 851) weiter anzuwenden.

§ 20
Inkrafttreten, Außerkrafttreten

(1) § 13 Abs. 1 Satz 3, § 15 und § 16 Abs. 2 dieser Verordnung treten am Tage nach der Verkündung in Kraft. Im Übrigen tritt diese Verordnung am 1. Februar 2002 in Kraft.

(2) Am 1. Februar 2002 treten die Wärmeschutzverordnung vom 16. August 1994 (BGBl. I S. 2121), geändert durch Artikel 350 der Verordnung vom 29. Oktober 2001 (BGBl. I S. 2785), und die Heizungsanlagen-Verordnung in der Fassung der Bekanntmachung vom 4. Mai 1998 (BGBl. I S. 851), geändert durch Artikel 349 der Verordnung vom 29. Oktober 2001 (BGBl. I S. 2785), außer Kraft.

Der Bundesrat hat zugestimmt.

Anhang: Energieeinsparverordnung 2002

Anhang 1
Anforderungen an zu errichtende Gebäude mit normalen Innentemperaturen (zu § 3)

1. Höchstwerte des Jahres-Primärenergiebedarfs und des spezifischen Transmissionswärmeverlusts (zu § 3 Abs. 1)

1.1 Tabelle der Höchstwerte

Tabelle 1

Höchstwerte des auf die Gebäudenutzfläche und des auf das beheizte Gebäudevolumen bezogenen Jahres-Primärenergiebedarfs und des spezifischen, auf die wärmeübertragende Umfassungsfläche bezogenen Transmissionswärmeverlusts in Abhängigkeit vom Verhältnis A/V_e

Verhältnis A/V_e	Jahres-Primärenergiebedarf			Spezifischer, auf die wärmeübertragende Umfassungsfläche bezogener Transmissionswärmeverlust	
	Q_p'' in kWh/(m²·a) bezogen auf die Gebäudenutzfläche		Q_p' in kWh/(m³·a) bezogen auf das beheizte Gebäudevolumen	H_T' in W/(m²·K)	
	Wohngebäude außer solchen nach Spalte 3	Wohngebäude mit überwiegender Warmwasserbereitung aus elektrischem Strom	andere Gebäude	Nichtwohngebäude mit einem Fensterflächenanteil ≤30% und Wohngebäude	Nichtwohngebäude mit einem Fensterflächenanteil >30%
1	2	3	4	5	6
≤0,2	66,00 + 2600/(100+A_N)	88,00	14,72	1,05	1,55
0,3	73,53 + 2600/(100+A_N)	95,53	17,13	0,80	1,15
0,4	81,06 + 2600/(100+A_N)	103,06	19,54	0,68	0,95
0,5	88,58 + 2600/(100+A_N)	110,58	21,95	0,60	0,83
0,6	96,11 + 2600/(100+A_N)	118,11	24,36	0,55	0,75
0,7	103,64 + 2600/(100+A_N)	125,64	26,77	0,51	0,69
0,8	111,17 + 2600/(100+A_N)	133,17	29,18	0,49	0,65
0,9	118,70 + 2600/(100+A_N)	140,70	31,59	0,47	0,62
1	126,23 + 2600/(100+A_N)	148,23	34,00	0,45	0,59
≥1,05	130,00 + 2600/(100+A_N)	152,00	35,21	0,44	0,58

1.2 Zwischenwerte zu Tabelle 1

Zwischenwerte zu den in Tabelle 1 festgelegten Höchstwerten sind nach folgenden Gleichungen zu ermitteln:

Spalte 2	$Q_p'' = 50{,}94 + 75{,}29 \cdot A/V_e + 2600/(100 + A_N)$	in kWh/(m²·a)
Spalte 3	$Q_p'' = 72{,}94 + 75{,}29 \cdot A/V_e$	in kWh/(m²·a)
Spalte 4	$Q_p' = 9{,}9 + 24{,}1 \cdot A/V_e$	in kWh/(m³·a)
Spalte 5	$H_T' = 0{,}3 + 0{,}15/(A/V_e)$	in W/(m²·K)
Spalte 6	$H_T' = 0{,}35 + 0{,}24/(A/V_e)$	in W/(m²·K)

1.3.1 Definition der Bezugsgrößen

1.3.1   Die wärmeübertragende Umfassungsfläche A eines Gebäudes in m² ist nach Anhang B der DIN EN ISO 13789 : 1999-10, Fall "Außenabmessung"[*], zu ermitteln. Die zu berücksichtigenden Flächen sind die äußere Begrenzung einer abgeschlossenen beheizten Zone. Außerdem ist die wärmeübertragende Umfassungsfläche A so festzulegen, dass ein in DIN EN 832 : 1998-12 beschriebenes Ein-Zonen-Modell entsteht, das mindestens die beheizten Räume einschließt.

1.3.2   Das beheizte Gebäudevolumen V_e in m³ ist das Volumen, das von der nach Nr. 1.3.1 ermittelten wärmeübertragende Umfassungsfläche A umschlossen wird.

1.3.3   Das Verhältnis A/V_e in m^{-1} ist die errechnete wärmeübertragende Umfassungsfläche nach Nr. 1.3.1 bezogen auf das beheizte Gebäudevolumen nach Nr. 1.3.2.

1.3.4   Die Gebäudenutzfläche A_N in m² wird bei Wohngebäuden wie folgt ermittelt:
$A_N = 0{,}32\ V_e$

2. Rechenverfahren zur Ermittlung der Werte des zu errichtenden Gebäudes (zu § 3 Abs. 2 und 4)

2.1 Berechnung des Jahres-Primärenergiebedarfs

2.1.1   Der Jahres-Primärenergiebedarf Q_p für Gebäude ist nach DIN EN 832 : 1998-12 in Verbindung mit DIN V 4108-6 : 2000-11 und DIN V 4701-10 : 2001-02 zu ermitteln. Der in diesem Rechengang zu bestimmende Jahres-Heizwärmebedarf Q_h ist nach dem Monatsbilanzverfahren nach DIN EN 832 : 1998-12 mit den in DIN V 4108 - 6: 2000-11 Anhang D genannten Randbedingungen zu ermitteln. In DIN V 4108 - 6: 2000-11 angegebene Vereinfachungen für den Berechnungsgang nach DIN EN 832 : 1998-12 dürfen angewandt werden. Zur Berücksichtigung von Lüftungsanlagen mit Wärmerückgewinnung sind die methodischen Hinweise unter Nr. 4.1 der DIN V 4701-10: 2001-02 zu beachten.

---

[*] Alle zitierten DIN-Normen sind im Beuth-Verlag GmbH, Berlin, veröffentlicht.

2.1.2 Bei Gebäuden, die zu 80 vom Hundert oder mehr durch elektrische Speicherheizsysteme beheizt werden, darf der Primärenergiefaktor bei den Nachweisen nach § 3 Abs. 2 für den für Heizung und Lüftung bezogenen Strom für die Dauer von acht Jahren ab dem Inkrafttreten dieser Verordnung abweichend von der DIN V 4701-10: 2001-02 mit 2,0 angesetzt werden. Soweit bei diesen Gebäuden eine dezentrale elektrische Warmwasserbereitung vorgesehen wird, darf die Regelung nach Satz 1 auch auf den von diesem System bezogenen Strom angewandt werden. Die Regelungen nach Satz 1 und 2 erstrecken sich nicht auf die Angaben nach § 13 Abs. 1. Elektrische Speicherheizsysteme im Sinne des Satzes 1 sind Heizsysteme mit unterbrechbarem Strombezug in Verbindung mit einer lufttechnischen Anlage mit einer Wärmerückgewinnung, die nur in den Zeiten außerhalb des unterbrochenen Betriebes durch eine Widerstandsheizung Wärme in einem geeigneten Speichermedium speichern.

2.1.3 Werden Ein- und Zweifamilienhäuser mit Niedertemperaturkesseln ausgestattet, deren Systemtemperatur 55/45 °C überschreitet, erhöht sich bei monolithischer Außenwandkonstruktion der Höchstwert des zulässigen Jahres-Primärenergiebedarfs Q_p'' in Tabelle 1 jeweils um 3 vom Hundert. Diese Regelung gilt für die Dauer von fünf Jahren ab dem 1. Februar 2002.

2.2 Berücksichtigung der Warmwasserbereitung bei Wohngebäuden

Bei Wohngebäuden ist der Energiebedarf für Warmwasser in der Berechnung des Jahres-Primärenergiebedarfs zu berücksichtigen. Als Nutz-Wärmebedarf für die Warmwasserbereitung Q_W im Sinne von DIN V 4701-10: 2001-02 sind 12,5 kWh/(m²·a) anzusetzen.

2.3 Berechnung des spezifischen Transmissionswärmeverlusts

Der spezifische Transmissionswärmeverlust H_T ist nach DIN EN 832 : 1998-12 mit den in DIN V 4108 - 6: 2000-11 Anhang D genannten Randbedingungen zu ermitteln. In DIN V 4108 - 6: 2000-11 angegebene Vereinfachungen für den Berechnungsgang nach DIN EN 832 : 1998-12 dürfen angewandt werden.

2.4 Beheiztes Luftvolumen

Bei den Berechnungen gemäß Nr. 2.1 ist das beheizte Luftvolumen V nach DIN EN 832: 1998-12 zu ermitteln. Vereinfacht darf es wie folgt berechnet werden:
$V = 0{,}76\, V_e$ bei Gebäuden bis zu 3 Vollgeschossen
$V = 0{,}80\, V_e$ in den übrigen Fällen.

2.5 Wärmebrücken

Wärmebrücken sind bei der Ermittlung des Jahres-Heizwärmebedarfs auf eine der folgenden Arten zu berücksichtigen:

a) Berücksichtigung durch Erhöhung der Wärmedurchgangskoeffizienten um $\Delta U_{WB} = 0{,}10$ W/(m²·K) für die gesamte wärmeübertragende Umfassungsfläche,

b) bei Anwendung von Planungsbeispielen nach DIN 4108 Bbl 2 : 1998-08 Berücksichtigung durch Erhöhung der Wärmedurchgangskoeffizienten um $\Delta U_{WB} = 0{,}05$ W/(m²·K) für die gesamte wärmeübertragende Umfassungsfläche,

c) durch genauen Nachweis der Wärmebrücken nach DIN V 4108 - 6: 2000-11 in Verbindung mit weiteren anerkannten Regeln der Technik

Soweit der Wärmebrückeneinfluss bei Außenbauteilen bereits bei der Bestimmung des Wärmedurchlasskoeffizienten U berücksichtigt worden ist, darf die wärmeübertragende Umfassungsfläche A bei der Berücksichtigung des Wärmebrückeneinflusses nach Buchstabe a, b oder c um die entsprechende Bauteilfläche vermindert werden.

2.6 Ermittlung der solaren Wärmegewinne bei Fertighäusern und vergleichbaren Gebäuden

Werden Gebäude nach Plänen errichtet, die für mehrere Gebäude an verschiedenen Standorten erstellt worden sind, dürfen bei der Berechnung die solaren Gewinne so ermittelt werden, als wären alle Fenster dieser Gebäude nach Osten oder Westen orientiert.

2.7 Aneinander gereihte Bebauung

Bei der Berechnung von aneinander gereihten Gebäuden werden Gebäudetrennwände

a) zwischen Gebäuden mit normalen Innentemperaturen als nicht wärmedurchlässig angenommen und bei der Ermittlung der Werte A und A/V_e nicht berücksichtigt,

b) zwischen Gebäuden mit normalen Innentemperaturen und Gebäuden mit niedrigen Innentemperaturen bei der Berechnung des Wärmedurchgangskoeffizienten mit einem Temperatur-Korrekturfaktor F_u nach DIN V 4108 - 6: 2000-11 gewichtet und

c) zwischen Gebäuden mit normalen Innentemperaturen und Gebäuden mit wesentlich niedrigeren Innentemperaturen im Sinne von DIN 4108 - 2: 2001-03 bei der Berechnung des Wärmedurchgangskoeffizienten mit einem Temperatur-Korrekturfaktor $F_u = 0{,}5$ gewichtet.

Werden beheizte Teile eines Gebäudes getrennt berechnet, gilt Satz 1 Buchstabe a sinngemäß für die Trennflächen zwischen den Gebäudeteilen. Werden aneinander gereihte Gebäude gleichzeitig erstellt, dürfen sie hinsichtlich der Anforderungen des § 3 wie ein Gebäude behandelt werden. § 13 bleibt unberührt.

Ist die Nachbarbebauung bei aneinander gereihter Bebauung nicht gesichert, müssen die Trennwände mindestens den Mindestwärmeschutz nach § 6 Abs. 1 aufweisen.

2.8 Fensterflächenanteil (zu § 3 Abs. 2 und 4 und zu Anhang 1 Nr. 1)

Der Fensterflächenanteil des gesamten Gebäudes f nach § 3 Abs. 2 und 4 ist wie folgt zu ermitteln:

Anhang: Energieeinsparverordnung 2002

$$f = \frac{A_w}{A_w + A_{AW}}$$

mit
A_w Fläche der Fenster
A_{AW} Fläche der Außenwände.

Wird ein Dachgeschoss beheizt, so sind bei der Ermittlung des Fensterflächenanteils die Fläche aller Fenster des beheizten Dachgeschosses in die Fläche A_w und die Fläche der zur wärmeübertragenden Umfassungsfläche gehörenden Dachschrägen in die Fläche A_{AW} einzubeziehen.

2.9 Sommerlicher Wärmeschutz (zu § 3 Abs. 4)

2.9.1 Als höchstzulässige Sonneneintragskennwerte nach § 3 Abs. 4 sind die in DIN 4108 - 2: 2001-03 Abschnitt 8 festgelegten Werte einzuhalten. Der Sonneneintragskennwert des zu errichtenden Gebäudes ist nach dem dort genannten Verfahren zu bestimmen.

2.9.2 Werden Gebäude mit Ausnahme von Wohngebäuden nutzungsbedingt mit Anlagen ausgestattet, die Raumluft unter Einsatz von Energie kühlen, so dürfen diese Gebäude abweichend von Nr. 2.9.1 auch so ausgeführt werden, dass die Kühlleistung bezogen auf das gekühlte Gebäudevolumen nach dem Stand der Technik und den im Einzelfall wirtschaftlich vertretbaren Maßnahmen so gering wie möglich gehalten wird. Dabei sind insbesondere die Maßnahmen zu berücksichtigen, die das unter Nr. 2.9.1 angegebene Berechnungsverfahren zur Verminderung des Sonneneintragskennwertes vorsieht.

2.10 Voraussetzungen für die Anrechnung mechanisch betriebener Lüftungsanlagen (zu § 3 Abs. 2)

Im Rahmen der Berechnung nach Nr. 2 ist bei mechanischen Lüftungsanlagen die Anrechnung der Wärmerückgewinnung oder einer regelungstechnisch verminderten Luftwechselrate nur zulässig, wenn
a) die Dichtheit des Gebäudes nach Anhang 4 Nr. 2 nachgewiesen wird,
b) in der Lüftungsanlage die Zuluft nicht unter Einsatz von elektrischer oder aus fossilen Brennstoffen gewonnener Energie gekühlt wird und
c) der mit Hilfe der Anlage erreichte Luftwechsel § 5 Abs. 2 genügt.
Die bei der Anrechnung der Wärmerückgewinnung anzusetzenden Kennwerte der Lüftungsanlagen sind nach anerkannten Regeln der Technik zu bestimmen oder den allgemeinen bauaufsichtlichen Zulassungen der verwendeten Produkte zu entnehmen. Lüftungsanlagen müssen mit Einrichtungen ausgestattet sein, die eine Beeinflussung der Luftvolumenströme jeder Nutzeinheit durch den Nutzer erlauben. Es muss sichergestellt sein, dass die aus der Abluft gewonnene Wärme vorrangig vor der vom Heizsystem bereitgestellten Wärme genutzt wird.

3. Vereinfachtes Verfahren für Wohngebäude (zu § 3 Abs. 2 Nr. 1)

Der Jahres-Primärenergiebedarf ist vereinfacht wie folgt zu ermitteln:

$$Q_p = (Q_h + Q_w) \cdot e_p$$

Dabei bedeuten

Q_h der Jahres-Heizwärmebedarf
Q_W der Zuschlag für Warmwasser nach Nr. 2.2
e_p die Anlagenaufwandszahl nach DIN V 4701-10 : 2001-02 Nr. 4.2.6 in Verbindung mit Anhang C.5 (grafisches Verfahren); auch die ausführlicheren Rechengänge nach DIN V 4701-10 : 2001-02 dürfen zur Ermittlung von e_p angewandt werden.

Der Einfluss der Wärmebrücken ist durch Anwendung der Planungsbeispiele nach DIN 4108 Bbl 2 : 1998-08 zu begrenzen.

Die Nr. 2.1.2, 2.6 und 2.7 gelten entsprechend.

Der Jahres-Heizwärmebedarf ist nach Tabelle 2 und 3 zu ermitteln:

Fußnoten zu Tabelle 2:

[1] Die Wärmedurchgangskoeffizienten der Bauteile U_i sind nach DIN EN ISO 6946: 1996 - 11 und nach DIN EN ISO 10077-1: 2000 - 11 zu ermitteln oder sind technischen Produkt-Spezifikationen (z.B. für Dachflächenfenster) zu entnehmen. Bei an das Erdreich grenzenden Bauteilen ist der äußere Wärmeübergangswiderstand gleich Null zu setzen.

[2] Der Gesamtenergiedurchlassgrad g_i (für senkrechte Einstrahlung) ist technischen Produkt-Spezifikationen zu entnehmen oder nach DIN EN 410: 1998 - 12 zu ermitteln. Besondere energiegewinnende Systeme, wie z.B. Wintergärten oder transparente Wärmedämmung, können im vereinfachten Verfahren keine Berücksichtigung finden.

[3] Dachflächenfenster mit Neigungen ≥ 30° sind hinsichtlich der Orientierung wie senkrechte Fenster zu behandeln.

Anhang: Energieeinsparverordnung 2002

Tabelle 2
Vereinfachtes Verfahren zur Ermittlung des Jahres-Heizwärmebedarfs

Zeile	Zu ermittelnde Größen	Gleichung	Zu verwendende Randbedingung	
	1	2	3	
1	Jahres-Heizwärmebedarf Q_h	$Q_h = 66\,(H_T + H_V) - 0{,}95\,(Q_S + Q_i)$		
2	Spezifischer Transmissionswärmeverlust H_T	$H_T = \Sigma\,(F_{xi}\,U_i\,A_i) + 0{,}05\,A$ [1)]	Temperatur-Korrekturfaktoren F_{xi} nach Tabelle 3	
	bezogen auf die wärmeübertragende Umfassungsfläche	$H_T' = H_T / A$		
3	Spezifischer Lüftungswärmeverlust H_V	$H_V = 0{,}19\,V_e$	ohne Dichtheitsprüfung nach Anhang 4 Nr. 2	
		$H_V = 0{,}163\,V_e$	mit Dichtheitsprüfung nach Anhang 4 Nr. 2	
4	Solare Gewinne Q_S	$Q_S = \Sigma\,(I_S)_{j,HP}\,\Sigma\,0{,}567\,g_i\,A_i$ [2)]	Solare Einstrahlung:	
			Orientierung	$\Sigma(I_S)_{j,HP}$
			Südost bis Südwest	270 kWh/(m²·a)
			Nordwest bis Nordost	100 kWh/(m²·a)
			übrige Richtungen	155 kWh/(m²·a)
			Dachflächenfenster mit Neigungen < 30° [3)]	225 kWh/(m²·a)
			Die Fläche der Fenster A_i mit der Orientierung j (Süd, West, Ost, Nord und horizontal) ist nach den lichten Fassadenöffnungsmaßen zu ermitteln.	
5	Interne Gewinne Q_i	$Q_i = 22\,A_N$	A_N: Gebäudenutzfläche nach Nr. 1.3.4	

Tabelle 3
Temperatur-Korrekturfaktoren F_{xi}

Wärmestrom nach außen über Bauteil i	Temperatur-Korrekturfaktor F_{xi}
Außenwand, Fenster	1
Dach (als Systemgrenze)	1
Oberste Geschossdecke (Dachraum nicht ausgebaut)	0,8
Abseitenwand (Drempelwand)	0,8
Wände und Decken zu unbeheizten Räumen	0,5
Unterer Gebäudeabschluss: – Kellerdecke/-wände zu unbeheiztem Keller – Fußboden auf Erdreich – Flächen des beheizten Kellers gegen Erdreich	0,6

Anhang 2
Anforderungen an zu errichtende Gebäude mit niedrigen Innentemperaturen (zu § 4)

1. Höchstwerte des spezifischen, auf die wärmeübertragende Umfassungsfläche bezogenen Transmissionswärmeverlusts

Tabelle 1
Höchstwerte in Abhängigkeit vom Verhältnis A/V_e

A/V_e [1]) in m^{-1}	Höchstwerte H_T' in $W/(m^2 \cdot K)$ [2])
$\leq 0{,}20$	1,03
0,30	0,86
0,40	0,78
0,50	0,73
0,60	0,70
0,70	0,67
0,80	0,66
0,90	0,64
$\geq 1{,}00$	0,63

[1]) Die A/V_e-Werte sind nach Anhang 1 Nr. 1.3 zu ermitteln.
[2]) Zwischenwerte sind nach folgender Gleichung zu ermitteln:
$H_T' = 0{,}53 + 0{,}1 \cdot V_e/A$ in $W/(m^2 \cdot K)$

2. Berechnung des spezifischen, auf die wärmeübertragende Umfassungsfläche bezogenen Transmissionswärmeverlusts H_T'

Der spezifische, auf die wärmeübertragende Umfassungsfläche bezogene Transmissionswärmeverlust H_T' ist aus dem spezifischen Transmissionswärmeverlust H_T zu bestimmen, der nach DIN EN 832 : 1998-12 in Verbindung mit DIN V 4108-6 : 2000-11 zu berechnen ist. Bei der Berechnung von H_T dürfen die Temperatur-Reduktionsfaktoren nach DIN V 4108-6 : 2000-11 verwendet werden. Bei aneinander gereihten Gebäuden dürfen die Gebäudetrennwände als wärmeundurchlässig angenommen werden.

Anhang 3
Anforderungen bei
Änderung von Außenbauteilen bestehender Gebäude (zu § 8 Abs. 1)
und bei Errichtung von Gebäuden mit geringem Volumen (§ 7)

1. Außenwände

Soweit bei beheizten Räumen Außenwände
a) ersetzt, erstmalig eingebaut

oder in der Weise erneuert werden, dass
b) Bekleidungen in Form von Platten oder plattenartigen Bauteilen oder Verschalungen sowie Mauerwerks-Vorsatzschalen angebracht werden,
c) auf der Innenseite Bekleidungen oder Verschalungen aufgebracht werden,
d) Dämmschichten eingebaut werden,
e) bei einer bestehenden Wand mit einem Wärmedurchgangskoeffizienten größer 0,9 W/(m²·K) der Außenputz erneuert wird oder
f) neue Ausfachungen in Fachwerkwände eingesetzt werden,

sind die jeweiligen Höchstwerte der Wärmedurchgangskoeffizienten nach Tabelle 1 Zeile 1 einzuhalten. Bei einer Kerndämmung von mehrschaligem Mauerwerk gemäß Buchstabe d gilt die Anforderung als erfüllt, wenn der bestehende Hohlraum zwischen den Schalen vollständig mit Dämmstoff ausgefüllt wird.

2. Fenster, Fenstertüren und Dachflächenfenster

Soweit bei beheizten Räumen außen liegende Fenster, Fenstertüren oder Dachflächenfenster in der Weise erneuert werden, dass
a) das gesamte Bauteil ersetzt oder erstmalig eingebaut wird,
b) zusätzliche Vor- oder Innenfenster eingebaut werden oder
c) die Verglasung ersetzt wird,

sind die Anforderungen nach Tabelle 1 Zeile 2 einzuhalten. Satz 1 gilt nicht für Schaufenster und Türanlagen aus Glas. Bei Maßnahmen gemäß Buchstabe c gilt Satz 1 nicht, wenn der vorhandene Rahmen zur Aufnahme der vorgeschriebenen Verglasung ungeeignet ist. Werden Maßnahmen nach Buchstabe c an Kasten- oder Verbundfenstern durchgeführt, so gelten die Anforderungen als erfüllt, wenn eine Glastafel mit einer infrarot-reflektierenden Beschichtung mit einer Emissivität $\varepsilon_n \leq 0{,}20$ eingebaut wird. Werden bei Maßnahmen nach Satz 1
1. Schallschutzverglasungen mit einem bewerteten Schalldämmmaß der Verglasung von $R_{w,R} = 40$ dB nach DIN EN ISO 717-1 : 1997-01 oder einer vergleichbaren Anforderung oder
2. Isolierglas-Sonderaufbauten zur Durchschusshemmung, Durchbruchhemmung oder Sprengwirkungshemmung nach den Regeln der Technik oder

3. Isolierglas-Sonderaufbauten als Brandschutzglas mit einer Einzelelementdicke von mindestens 18 mm nach DIN 4102-13 : 1990-05 oder einer vergleichbaren Anforderung

verwendet, sind abweichend von Satz 1 die Anforderungen nach Tabelle 1 Zeile 3 einzuhalten.

3. Außentüren

Bei der Erneuerung von Außentüren dürfen nur Außentüren eingebaut werden, deren Türfläche einen Wärmedurchgangskoeffizienten von 2,9 W/m²· K nicht überschreitet. Nr. 2 Satz 2 bleibt unberührt.

4. Decken, Dächer und Dachschrägen

4.1 Steildächer

Soweit bei Steildächern Decken unter nicht ausgebauten Dachräumen sowie Decken und Wände (einschließlich Dachschrägen), die beheizte Räume nach oben gegen die Außenluft abgrenzen,
a) ersetzt, erstmalig eingebaut

oder in der Weise erneuert werden, dass
b) die Dachhaut bzw. außenseitige Bekleidungen oder Verschalungen ersetzt oder neu aufgebaut werden,
c) innenseitige Bekleidungen oder Verschalungen aufgebracht oder erneuert werden,
d) Dämmschichten eingebaut werden,
e) zusätzliche Bekleidungen oder Dämmschichten an Wänden zum unbeheizten Dachraum eingebaut werden,

sind für die betroffenen Bauteile die Anforderungen nach Tabelle 1 Zeile 4 a einzuhalten. Wird bei Maßnahmen nach Buchstabe b oder d der Wärmeschutz als Zwischensparrendämmung ausgeführt und ist die Dämmschichtdicke wegen einer innenseitigen Bekleidung und der Sparrenhöhe begrenzt, so gilt die Anforderung als erfüllt, wenn die nach den Regeln der Technik höchstmögliche Dämmschichtdicke eingebaut wird.

4.2 Flachdächer

Soweit bei beheizten Räumen Flachdächer
a) ersetzt, erstmalig eingebaut

oder in der Weise erneuert werden, dass
b) die Dachhaut bzw. außenseitige Bekleidungen oder Verschalungen ersetzt oder neu aufgebaut werden,

c) innenseitige Bekleidungen oder Verschalungen aufgebracht oder erneuert werden,
d) Dämmschichten eingebaut werden,

sind die Anforderungen nach Tabelle 1 Zeile 4 b einzuhalten. Werden bei der Flachdacherneuerung Gefälledächer durch die keilförmige Anordnung einer Dämmschicht aufgebaut, so ist der Wärmedurchgangskoeffizient nach DIN EN ISO 6946 : 1996-11, Anhang C zu ermitteln. Der Bemessungswert des Wärmedurchgangswiderstandes am tiefsten Punkt der neuen Dämmschicht muss den Mindestwärmeschutz nach § 6 Abs. 1 gewährleisten.

5. Wände und Decken gegen unbeheizte Räume und gegen Erdreich

Soweit bei beheizten Räumen Decken und Wände, die an unbeheizte Räume oder an Erdreich grenzen,
a) ersetzt, erstmalig eingebaut

oder in der Weise erneuert werden, dass
b) außenseitige Bekleidungen oder Verschalungen, Feuchtigkeitssperren oder Drainagen angebracht oder erneuert,
c) innenseitige Bekleidungen oder Verschalungen an Wände angebracht,
d) Fußbodenaufbauten auf der beheizten Seite aufgebaut oder erneuert,
e) Deckenbekleidungen auf der Kaltseite angebracht oder
f) Dämmschichten eingebaut werden,

sind die Anforderungen nach Tabelle 1 Zeile 5 einzuhalten. Die Anforderungen nach Buchstabe d gelten als erfüllt, wenn ein Fußbodenaufbau mit der ohne Anpassung der Türhöhen höchstmöglichen Dämmschichtdicke (bei einem Bemessungswert der Wärmeleitfähigkeit $\lambda = 0{,}04$ W/(m · K) ausgeführt wird.

6. Vorhangfassaden

Soweit bei beheizten Räumen Vorhangfassaden in der Weise erneuert werden, dass
a) das gesamte Bauteil ersetzt oder erstmalig eingebaut wird,
b) die Füllung (Verglasung oder Paneele) ersetzt wird,

sind die Anforderungen nach Tabelle 1 Zeile 2 c einzuhalten. Werden bei Maßnahmen nach Satz 1 Sonderverglasungen entsprechend Nr. 2 Satz 2 verwendet, sind abweichend von Satz 1 die Anforderungen nach Tabelle 1 Zeile 3 c einzuhalten.

Anhang: Energieeinsparverordnung 2002

7. Anforderungen

Tabelle 1
Höchstwerte der Wärmedurchgangskoeffizienten bei erstmaligem Einbau, Ersatz und Erneuerung von Bauteilen

Zeile	Bauteil	Maßnahme nach	Gebäude nach § 1 Abs. 1 Nr. 1	Gebäude nach § 1 Abs. 1 Nr. 2
			maximaler Wärmedurchgangskoeffizient U_{max} [1] in W / (m²·K)	
	1	2	3	4
1 a	Außenwände	allgemein	0,45	0,75
b		Nr. 1 b, d und e	0,35	0,75
2 a	Außen liegende Fenster, Fenstertüren, Dachflächenfenster	Nr. 2 a und b	1,7 [2]	2,8 [2]
b	Verglasungen	Nr. 2 c	1,5 [3]	keine Anforderung
c	Vorhangfassaden	allgemein	1,9 [4]	3,0 [4]
3 a	Außen liegende Fenster, Fenstertüren, Dachflächenfenster mit Sonderverglasungen	Nr. 2 a und b	2,0 [2]	2,8 [2]
b	Sonderverglasungen	Nr. 2 c	1,6 [3]	keine Anforderung
c	Vorhangfassaden mit Sonderverglasungen	Nr. 6 Satz 2	2,3 [4]	3,0 [4]
4 a	Decken, Dächer und Dachschrägen	Nr. 4.1	0,30	0,40
b	Dächer	Nr. 4.2	0,25	0,40
5 a	Decken und Wände gegen unbeheizte Räume oder Erdreich	Nr. 5 b und e	0,40	keine Anforderung
b		Nr. 5 a, c, d und f	0,50	keine Anforderung

[1] Wärmedurchgangskoeffizient des Bauteils unter Berücksichtigung der neuen und der vorhandenen Bauteilschichten; für die Berechnung opaker Bauteile ist DIN EN ISO 6946 : 1996-11 zu verwenden.
[2] Wärmedurchgangskoeffizient des Fensters; er ist technischen Produkt-Spezifikationen zu entnehmen oder nach DIN EN ISO 10077-1 : 2000-11 zu ermitteln.
[3] Wärmedurchgangskoeffizient der Verglasung; er ist technischen Produkt-Spezifikationen zu entnehmen oder nach DIN EN 673 : 2001-1 zu ermitteln.
[4] Wärmedurchgangskoeffizient der Vorhangfassade; er ist nach anerkannten Regeln der Technik zu ermitteln.

Anhang 4
Anforderungen an die Dichtheit und den Mindestluftwechsel (zu § 5)

1. Anforderungen an außen liegende Fenster, Fenstertüren und Dachflächenfenster

Außen liegende Fenster, Fenstertüren und Dachflächenfenster müssen den Klassen nach Tabelle 1 entsprechen.

Tabelle 1
Klassen der Fugendurchlässigkeit von außen liegenden Fenstern, Fenstertüren und Dachflächenfenstern

Zeile	Anzahl der Vollgeschosse des Gebäudes	Klasse der Fugendurchlässigkeit nach DIN EN 12 207 - 1 : 2000-06
1	bis zu 2	2
2	mehr als 2	3

2. **Nachweis der Dichtheit des gesamten Gebäudes**

Wird eine Überprüfung der Anforderungen nach § 5 Abs. 1 durchgeführt, so darf der nach DIN EN 13 829 : 2001-02 bei einer Druckdifferenz zwischen Innen und Außen von 50 Pa gemessene Volumenstrom - bezogen auf das beheizte Luftvolumen - bei Gebäuden
- ohne raumlufttechnische Anlagen $3\ h^{-1}$ und
- mit raumlufttechnischen Anlagen $1{,}5\ h^{-1}$

nicht überschreiten.

3. **Anforderungen an Lüftungseinrichtungen**

Lüftungseinrichtungen in der Gebäudehülle müssen einstellbar und leicht regulierbar sein. Im geschlossenen Zustand müssen sie der Tabelle 1 genügen. Soweit in anderen Rechtsvorschriften Anforderungen an die Lüftung gestellt werden, bleiben diese Vorschriften unberührt. Satz 1 ist nicht anzuwenden, wenn als Lüftungseinrichtungen selbsttätig regelnde Außenluftdurchlässe unter Verwendung einer geeigneten Führungsgröße eingesetzt werden.

Anhang 5
Anforderungen zur Begrenzung der Wärmeabgabe von Wärmeverteilungs- und Warmwasserleitungen sowie Armaturen (zu § 12 Abs. 5)

1. Die Wärmeabgabe von Wärmeverteilungs- und Warmwasserleitungen sowie Armaturen ist durch Wärmedämmung nach Maßgabe der Tabelle 1 zu begrenzen.

Tabelle 1
Wärmedämmung von Wärmeverteilungs- und Warmwasserleitungen sowie Armaturen

Zeile	Art der Leitungen/Armaturen	Mindestdicke der Dämmschicht, bezogen auf eine Wärmeleitfähigkeit von 0,035 W/(m·K)
1	Innendurchmesser bis 22 mm	20 mm
2	Innendurchmesser über 22 mm bis 35 mm	30 mm
3	Innendurchmesser über 35 mm bis 100 mm	gleich Innendurchmesser
4	Innendurchmesser über 100 mm	100 mm
5	Leitungen und Armaturen nach den Zeilen 1 bis 4 in Wand- und Deckendurchbrüchen, im Kreuzungsbereich von Leitungen, an Leitungsverbindungsstellen, bei zentralen Leitungsnetzverteilern	1/2 der Anforderungen der Zeilen 1 bis 4
6	Leitungen von Zentralheizungen nach den Zeilen 1 bis 4, die nach Inkrafttreten dieser Verordnung in Bauteilen zwischen beheizten Räumen verschiedener Nutzer verlegt werden	1/2 der Anforderungen der Zeilen 1 bis 4
7	Leitungen nach Zeile 6 im Fußbodenaufbau	6 mm

Soweit sich Leitungen von Zentralheizungen nach den Zeilen 1 bis 4 in beheizten Räumen oder in Bauteilen zwischen beheizten Räumen eines Nutzers befinden und ihre Wärmeabgabe durch freiliegende Absperreinrichtungen beeinflusst werden kann, werden keine Anforderungen an die Mindestdicke der Dämmschicht gestellt. Dies gilt auch für Warmwasserleitungen in Wohnungen bis zum Innendurchmesser 22 mm, die weder in den Zirkulationskreislauf einbezogen noch mit elektrischer Begleitheizung ausgestattet sind.

2. Bei Materialien mit anderen Wärmeleitfähigkeiten als 0,035 W/(m·K) sind die Mindestdicken der Dämmschichten entsprechend umzurechnen. Für die Umrechnung und die Wärmeleitfähigkeit des Dämmmaterials sind die in Regeln der Technik enthaltenen Rechenverfahren und Rechenwerte zu verwenden.

3. Bei Wärmeverteilungs- und Warmwasserleitungen dürfen die Mindestdicken der Dämmschichten nach Tabelle 1 insoweit vermindert werden, als eine gleichwertige Begrenzung der Wärmeabgabe auch bei anderen Rohrdämmstoffanordnungen und unter Berücksichtigung der Dämmwirkung der Leitungswände sichergestellt ist.